普通高等院校计算机基础教育"十四五"系列教材

U0180526

大学信息技术

黄 容 陈 强 李 睿◎主编

中国铁道出版社有限公司

CHINA RAILWAY PUBLISHING HOUSE CO., LTD.

内 容 简 介

本书根据普通高等院校"计算机应用基础"课程教学要求编写，探索新工科人才培养的要求与理念，既强调核心的计算机基础知识讲解，培养计算思维，又训练学生运用计算机科学的基础概念进行问题求解、系统设计等涵盖计算机科学之广度的一系列思维过程。

全书由理论篇和实验篇组成。理论篇分为 12 章，主要包括计算机基础知识、Windows 10 操作系统、计算机网络基础、应用创新与新技术、Word 2016 文字处理、Excel 2016 电子表格处理、PowerPoint 2016 演示文稿制作、Visio 2016 办公绘图软件应用、音频与视频、Photoshop 图像信息处理、动画应用、网页制作基础等内容。实验篇共包括 8 个实验，培养学生利用计算机软件解决实际问题的能力，提高学生的动手能力和操作技能。

本书适合作为工科院校本科生计算机应用基础课程教材，也可供相关专业人员学习参考。

图书在版编目（CIP）数据

大学信息技术/黄容，陈强，李睿主编. —北京：中国铁道出版社有限公司，2023.8（2024.8 重印）
普通高等院校计算机基础教育"十四五"系列教材
ISBN 978-7-113-30396-9

Ⅰ.①大… Ⅱ.①黄…②陈…③李… Ⅲ.①电子计算机-高等学校-教材 Ⅳ.①TP3

中国国家版本馆 CIP 数据核字（2023）第 132296 号

书　　名：大学信息技术		
作　　者：黄 容 陈 强 李 睿		

策　　划：曹莉群	编辑部电话：（010）51873202
责任编辑：张 彤 许 璐	
封面设计：刘 颖	
责任校对：刘 畅	
责任印制：樊启鹏	

出版发行：中国铁道出版社有限公司（100054，北京市西城区右安门西街 8 号）
网　　址：https://www.tdpress.com/51eds/
印　　刷：河北宝昌佳彩印刷有限公司
版　　次：2023 年 8 月第 1 版　2024 年 8 月第 2 次印刷
开　　本：787 mm×1 092 mm 1/16　印张：16.75　字数：426 千
书　　号：ISBN 978-7-113-30396-9
定　　价：46.00 元

前　言

党的二十大报告指出："教育、科技、人才是全面建设社会主义现代化国家的基础性、战略性支撑。必须坚持科技是第一生产力、人才是第一资源、创新是第一动力，深入实施科教兴国战略、人才强国战略、创新驱动发展战略，开辟发展新领域新赛道，不断塑造发展新动能新优势。"

进入新时代，社会信息化的发展对大学生的信息资源运用能力也提出了更高的要求，使现行的"计算机应用基础"课程在教学内容的选取、知识结构的设置、教学的组织、方法和实验方式上都要做较大的改革。本书全面贯彻党的教育方针，落实立德树人根本任务，在教材中有机融入课程思政，以满足社会发展对人才培养的要求。以培养创新能力为核心的信息技术基础系列教材正是这种改革的结果。

在大数据、人工智能、5G 通信等新技术应用背景下，新工科建设在助力实现"中国梦"、服务国家战略、提升"软实力"、适应新的世界格局和全球性趋势等方面起到了积极作用。本书旨在探索新工科人才培养的有效途径，既强调核心的计算机基础知识讲解和计算思维培养，又训练学生运用计算机科学的基础概念进行问题求解、系统设计等涵盖计算机科学之广度的一系列思维过程。

本书编写的指导思想是：充分反映计算机学科领域的最新科技成果；根据学生的特点，以人才培养的应用性、实践性为重点，调整学生的知识结构和能力素质；深入浅出地介绍计算机科学与技术的基本概念、基本原理和基本方法，让学生学会计算机的基本操作，提高学生应用计算机解决实际问题的能力，使其具备较强的信息安全与社会责任意识，为后续课程的学习打下必要的基础。

全书由理论篇和实验篇组成。理论篇分为 12 章，主要包括计算机基础知识、Windows 10 操作系统、计算机网络基础、应用创新与新技术、Word 2016 文字处理、Excel 2016 电子表格处理、PowerPoint 2016 演示文稿制作、Visio 2016 办公绘图软件应用、音频与视频、Photoshop 图像信息处理、动画应用、网页制作基础等内容。实验篇共包括 8 个实验，培养学生利用计算机软件解决实际问题的能力，提高学生的动手能力和操作技能。

本书由黄容、陈强、李睿主编，黄娟、胡浩民、胡建鹏、刘惠彬、张晓梅、王泽杰、王海玲等参与编写。

由于计算机技术发展迅速，加之编者水平有限，书中难免有疏漏与不妥之处，敬请专家、教师及读者多提宝贵意见。

编　者

2023年3月

▶▶ 目　录

理　论　篇

实　验　篇

理　论　篇

第1章　计算机基础知识

计算机是由一系列电子元器件组成的机器，具有计算和存储信息的能力。本章主要介绍计算机的概念及其发展历史、计算机的用途、计算机中数据的表示、计算机系统及信息化与信息安全。

1.1　计算机的概念及其发展历史

1.1.1　计算机的概念

广义来讲，计算机是指能够进行数据处理的设备，如算盘、计算器（包括机械和电子计算器），也包括电子计算机、生物计算机等。狭义来讲，计算机一般是指电子计算机。目前，如不特别说明，计算机指的是狭义上的电子计算机。

电子计算机是一种能够自动、快速、精确地完成信息存储、数值计算、数据处理和过程控制等多种功能的电子机器，简称计算机。又因为它的工作方式与人的思维过程十分相似，所以也被称为"电脑"。电子逻辑器件是它的物质基础，其基本功能是进行数字化信息处理。

计算机进行数据处理时，主要包括两个重要环节：一个是计算机能够存储要处理的数据；另一个是要有一个数据处理的算法（所谓算法可以理解为数据处理的若干步骤），并将算法编写成程序，然后计算机存储程序并自动执行程序。

1.1.2　计算机简史

1. 早期的计算设备

计算设备有着悠久的历史，其中较早的一个计算设备是算盘。算盘起源于中国，迄今已有 2 600 多年的历史，是中国古代的一项重要发明。算盘本身非常简单，一个矩形框里固定着一组小棍，每个小棍上串有一组珠子，如图 1-1-1 所示。在小棍上，珠子上下移动的位置表示所存储的值。正是这些珠子代表了这台"计算机"所表示和存储的数据。这台机器是依靠人的操作来控制算法执行的。算盘是现代计算机的前身，是古代中国计算技术的符号。尽管已经进入了电子计算机时代，但看一看古老的中国算盘，我们不能不钦佩祖先的极大智慧。

图 1-1-1　算盘

2. 电子计算机

1）早期的电子计算机

1930—1950 年期间的计算机都是在外部编程的，有以下五台比较杰出的计算机：

（1）世界上第一台真正意义上的电子数字计算机实际上是 1934—1939 年由美国艾奥瓦州立大学物理系副教授约翰·文森特·阿塔那索夫（John Vincent Atanasoff）和其助手克利福特·贝瑞（Clifford Berry）研制成功的，使用 300 个电子管，取名为 ABC（Atanasoff-Berry Computer）。不过这台机器只是个样机，并没有完全实现阿塔那索夫的构想。1942 年，太平洋战争爆发，阿塔那索夫应征入伍，ABC 的研制工作也被迫中断。但是 ABC 的逻辑结构和新颖的电子电路设计思想对后来电子计算机的研制工作有极大的启发。

（2）1939 年，德国数学家康拉德·楚泽（Konrad Zuse）设计出首台采用继电器工作的计算机"Z1"。1939 年，他和赫尔穆特·施莱尔（Helmut Schreyer）开始在他们的 Z1 计算机基础上发展 Z2 计算机，并用继电器改进它的存储和计算单元。

（3）1937 年，在美国海军部和 IBM 公司的支持下，哈佛大学应用数学系教授霍华德·阿肯领导设计了 Mark I 计算机（该机由 IBM 承建）。它既使用了电子部件，也使用了机械部件，是由开关、继电器、转轴以及离合器所构成。

（4）第二次世界大战爆发后不久，图灵带领 200 多位密码专家，研制出名为"邦比"的密码破译机，后又研制出效率更高、功能更强大的密码破译机"巨人"，为破译德国 Enigma 密码做出了巨大贡献。

（5）1946 年 2 月 14 日，美国宾夕法尼亚大学宣布"世界上第一台电子多用途数字计算机"ENIAC（电子数字积分计算机的简称，英文全称为 Electronic Numerical Integrator And Computer）诞生，由普雷斯波·埃克特（J. Presper Eckert）和约翰·莫奇利（John Mauchly）领导设计。ENIAC 长 30.48 m，宽 1 m，占地面积约 170 m^2，有 30 个操作台，重达 30 t，耗电量 150 kW。

从技术专利上讲，世界上第一台电子数字计算机应该是 ABC，ENIAC 是第二台。但从计算机制造实现上来讲，ABC 是样机，没有形成真正的实用产品，而 ENIAC 被真实地制造出来，并在实际问题解决过程中得到应用，所以后来很多学者也是从这个角度认为 ENIAC 是世界上第一台电子数字计算机。

2）基于冯·诺依曼模型的计算机

上面介绍的五台计算机的存储单元仅仅用来存储数据，它们利用配线或开关进行外部编程。冯·诺依曼提出数据和程序都应存储在存储器中。按照这种想法，当重新运行程序时，就不用重新布线或者调节成百上千的开关。第一台基于冯·诺依曼思想的计算机于 1949 年在宾夕法尼亚大学诞生，命名为 EDVAC（Electronic Discrete variable Automatic Computer，离散变量自动电子计算机），也由普雷斯波·埃克特和约翰·莫奇利建造设计。1949 年，由英国剑桥大学莫里斯·文森特·威尔克斯（Maurice Vincent Wilkes）领导、设计和制造了 EDSAC（电子延迟存储自动计算机，Electronic Delay Storage Automatic Calculator），该机使用了水银延迟线做存储器，利用穿孔纸带输入和电传打字机输出。

1950 年以后出现的计算机基本上都是基于冯·诺依曼思想。

1.1.3 计算机的发展阶段

计算机界的传统观点是将计算机的发展分为四代，这种划分是以构成计算机的基本逻辑部件所用的电子元器件的变迁为依据的。从电子管到晶体管，再由晶体管到中小规模集成电路，再到大规模集成电路，直至现今的超大规模集成电路，元器件的制造技术发生了几次重大的革命，芯片的集成度不断提高，这使计算机的硬件得以迅猛发展。

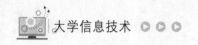

1. 计算机的发展历史

（1）第一代计算机（1946—1957 年）：电子管计算机时代。

第一代计算机是电子管计算机，其基本元器件是电子管，内存储器采用水银延迟线，外存储器有纸带、卡片、磁带和磁鼓等。受当时电子技术的限制，其运算速度仅为每秒几千次到几万次，内存储器容量仅 1 000 B～4 000 B。

（2）第二代计算机（1958—1964 年）：晶体管计算机时代。

第二代计算机是晶体管计算机，以晶体管为主要逻辑元器件，其内存储器使用磁芯，外存储器有磁盘和磁带，运算速度从每秒几万次提高到几十万次，内存储器容量也扩大到了几十万字节。

（3）第三代计算机（1965—1970 年）：中小规模集成电路计算机时代。

第三代计算机的主要元器件采用小规模集成电路（small scale integrated circuits，SSI）和中规模集成电路（medium scale integrated circuits，MSI），其主存储器开始采用半导体存储器，外存储器使用磁盘和磁带。

（4）第四代计算机（1971 年至今）：大规模和超大规模集成电路计算机时代。

第四代计算机的主要元器件采用大规模集成电路和超大规模集成电路。集成度很高的半导体存储器完全代替了磁芯存储器，外存磁盘的存取速度和存储容量大幅度上升，计算机的运算速度可达每秒几百万次至上亿次，而其体积、重量和耗电量却进一步减少，计算机的性能价格比基本上以每 18 个月翻一番的速度上升，此即著名的摩尔定律。

2. 新一代计算机

从第一代到第四代，计算机的体系结构都是采用冯·诺依曼的体系结构，科学家也在试图突破冯·诺依曼的体系结构，研制新一代的更高性能的计算机。1982 年以后，许多国家开始研制第五代计算机。其特点是以人工智能原理为基础，希望突破原有的计算机体系结构模式。之后又提出了生物计算机、神经网络计算机等新概念的计算机，这些都属于新一代计算机。

（1）第五代计算机：智能计算机。

第五代计算机指具有人工智能的新一代计算机，它具有推理、联想、判断、决策、学习等功能。日本在 1981 年首先宣布进行第五代计算机的研制，并为此投入上千亿日元。这一宏伟计划曾经引起世界瞩目，但现在来看，日本原来的研究计划只能说是部分地实现了。

第五代计算机的系统设计中考虑了编制知识库管理软件和推理机，使机器能根据本身存储的知识进行判断和推理。同时，多媒体技术得到广泛应用，人们能用语音、图像、视频等更自然的方式与计算机进行信息交互。智能计算机的主要特征是具备人工智能，能像人一样思维，并且运算速度极快，其硬件系统支持高度并行和推理，其软件系统能够处理知识信息。神经网络计算机（也称神经元计算机）是智能计算机的重要代表。

第五代计算机系统结构将突破传统的冯·诺依曼的体系结构。这方面的研究课题包括逻辑程序设计机、函数机、相关代数机、抽象数据型支援机、数据流机、关系数据库机、分布式数据库系统、分布式信息通信网络等。

（2）第六代计算机：生物计算机。

半导体硅晶片的电路密集，散热问题难以彻底解决，这些问题影响了计算机性能的进一步发挥与突破。研究人员发现，脱氧核糖核酸（deoxyribo nucleic acid，DNA）的双螺旋结构能容纳巨量信息，其存储量相当于半导体芯片的数百万倍。一个蛋白质分子就是存储体，而且阻抗低、能耗小、发热量极低。基于此，利用蛋白质分子制造出基因芯片，研制生物计算机（也称分子计算机、基因计算机）已成为当今计算机技术的最前沿。从 1992 年起，人们已开始研制生物计算机。生物计算机比硅晶片计算机在速度、性能上有质的飞跃，被视为极具发展潜力的"第六代计算机"。

1.1.4　微型计算机的发展阶段

人们习惯上将由集成电路构成的中央处理器（central processing unit，CPU）称为微处理器（micro processor）。由不同规模的集成电路构成的微处理器，形成了微型计算机的几个发展阶段。从 1971 年世界上出现第一个 4 位的微处理器 Intel 4004 算起，至今微型计算机的发展经历了六代。

1. 第一代微型计算机

第一代微型计算机是以 4 位微处理器和早期的 8 位微处理器为核心的微型计算机。4 位微处理器的典型产品是 Intel 4004/4040，芯片集成度为 1 200 个晶体管/片，时钟频率为 1MHz。第一代产品采用了 PMOS 工艺，基本指令执行时间为 10～20 μs，字长 4 位或 8 位，指令系统简单，速度慢。微处理器的功能不全，实用价值不大。早期的 8 位微处理器的典型产品是 Intel 8008。

2. 第二代微型计算机

1973 年 12 月，Intel 8080 的研制成功，标志着第二代微型计算机的开始。其他型号的典型微处理器产品是 Intel 公司的 Intel 8085、Motorola 公司的 M6800 以及 Zilog 公司的 Z80 等，它们都是 8 位微处理器，芯片集成度为 4 000～7 000 个晶体管/片，时钟频率为 4 MHz。其特点是采用了 NMOS 工艺，芯片集成度比第一代产品提高了一倍，基本指令执行时间为 1～2 μs。

3. 第三代微型计算机

1978 年，Intel 公司推出第三代微处理器代表产品 Intel 8086，芯片集成度为 29 000 个晶体管/片。1982 年，Intel 80286 微处理器芯片的问世，使 286 微型计算机在 20 世纪 80 年代后期风靡全球。

4. 第四代微型计算机

1985 年 10 月，Intel 公司推出了 32 位字长的微处理器 Intel 80386，标志着第四代微型计算机的开始。1989 年，研制出的 Intel 80486，其芯片集成度为 120 万个晶体管/片，用该微处理器构成的微型计算机的功能和运算速度完全可以与 20 世纪 70 年代的大中型计算机相匹敌。

5. 第五代微型计算机

1993 年，Intel 公司推出了更新的微处理器芯片 Pentium，中文名为"奔腾"，Pentium 微处理器芯片内集成了 310 万个晶体管/片。

6. 第六代微型计算机

2004 年，AMD 公司推出了 64 位芯片 Athlon 64，次年初 Intel 公司也推出了 64 位奔腾系列芯片。2005 年 4 月，英特尔的第一款双核处理器平台产品问世，这标志着一个新时代的来临。所谓双核和多核处理器设计用于在一枚处理器中集成两个或多个完整执行内核，以支持同时管理多项活动。2014 年，Intel 首发桌面级 8 核 16 线程处理器。

目前，Intel 已经发布的 Core i9 系列处理器中有 14 核 20 线程，16 核 20 线程等几种规格。64 位技术和多核技术的应用使得微型计算机进入了一个新的时代，现代微型计算机的性能远远超过了早期的巨型计算机。随着近些年来微型计算机的发展异常迅速，其芯片集成度不断提高，并向着重量轻、体积小、运算速度快、功能更强和更易使用的方向发展。

1.1.5 计算机的发展趋势

计算机的发展表现为巨型化、微型化、多媒体化、网络化和智能化五种趋势。

1. 巨型化

巨型化是指发展高速、大存储容量和强大功能的超大型计算机。这既是诸如天文、气象、宇航、核反应等尖端科学以及进一步探索新兴科学（如基因工程、生物工程）的需要，也是为了让计算机能具有人脑学习、推理的复杂功能。巨型机的研制、开发和利用，代表着一个国家的经济实力和科学水平。

2. 微型化

因大规模、超大规模集成电路的出现，计算机迅速微型化。微型机可渗透到诸如仪表、家用电器、导弹弹头等中、小型机无法进入的领域。当前微型机的标志是运算部件和控制部件集成在一起，今后将逐步发展到对存储器、通道处理机、高速运算部件、图形卡、声卡的集成，进一步将系统的软件固化，达到整个微型机系统的集成。微型机的研制、开发和广泛应用，标志着一个国家科学普及的程度。

3. 多媒体化

多媒体是"以数字技术为核心的图像、声音与计算机、通信等融为一体的信息环境"的总称。多媒体技术的目标是无论在什么地方，只需简单的设备就能自由自在地以很自然的交互方式收发所需要的各种媒体信息。

4. 网络化

计算机网络是计算机技术发展中崛起的又一重要分支，是现代通信技术与计算机技术结合的产物。从单机走向联网，是计算机应用发展的必然结果。所谓计算机网络，就是在一定的地理区域内，将分布在不同地点的不同机型的计算机和专门的外围设备由通信线路互联组成一个规模大、功能强的网络系统，以达到共享信息、共享资源的目的。

5. 智能化

智能化是建立在现代化科学基础之上、综合性很强的边缘学科。它是让计算机来模拟人的感觉、行为、思维过程的机理，使计算机具备"视觉""听觉""语言""行为""思维"，还具备逻辑推理、学习、证明等能力，形成智能型、超智能型计算机。

1.2 计算机的用途

1. 科学计算

科学计算又称数值计算。它是计算机最早的应用领域，也是最基本的应用。科学计算是指计算机用于完成科学研究和工作技术中所提出的数学问题的计算。这类计算往往公式复杂、难度很大，用一般计算工具难以完成。例如，画地图时只需四种颜色即可做到使相邻两国不出现同一颜色的"四色定理"，在数学上长期不能得到证明，成为一大难题。因为用人工证明昼夜不停地计算要算十几万年，而使用高速电子计算机，这个问题就可以很快得到解决。

2. 数据处理

数据处理又称信息处理，是目前计算机应用最广泛的一个领域，也是现代化管理的基础。信息处理是指对信息进行采集、分析、存储、传送、检索等综合加工处理，从而得到人们所需要的数据形式。目前计算机的信息处理应用已非常普遍，如人事管理、库存管理、财务管理、图书资料管理、商业数据交流、情报检索、经济管理等。

据统计，全世界计算机用于数据处理的工作量占全部计算机应用的 80% 以上，大大提高了工作效率和管理水平。

3. 过程控制

过程控制又称实时控制。目前自动控制被广泛用于操作复杂的钢铁企业、石油化工业、医药工业等生产中。使用计算机进行自动控制可大大提高控制的实时性和准确性，提高劳动效率、产品质量，降低成本，缩短生产周期。

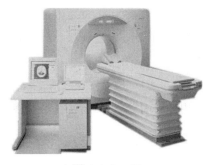

图 1-1-2 CT

4. 计算机辅助系统

计算机辅助系统可以包含多个方面，如计算机 X 线断层扫描技术（computed tomography，CT，见图 1-1-2）、计算机辅助设计（computer aided design，CAD）、计算机辅助制造（computer aided manufacturing，CAM）、计算机辅助工艺过程设计（computer aided process planning，CAPP）、计算机辅助工程（computer aided engineering，CAE）、计算机集成制造系统（computer integrated manufacturing system，CIMS）、计算机辅助测试（computer aided testing，CAT）、计算机辅助教育（computer-based education，CBE）等。通常又把计算机辅助教育分为计算机辅助教学（computer assisted instruction，CAI）和计算机管理教学（computer managed instruction，CMI）。

此外，还有计算机辅助出版（computer aided publishing，CAP）、计算机辅助学习（computer aided learning，CAL）、计算机辅助软件工程（computer aided software engineer，CASE）等多方面的计算机辅助应用。

5. 人工智能

人工智能（artificial intelligence，AI）也称智能模拟，是用计算机来模拟人类的感应、判断、理解、学习、问题求解等智能活动。人工智能是处于计算机应用研究最前沿的学科，主要应用表现在机器人、专家系统、模式识别、智能检索和机器自动翻译等方面。

6. 多媒体技术应用

通常的计算机应用系统可以处理文字、数据和图形等信息，而多媒体计算机除了可以处理以上信息外，还可以综合处理图像、声音、动画、视频等信息。在医疗、教育、商业、银行、保险行政管理、军事、工业、广播和出版等领域中，多媒体技术的应用发展很快。

7. 网络应用

随着网络技术的发展，计算机应用变得更为广泛，如通过高速信息网实现数据与信息的查询、高速通信服务（电子邮件、电视电话、电视会议、文档传输）、电子教育、电子娱乐、电子购物、远程医疗和会诊、交通信息管理等。

1.3 计数制及数据在计算机中的表示

计算机所表示和使用的数据可分为两大类：数值型数据和非数值型数据。数值型数据用以表示量的大小、正负，如整数、小数等。非数值型数据，用以表示一些符号、标记，如英文字母 A～Z、a～z、数字 0～9、各种专用字符+、-、*、/、[、]、(、)及标点符号等。汉字、图形和声音数据也属非数值型数据。由于在计算机内部只能处理二进制数，所以数字编码的实质就是用 0 和 1 两个数字进行各种组合，将要处理的信息表示出来。

1.3.1 数制

日常生活中使用的数制很多，如一年有 12 个月（十二进制），一斤等于 10 两（十进制），一分钟等于 60 秒（六十进制）等。计算机科学中经常使用二进制、八进制、十进制和十六进制。但在计算机内部，不管什么样的数都使用二进制编码形式来表示。

1. 进位计数制

数制也称计数制，是人们利用符号来计数的科学方法，是用一组固定的符号和统一的规则来表示数值的方法。

如何表示一个"数"？最为人们所接受的方法是"进位计数制"。例如，大家非常熟悉的十进制数用 0～9 共 10 个数字符号及其进位来表示数的大小。下面利用它引出进位计数制的有关概念：

（1）0～9 这些数字符号称为"数码"。

（2）全部数码的个数称为"基数"。十进制数的基数为 10。

（3）用"逢基数进位"的原则进行计数，称为"进位计数制"。例如，十进制数的基数是 10，所以它的计数原则就是"逢十进一"。

（4）进位以后的数字，按其所在位置的前后，将代表不同的数值，表示各位有不同的"位权"，又称"权值"。

（5）位权与基数的关系是：位权的值等于基数的若干次幂。

在十进制数中，各个位的权值分别是：10^i（$i=n \sim m$，其中 n、m 为整数）。

例如：

$$13651.78 = 1 \times 10^4 + 3 \times 10^3 + 6 \times 10^2 + 5 \times 10^1 + 1 \times 10^0 + 7 \times 10^{-1} + 8 \times 10^{-2}$$

上式中 10^4、10^3、10^2、10^1、10^0、10^{-1}、10^{-2} 即为各个位的权值。每一位上的数码与该位权值的乘积，就是该位的数值。即：

（6）任何一种数制表示的数都可以写成按位权展开的多项式之和。

设一个 R 进制的数 $A = (a_n a_{n-1} a_{n-2} a_{n-3} \cdots a_1 a_0 a_{-1} a_{-2} \cdots a_{-m})$，则

$$A = a_n R^n + a_{n-1} R^{n-1} + a_{n-3} R^{n-3} + \cdots + a_1 R^1 + a_0 R^0 + a_{-1} R^{-1} + \cdots + a_{-m} R^{-m}$$
$$= \sum a_i R^i \qquad (i = n \sim -m)$$

2. 常用的进位计数制

计算机中常用的进位计数制除了前面介绍的十进制以外，还有二进制、八进制和十六进制。

1）二进制数

与十进制数相似，二进制数也遵循两个规则：

（1）仅有两个不同的数码，即 0、1。

（2）进/借位规则为：逢二进一，借一当二。

例如，$(11001.101)_2 = 1 \times 2^4 + 1 \times 2^3 + 0 \times 2^2 + 0 \times 2^1 + 1 \times 2^0 + 1 \times 2^{-1} + 0 \times 2^{-2} + 1 \times 2^{-3}$

2）八进制数

八进制数也遵循两个规则：

（1）有八个不同的数码，即 0，1，2，3，4，5，6，7。

（2）进/借位规则为：逢八进一，借一当八。

例如，$(21064.271)_8 = 2 \times 8^4 + 1 \times 8^3 + 0 \times 8^2 + 6 \times 8^1 + 4 \times 8^0 + 2 \times 8^{-1} + 7 \times 8^{-2} + 1 \times 8^{-3}$

3）十六进制数

二进制数在计算机系统中处理很方便，但当位数较多时，比较难记忆和书写，为此，通常将二进制数用十六进制数表示。

十六进制数是计算机系统中除二进制数之外使用较多的进制，其遵循的两个规则为：

（1）有 0，1，2，3，4，5，6，7，8，9，A，B，C，D，E，F 共 16 个数码，分别对应十进制数的 0~15。

（2）进/借位规则为：逢十六进一，借一当十六。

十六进制数同二进制数及十进制数一样，也可以写成展开式的形式。

例如，$(C1A4.BD)_{16} = C \times 16^3 + 1 \times 16^2 + A \times 16^1 + 4 \times 16^0 + B \times 16^{-1} + D \times 16^{-2}$

3. 书写规则

为了区分各种计数制的数字，常采用如下表示方法：

1）在数字后面加写相应的英文字母作为标识

B（binary）表示二进制数。二进制数的 1001011 可写成 1001011B。

O（octonary）表示八进制数。八进制数的 2513 可写成 2513O。但为了避免字母 O 与数字 0 相混淆，常用 Q 代替 O。因此八进制数的 2513 又可写成 2513Q。

D（decimal）表示十进制数。十进制数的 6597 可写成 6597D。一般约定 D 可省略，即无后缀的数字为十进制数字。

H（hexadecimal）表示十六进制数。十六进制数 3DE6 可写成 3DE6H。

2）在括号外面加数字下标

$(1001011)_2$——表示二进制数 1001011。

$(2513)_8$——表示八进制数 2513。

$(6597)_{10}$——表示十进制数 6597。

$(3DE6)_{16}$——表示十六进制数 3DE6。

常用数值的不同计数制的表示方法见表 1-1-1。

表 1-1-1　常用数值的不同计数制的表示方法

十 进 制	二 进 制	八 进 制	十 六 进 制	十 进 制	二 进 制	八 进 制	十 六 进 制
0	0	0	0	9	1001	11	9
1	1	1	1	10	1010	12	A
2	10	2	2	11	1011	13	B
3	11	3	3	12	1100	14	C
4	100	4	4	13	1101	15	D
5	101	5	5	14	1110	16	E
6	110	6	6	15	1111	17	F
7	111	7	7	16	10000	20	10
8	1000	10	8	17	10001	21	11

1.3.2　不同数制之间的转换

1. 十进制数与二进制数之间的转换

用计算机处理十进制数时，必须先把十进制数转化成二进制数才能被计算机所接受。计算结果应将二进制数转换成人们习惯的十进制数。

1）十进制数转换为二进制数

当将一个十进制数转换为二进制数时，通常是将其整数部分和小数部分分别进行转换。

（1）十进制整数转换为二进制整数。

由于二进制数计数的原则是"逢二进一"，因此，将十进制整数转换为二进制整数时采用除 2 取余法。其具体做法是：将十进制数除以 2，得到一个商数和余数；再将这个商数除以 2，又得到一个商数和余数；继续这个过程，直到商数等于零为止。此时，每次所得的余数（必定是 0 或 1）就是对应二进制数中的各位数字。但必须注意，在这个过程中，第一次得到的余数为对应二进制数的最低位，最后一次得到的余数为对应二进制数的最高位，其他余数以此类推，即将每次取得的余数部分从下到上逆序排列即得到所对应的二进制整数。

（2）十进制小数转换为二进制小数。

在将十进制小数转换为二进制小数时采用乘 2 取整法。其具体做法是：用 2 乘十进制纯小数，取出乘积的整数部分；再用 2 乘余下的纯小数部分，再取出乘积的整数部分；继续这个过程，直到余下的纯小数为 0，或者已得到足够的位数为止。最后将每次取得的整数部分从上到下顺序排列即得到所对应的二进制小数。

（3）一般的十进制数转换为二进制数。

对于一般的十进制数转换为二进制数，可以将其整数部分与小数部分分别转换，然后再把它们组合起来。

【例 1-1】将十进制数 57.84375 转换成二进制数。

整数部分采用除 2 取余法，小数部分采用乘 2 取整法。

整数部分：
$$
\begin{array}{r}
2\,\underline{|\,57} \cdots\cdots 1 \\
2\,\underline{|\,28} \cdots\cdots 0 \\
2\,\underline{|\,14} \cdots\cdots 0 \\
2\,\underline{|\,7} \cdots\cdots 1 \\
2\,\underline{|\,3} \cdots\cdots 1 \\
2\,\underline{|\,1} \cdots\cdots 1 \\
0
\end{array}
$$

小数部分：
$$
\begin{array}{r}
0.84375 \\
\times\quad 2 \\
\hline
1.68750 \cdots\cdots 1 \\
0.68750 \\
\times\quad 2 \\
\hline
1.37500 \cdots\cdots 1 \\
0.37500 \\
\times\quad 2 \\
\hline
0.75000 \cdots\cdots 0 \\
0.75000 \\
\times\quad 2 \\
\hline
1.50000 \cdots\cdots 1 \\
0.50000 \\
\times\quad 2 \\
\hline
1.000000 \cdots\cdots 1
\end{array}
$$

整数部分的结果为：$(57)_{10}=(111001)_2$

小数部分的结果为：$(0.84375)_{10}=(0.11011)_2$

最后结果为：$(57.84375)_{10}=(111001.11011)_2$

2）二进制数转换成十进制数

把二进制数转换为十进制数的方法是：将二进制数按权展开后求和即可。

【例 1-2】将二进制数 10111001.101 转换成十进制数。

$$(10111001.101)_2 = 1\times 2^7 + 0\times 2^6 + 1\times 2^5 + 1\times 2^4 + 1\times 2^3 + 0\times 2^2 + 0\times 2^1 + 1\times 2^0$$
$$+ 1\times 2^{-1} + 0\times 2^{-2} + 1\times 2^{-3}$$
$$= 128+0+32+16+8+0+0+1+0.5+0+0.125$$
$$= (185.625)_{10}$$

注意：一个二进制小数能够完全准确地转换成十进制小数，但是一个十进制小数不一定能够完全准确地转换成二进制小数。

2. 十进制数与八进制数、十六进制数之间的转换

1）十进制数转换成八进制数、十六进制数

了解了十进制数转换成二进制数的方法以后，将十进制转换成八进制数或十六进制数就很容易了。十进制数转换成非十进制数的方法是：整数部分和小数部分分别进行转换，整数部分采用"除基数取余法"，小数部分采用"乘基数取整法"。对于八进制数，整数部分采用除 8 取余法，小数部分采用乘 8 取整法；对于十六进制数，整数部分采用除 16 取余法，小数部分采用乘 16 取整法。

【例 1-3】将十进制数 263.6875 转换为八进制数。

整数部分采用除 8 取余法，小数部分采用乘 8 取整法：

整数部分：8 ⌊263……7　　　　　　　　小数部分：　　　0.6875

　　　　　　8 ⌊32……0　　　　　　　　　　　　　　× 　　　8

　　　　　　　8 ⌊4……4　　　　　　　　　　　　　5.5000……5

　　　　　　　　0　　　　　　　　　　　　　　　　0.5000

　　　　　　　　　　　　　　　　　　　　　　　　× 　　　8

　　　　　　　　　　　　　　　　　　　　　　　4.0000……4

整数部分的结果为：$(263)_{10}=(407)_8$

小数部分的结果为：$(0.6875)_{10}=(0.54)_8$

最后结果为：$(263.6875)_{10}=(407.54)_8$

【例 1-4】将十进制数 986.84375 转换为十六进制数。

整数部分采用除 16 取余法，小数部分采用乘 16 取整法：

整数部分：16 ⌊986……10 …A　　　　小数部分：　0.84375

　　　　　16 ⌊61……13…D　　　　　　　　　　× 　　　16

　　　　　　16 ⌊3…………3　　　　　　　　　　506250

　　　　　　　0　　　　　　　　　　　　　　　+84375

　　　　　　　　　　　　　　　　　　　　　13.50000……13…D

　　　　　　　　　　　　　　　　　　　　　　0.50000

　　　　　　　　　　　　　　　　　　　　　× 　　　16

　　　　　　　　　　　　　　　　　　　　3　00000

　　　　　　　　　　　　　　　　　　　+5　0000

　　　　　　　　　　　　　　　　　　　8.00000 ……8

整数部分的结果为：$(986)_{10}=(3DA)_{16}$

小数部分的结果为：$(0.84375)_{10}=(0.D8)_{16}$

最后结果为：$(986.84375)_{10}=(3DA.D8)_{16}$

2）八进制数、十六进制数转换成十进制数

非十进制数转换成十进制数的方法是：把各个非十进制数按权展开后求和。对于八进制数或十六进制数可以写成 8 或 16 的各次幂之和的形式，然后再计算其结果。

【例 1-5】将八进制数 366.54 转换为十进制数。

$(366.54)_8 = 3 \times 8^2 + 6 \times 8^1 + 6 \times 8^0 + 5 \times 8^{-1} + 4 \times 8^{-2}$

$\qquad = 192+48+6+0.625+0.0625$

$\qquad = (246.6875)_{10}$

【例 1-6】将十六进制数 A1C.D8 转换为十进制数。

$(A1C.D8)_{16} = A \times 16^2 + 1 \times 16^1 + C \times 16^0 + D \times 16^{-1} + 8 \times 16^{-2}$

$\qquad = 10 \times 16^2 + 1 \times 16^1 + 12 \times 16^0 + 13 \times 16^{-1} + 8 \times 16^{-2}$

$\qquad = 2560+16+12+0.8125+0.03125$

$\qquad = (2588.84375)_{10}$

3. 二进制数、八进制数、十六进制数之间的转换

前面介绍了计算机的常用计数制以及它们与十进制数之间的转换。在计算机的常用计数制中，二进制数与八进制数之间的相互转换以及二进制数与十六进制数之间的相互转换都是很方便的。

1）二进制数与八进制数之间的相互转换

由于二进制数和八进制数之间存在特殊关系：$8^1 = 2^3$，因此，一位八进制数正好相当于三位二进制数。

（1）二进制数转换成八进制数。

把二进制数转换成八进制数的方法：以小数点为界，整数部分从低位到高位将二进制数的每三位分为一组，若不够三位时，在高位左面添 0；小数部分从小数点开始，自左向右每三位一组，若不够三位时，在低位右面添 0，补足三位，然后将每三位二进制数用一位八进制数替换即可完成。

【例 1-7】将二进制数 11110101.11001 转换为八进制数。

011	110	101	.110	010
↓	↓	↓	↓	↓
3	6	5	. 6	2

即 $(11110101.11001)_2 = (365.62)_8$

（2）八进制数转换成二进制数。

将八进制数转换成二进制数的方法为：以小数点为界，向左或向右每一位八进制数用相应的三位二进制数取代，然后去掉整数部分中最左边的 "0" 以及小数部分最右边的 "0"。

【例 1-8】将八进制数 17.236 转换为二进制数。

1	7	.	2	3	6
↓	↓		↓	↓	↓
001	111	.	010	011	110

即 $(17.236)_8 = (001111.010011110)_2 = (1111.01001111)_2$

2）二进制数与十六进制数之间的转换

由于 16 是 2 的 4 次方，即 $16^1 = 2^4$，因此，一位十六进制数正好相当于四位二进制数。

（1）二进制数转换成十六进制数。

把二进制数转换成十六进制数：以小数点为界，整数部分从低位到高位将二进制数的每四位分为一组，若不够四位时，在高位左面添 0；小数部分从小数点开始，自左向右每四位一组，若不够四位时，在低位右面添 0，补足四位，然后将每四位二进制数用一位十六进制数替换即可完成。

【例 1-9】将二进制数 1101010111.110110101 转换为十六进制数。

0011	0101	0111	.1101	1010	1000
↓	↓	↓	. ↓	↓	↓
3	5	7	. D	A	8

即 $(1101010111.110110101)_2 = (357.DA8)_{16}$

（2）十六进制数转换成二进制数。

将十六进制数转换成二进制数的方法为：以小数点为界，向左或向右每一位十六进制数用相应的四位二进制数取代，然后去掉整数部分中最左边的 "0" 以及小数部分最右边的 "0"。

【例 1-10】将十六进制数 4CB.D8 转换为二进制数。

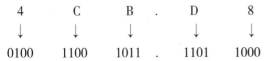

4	C	B	.	D	8
↓	↓	↓		↓	↓
0100	1100	1011	.	1101	1000

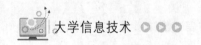

即$(4CB.D8)_{16}=(010011001011.11011000)_2=(10011001011.11011)_2$

十进制数可以直接转换为任何进制数，其他进制数也可以方便地转换为十进制数，但其他不同进制数之间可以十进制数为桥梁进行转换。

1.3.3 容量单位、存储容量及字和字长

在计算机内部，信息以二进制代码形式进行处理和存储的，因此，有必要介绍一下数据在计算机内部表示的单位。数据在计算机内部表示常采用"位""字节""字"等几种单位。

1. 位（bit）

位是计算机中表示数据的最小单位，表示 1 位二进制信息。它有两种状态：0 或 1。在有关计算机数据单位描述中，有时用 1 个小写"b"表示位，如 1024 b，表示有 1 024 位。

2. 字节（Byte）

1 字节由 8 位二进制数组成（1 Byte=8 bit）。在有关计算机数据单位描述中，有时用 1 个大写"B"表示字节，如 1 024 B，表示有 1 024 字节。字节是信息存储中最常用的基本单位。计算机的存储器通常是以多少字节来表示容量的。常用的存储单位有 B、KB、MB、GB、TB、PB、EB、ZB、YB、BB、NB 等，它们之间的等价关系如下：

KB：1 KB=1 024 B=2^{10} B；　MB：1 MB=1 024 KB=2^{20} B；
GB：1 GB=1 024 MB=2^{30} B；　TB：1 TB=1 024 GB=2^{40} B；
PB：1 PB=1 024 TB=2^{50} B；　EB：1 EB=1 024 PB=2^{60} B；
ZB：1 ZB=1 024 EB=2^{70} B；　YB：1 YB=1 024 ZB=2^{80} B；
BB：1 BB=1 024 YB=2^{90} B；　NB：1 NB=1 024 BB=2^{100} B。

3. 字（word）

CPU 处理数据时，一次存取、加工和传送的二进制数据长度称为字。字所包含的二进制位数称为字长。一个字通常由一个或若干个字节组成，在计算机中作为一个独立的信息单位处理。常用的字长有 8 位（1 字节）、16 位（2 字节）、32 位（4 字节）、64 位（8 字节）等。

1.3.4 计算机内的数据表示

1. 计算机中运用二进制的原因

在计算机内部，数据和程序都是以二进制形式来表示和处理的。这是因为：

1）物理上易于实现

因为具有两种稳定状态的物理器件是很多的，如电路的导通与截止、电压的高与低，这恰好对应二进制中 0 和 1 两个符号。如果采用十进制，要制造具有 10 种稳定状态的物理电路，是非常困难的。

2）二进制数运算简单

数学推导证明，对 R 进制，其算术求和、求积规则各有 $R(R+1)/2$ 种。如采用十进制，就各有55 种求和与求积的运算规则；二进制仅各有三种运算规则，简化了运算器等物理器件的设计。

3）机器可靠性高

由于电压的高低、电流的通断等都是一种质的变化，两种状态分明，使得二进制代码传输的抗干扰能力强，鉴别信息的可靠性高。

2. 字符编码

由于计算机只能识别二进制，无法直接接受字符信息，因此，对于字符，需要编制一套代码，建立字符与 0 和 1 之间的对应关系，以便计算机进行处理。常用的字符编码方案有 ASCII 码，用于对应欧美等英语国家的字符处理；其他非英语国家对应的语言字符处理方案有中国的汉字编码等。下面对 ASCII 码、汉字编码进行简介。

1）ASCII 码

ASCII 是美国标准信息交换码（American Standard Code for Information Interchange，ASCII），占用 8 位（1 字节），其中 7 位用于字符的二进制编码，1 位为奇偶校验位，一共可以表示 128 个字符（7 位二进制代码的所有组合状态，即 $2^7=128$，每一种组合状态代表一个字符）。128 个字符包括：10 个阿拉伯数字（0～9，对应 ASCII 码为 48～57）、52 个大小写英文字母（A～Z 对应 ASCII 码为 65～90，a～z 对应 ASCII 码为 97～122）、32 个标点符号和运算符、34 个专用符号。

2）汉字编码

计算机内部处理的信息，都是用二进制代码表示的，汉字也不例外。而二进制代码使用起来不方便，于是需要采用汉字信息交换码。目前，有如下汉字信息交换码方案。

（1）国家标准字符集 GB 2312—1980，收入汉字 6 763 个，符号 715 个，总计 7 478 个字符。这是中国普遍使用的简体字字符集。楷体—GB 2312、仿宋—GB 2312、华文行楷等绝大多数字体支持显示这个字符集，亦是大多数输入法所采用的字符集。

（2）Big-5 字符集，中文名大五码，是繁体字的字符集，收入 13 060 个繁体汉字，808 个符号，总计 13 868 个字符。

（3）国家标准扩展字符集 GBK，兼容 GB 2312—1980 标准，包含 Big-5 的繁体字，但是不兼容 Big-5 字符集编码，收入 21 003 个汉字，882 个符号，共计 21 885 个字符，包括了中日韩（CJK）统一汉字 20 902 个、扩展 A 集（CJK Ext-A) 中的汉字 52 个。

（4）GB 18030—2000 字符集，包含 GBK 字符集和 CJK Ext-A 全部 6 582 个汉字，共计 27 533 个汉字。

（5）方正超大字符集，包含 GB 18030—2000 字符集、CJK Ext-B 中的 36 862 个汉字，共计 64 395 个汉字。宋体-方正超大字符集支持这个字符集的显示。Microsoft Office XP、2003 或 2010、2016 简体中文版自带有这个字体。

（6）GB 18030—2005 字符集，在 GB 13030—2000 的基础上，增加了 CJK Ext-B 的 36 862 个汉字，以及其他的一些汉字，共计 70 244 个汉字。

（7）ISO/IEC 10646 / Unicode 字符集，这是全球可以共享的编码字符集，两者相互兼融，涵盖了世界上主要语文的字符，其中包括简繁体汉字，有 CJK 统一汉字编码 20 992 个、CJK Ext-A 编码 6 582 个、CJK Ext-B 编码 36 862 个、CJK Ext-C 编码 4 160 个、CJK Ext-D 编码 222 个，共计 74 686 个汉字。

（8）汉字构形数据库 2.3 版，内含楷书字形 60 082 个、小篆 11 100 个、楚系简帛文字 2 627 个、金文 3 459 个、甲骨文 177 个、异体字 12 768 个。可以安装该程序，亦可以解压后使用其中的字体文件，对于整理某些古代文献十分有用。

计算机在处理汉字时，除信息交换码外，还有外码（输入码）、区位码、机内码、字形码、汉字地址码等编码方案。

（1）外码也称输入码，是用来将汉字输入计算机的一组键盘符号。常用的输入码有拼音码、五笔字型码等。

（2）区位码是国标码的另一种表现形式，把国标 GB 2312—1980 中的汉字、图形符号组成一个 94×94 的方阵，分为 94 个"区"，每个区包含 94 个"位"，其中"区"的序号由 01 至 94，"位"的序号也是从 01 至 94。94 个区中位置总数=94×94=8 836 个，其中 7 445 个汉字和图形字符中的每一个占一个位置后，还剩下 1 391 个空位。这 1 391 个位置空下来保留备用。

（3）机内码是根据国标码的规定，每一个汉字对应的二进制代码。在磁盘上记录汉字代码也使用机内码。

（4）字形码是汉字的输出码，输出汉字时都采用图形方式，无论汉字的笔画多少，每个汉字都可以写在同样大小的方块中。

（5）汉字地址码是指汉字库中存储汉字字形信息的逻辑地址码。它与汉字机内码有着简单的对应关系，以简化机内码到地址码的转换。

计算机处理汉字的基本过程是：输入汉字外码→根据汉字信息交换码的规定将汉字外码转换为机内码，计算机进行处理→以字形码输出（在打印机或显示器上输出）或以汉字地址码进行存储。

对于汉字如何输入计算机这个问题，目前除利用键盘输入汉字以外，也有手写输入、语音输入、扫描输入等多种技术。

3. 其他信息在计算机中的表示

对于图形、图像、音频和视频等信息，也要转换为二进制数据，计算机才能对其进行处理、存储和传输。

在计算机中表示图形、图像一般有两种方法：一种是矢量图，另一种是位图。矢量图是基于矢量技术的图形，以图元为单位，用数学方法来描述一幅图形，如一个圆可以通过圆心的位置和圆的半径来描述。在位图技术中，一个图像被看成是点阵的集合，每一个点被称作像素。在黑白图像中，每个像素都用 1 或者 0 来表示黑和白。灰度图像和彩色图像比黑白图像复杂，每一个像素都是由许多位来表示。由于图像的数据量很大，有些图像需要经过压缩后才能进行存储和传输。如 JPEG 就是一个图像压缩格式编码标准。

视频可以看作是由多帧图像组成，由于其数据量非常大，因此需要经过一定的视频压缩算法处理后才能存储和传输，如 MPEG-4 就是一个视频压缩算法。音频是波形信息，是模拟量，要通过采样和量化，把模拟量表示的音频信号转换成由许多二进制数 1 和 0 组成的数字音频信号后，才能被计算机处理和存储。音频通常也需要经过压缩，如 MP3 就是一种压缩算法。

1.4 计算机系统

计算机的基本系统均由硬件系统和软件系统两大部分组成。硬件是计算机的物质基础，软件是计算机的灵魂，二者相辅相成。

1.4.1 计算机系统的组成

一个完整的计算机系统由硬件系统和软件系统两大部分组成，如图 1-1-3 所示。

　　计算机硬件系统是指由电子部件和机电装置组成的计算机实体，是那些看得见摸得着的部分——电子线路、元器件和各种设备。它们是计算机工作的物质基础。硬件的功能是接受计算机程序，并在程序的控制下完成数据输入、数据处理和输出结果等任务。当然，大型计算机的硬件要比微机复杂得多。但无论什么类型的计算机，都可以将其硬件划分为几个部分，而不同机器的相应部分负责完成的功能则基本相同。

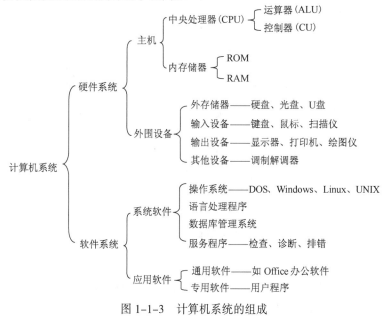

图 1-1-3　计算机系统的组成

　　计算机软件系统是指能够相互配合、协调工作的各种计算机软件。计算机软件是指在硬件设备上运行的各种程序、数据及相关文档的总和。

　　在计算机中，硬件与软件是相辅相成的，硬件是计算机的物质基础，没有硬件就无所谓计算机，软件也无从依附。软件是计算机的灵魂，没有软件，计算机的存在就毫无价值。只有硬件没有软件的计算机称为"裸机"。裸机是不能工作的。硬件系统的发展给软件系统提供了良好的开发环境，而软件系统的发展又给硬件系统提出了新的要求。

1.4.2　计算机硬件系统

　　硬件是指肉眼看得见的机器部件，它就像是计算机的"躯体"，是计算机工作的物质基础。不同种类计算机的硬件组成各不相同，但无论什么类型的计算机，都可以将其硬件划分为功能相近的几大部分。

　　根据冯·诺依曼设计思想，计算机的硬件组成由运算器、存储器、控制器、输入设备和输出设备五个基本部件组成，如图 1-1-4 所示。图中空心的双箭头代表数据信号流向，实心的单线箭头代表控制信号流向。从图中可以看出，由输入装置输入数据，运算器处理数据，在存储器中存取有用的数据，在输出设备中输出运算结果，整个运算过程由控制器进行控制协调。这种结构的计算机称为冯·诺依曼结构计算机。自计算机诞生以来，虽然计算机系统从性能指标、运算速度、工作方式和应用领域等方面都发生了巨大的变化，但其基本结构仍然延续着冯·诺依曼的计算机体系结构。

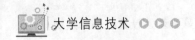

1. 输入设备

输入设备（input unit）的主要作用是把准备好的数据、程序等信息转变为计算机能接收的电信号送入计算机。例如，用键盘输入信息时，敲击它的每个键位都能产生相应的电信号送入计算机；又如模/数转换装置，把控制现场采集到的温度、压力、流量、电压、电流等模拟量转换成计算机能接收的数字信号，然后再传入计算机。目前常用的输入设备有键盘、鼠标、扫描仪等。

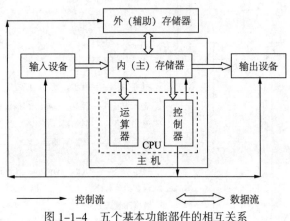

图 1-1-4　五个基本功能部件的相互关系

2. 输出设备

输出设备（output unit）的主要功能是把计算机处理后的数据、计算结果或工作过程等内部信息转换成人们习惯接受的信息形式（如字符、曲线、图像、表格、声音等）或能为其他机器所接受的形式输出。例如，在纸上打印出印刷符号或在屏幕上显示字符、图形等。常见的输出设备有显示器、打印机、绘图仪等，它们能把信息直观地显示在屏幕上或打印出来。

3. 存储器

存储器（memory unit）是计算机的记忆装置，其基本功能是存储二进制形式的数据和程序，所以存储器应该具备存数和取数的功能。存储器分为内存储器和外存储器。

1）内存储器

内存储器（简称内存）可以与 CPU 直接进行信息交换，用于存放当前 CPU 要用的数据和程序，存取速度快、价格高、存储容量较小。内存又可分为随机存取存储器（random access memory，RAM）、只读存储器（read only memory，ROM）和高速缓冲存储器（Cache，简称高速缓存）。

2）外存储器

外存储器（简称外存）用来存放要长期保存的程序和数据，属于永久性存储器，需要时应先调入内存。相对内存而言，外存的容量大、价格低，但存取速度慢，它连在主机之外，故称外存。常用的外存储器有硬盘、光盘、磁带、移动硬盘、U 盘等。

4. 运算器

运算器（arithmetic unit）是计算机的核心部件，是对信息进行加工和处理的部件，其运行速度几乎决定了计算机的计算速度。它的主要功能是对二进制数码进行算术运算或逻辑运算。所以也称它为算术逻辑部件（arithmetic logic unit，ALU）。参加运算的数（称为操作数）全部是在控制器的统一指挥下从内存储器中取到运算器里，绝大多数运算任务都由运算器完成。

5. 控制器

控制器（control unit）是指挥和协调计算机各部件有条不紊进行工作的核心部件，它控制计算机的全部动作。控制器主要由指令寄存器、译码器、时序节拍发生器、程序计数器和操作控制部件等组成。它的基本功能就是从存储器中读取指令、分析指令、确定指令类型并对指令进行译码，产生控制信号去控制各个部件完成各种操作。

在计算机硬件系统的五个组成部件中，CPU 和内存（通常安放在机箱里）统称为主机，它是计算机系统的主体；输入设备和输出设备统称为 I/O 设备，通常把 I/O 设备和外存一起称为外围设备（简称外设），它是人与主机沟通的桥梁。

1.4.3　计算机的工作原理

计算机能自动且连续地工作主要是因为在内存中装入了程序，通过控制器从内存中逐一取出程序中的每一条指令，分析指令并执行相应的操作。

1. 指令系统和程序的概念

1）指令和指令系统

指令是计算机硬件可执行的、完成一个基本操作所发出的命令。全部指令的集合就称为该计算机的指令系统。不同类型的计算机，由于其硬件结构不同，指令系统也不同。

2）程序

计算机为完成一个完整的任务必须执行的一系列指令的集合，称为程序。用高级程序语言编写的程序称为源程序。能被计算机识别并执行的程序称为目标程序。

2. 指令和程序在计算机中的执行过程

通常，一条指令的执行过程分为取指令、分析指令、执行指令三个阶段。

1）取指令

根据 CPU 中的程序计数器中所指出的地址，从内存中取出指令送到指令寄存器中，同时使程序计数器指向下一条指令的地址。

2）分析指令

将保存在指令寄存器中的指令进行译码，判断该条指令将要完成的操作。

3）执行指令

CPU 向各部件发出完成该操作的控制信号，并完成该指令的相应操作。

取指令→分析指令→执行指令→取下一条指令……，周而复始地执行指令序列的过程就是进行程序控制的过程。程序的执行就是程序中所有指令执行的全过程。

1.4.4　计算机软件系统

软件是指为方便使用计算机和提高使用效率而组织的程序和数据以及用于开发、使用和维护的有关文档的集合。软件系统可分为系统软件和应用软件两大类，如图 1-1-5 所示。

从用户的角度看，对计算机的使用不是直接对硬件进行操作，而是通过应用软件对计算机进行操作，而应用软件也不能直接对硬件进行操作，而是通过系统软件对硬件进行操作。用户、软件和硬件的关系如图 1-1-6 所示。

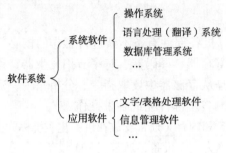

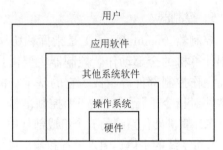

图 1-1-5　软件系统分类　　　　　　　图 1-1-6　用户、软件和硬件的关系

1. 系统软件

系统软件是计算机必须具备的支撑软件，负责管理、控制和维护计算机的各种软硬件资源，并为用户提供一个友好的操作界面，帮助用户编写、调试、装配、编译和运行程序。它包括操作系统、语言处理程序、工具软件、数据库系统、网络软件和各类服务程序等。下面分别介绍它们的功能。

1）操作系统

操作系统（operating system，OS）是对计算机全部软、硬件资源进行控制和管理的大型程序，是直接运行在裸机上的最基本的系统软件。其他软件必须在操作系统的支持下才能运行。操作系统是软件系统的核心。

2）语言处理系统

计算机只能直接识别和执行机器语言。除了机器语言外，其他用任何软件语言书写的程序都不能直接在计算机上执行。要在计算机中运行由其他软件语言书写的程序，都需要对它们进行适当的处理。语言处理系统的作用就是把用软件语言书写的各种程序处理成可在计算机上执行的程序，或最终的计算结果，或其他中间形式。

3）工具软件

工具软件也称为服务程序，它包括协助用户进行软件开发或硬件维护的软件，如编辑程序、连接装配程序、纠错程序、诊断程序和防病毒程序等。

4）数据库和数据库管理系统

数据库（database，DB）是指按照一定数据模型存储的数据集合。如学生的成绩信息、工厂仓库物资的信息、医院的病历、人事部门的档案等都可分别组成数据库。

数据库管理系统（database management system，DBMS）则是能够对数据库进行加工、管理的系统软件。其主要功能是建立、删除、维护数据库及对数据库中的数据进行各种操作，从而得到有用的结果，它们通常自带语言进行数据操作。

5）网络软件

计算机网络是指将分布在不同地点的、多个独立的计算机系统用通信线路连接起来，在网络通信协议和网络软件的控制下，实现互联互通、资源共享、分布式处理，提高计算机的可靠性及可用性。计算机网络是计算机技术与通信技术相结合的产物。

计算机网络由网络硬件、网络软件及网络信息构成。其中的网络软件包括网络操作系统、网络协议和各种网络应用软件。

2. 应用软件

在系统软件的支持下，用户为了解决特定的问题而开发、研制或购买的各种计算机程序称为应用软件，例如文字处理、图形图像处理、计算机辅助设计和工程计算等软件。同时，各个软件公司也在不断开发各种应用软件，来满足各行各业的信息处理需求，如铁路部门的售票系统、教学辅助系统等。应用软件的种类很多，根据其服务对象，可分为通用软件和专用软件。

1）通用软件

通用软件通常是为解决某一类问题而设计的，而这类问题是很多人都要遇到和解决的。

2）专用软件

上述通用软件或软件包，在市场上可以买到，但有些有特殊要求的软件是无法买到的。如某个用户希望对其单位保密档案进行管理，另一个用户希望有一个程序能自动控制车间里的车床同时将其与上层事务性工作集成起来统一管理等。

综上所述，计算机系统由硬件系统和软件系统组成，两者缺一不可。而软件系统又由系统软件和应用软件组成。操作系统是系统软件的核心，在计算机系统中是必不可少的。其他的系统软件，如语言处理系统，可根据不同用户的需要配置不同的程序语言编译系统。随着各用户的应用领域不同，可以配置不同的应用软件。

 ## 1.5　信息化与信息安全

在当今社会中，能源、材料和信息是社会发展的三大支柱，人类社会的生存和发展，时刻都离不开信息。了解信息的概念、特征及分类，对于在信息社会中更好地使用信息是十分重要的。

1.5.1　信息化与信息化社会

1. 信息化的概念

信息一词来源于拉丁文 Information，其含义是情报、资料、消息、报道、知识。信息化的概念起源于 20 世纪 60 年代的日本，首先是由一位日本学者提出来的，而后被译成英文传播到西方。西方社会普遍使用"信息社会"和"信息化"的概念是 20 世纪 70 年代后期才开始的。

关于信息化的表述，中国学术界作过较长时间的研讨。在 1997 年召开的首届全国信息化工作会议上，将信息化和国家信息化定义为："信息化是指培育、发展以智能化工具为代表的新的生产力并使之造福于社会的历史过程。国家信息化就是在国家统一规划和组织下，在农业、工业、科学技术、国防及社会生活各个方面应用现代信息技术，深入开发广泛利用信息资源，加速实现国家现代化进程。"

从信息化的定义可以看出：信息化代表了一种信息技术被高度应用，信息资源被高度共享，从而使得人的智能潜力以及社会物质资源潜力被充分挖掘，个人行为、组织决策和社会运行趋于合理化的理想状态。

2. 信息化社会

信息社会与工业社会的概念没有什么原则性的区别。信息社会也称信息化社会，是脱离工业化社会以后，信息将起主要作用的社会。信息经济在国民经济中占据主导地位，并构成社会信息化的物质基础。以计算机、微电子和通信技术为主的信息技术革命是社会信息化的动力源泉。信息技术在生产、科研教育、医疗保健、企业和政府管理以及家庭中的广泛应用对经济和社会发展产生了巨大而深刻的影响，从根本上改变了人们的生活方式、行为方式和价值观念。

1.5.2　信息安全

信息安全是指信息被保护不受破坏、泄露、更改的能力。信息安全广义来讲，是指组织或个人的信息的安全，如机密性的个人资料、财产信息、企业的技术图纸、重大计划等的安全。它们需要保存在一个秘密的地方，并且有严密的保护措施，以防止被盗和破坏等信息损失的发生。狭义来讲，现在信息一般保存在计算机系统（终端或网络服务器）中，是指计算机信息系统抵御意外事件或恶意行为的能力，即信息系统（包括硬件、软件、数据、人、物理环境及其基础设施）受到保护，不受偶然的或者恶意的原因影响而遭到破坏、更改、泄露，系统连续可靠正常地运行，信息服务不中断，最终实现业务连续性。这里主要探讨狭义的信息安全。

信息安全主要包括可用性、机密性、完整性、非否认性、真实性和可控性六个方面的属性。

（1）可用性（availability）：即使在突发事件下，依然能够保障数据和服务的正常使用，如网络攻击、计算机病毒感染、系统崩溃、战争破坏、自然灾害等。

（2）机密性（confidentiality）：能够确保敏感或机密数据的传输和存储不遭受未授权的浏览，甚至可以做到不暴露保密通信的事实。

（3）完整性（integrity）：能够保障被传输、接收或存储的数据是完整的和未被篡改的，在被篡改的情况下能够发现篡改的事实或者篡改的位置。

（4）非否认性（non-repudiation）：能够保证信息系统的操作者或信息的处理者不能否认其行为或者处理结果，这可以防止参与某次操作或通信的一方事后否认该事件曾发生过。

（5）真实性（authenticity）：也称可认证性，能够确保实体（如人、进程或系统）身份或信息来源的真实性。

（6）可控性（controllability）：能够保证掌握和控制信息与信息系统的基本情况，可对信息和信息系统的使用实施可靠的授权、审计、责任认定、传播源追踪和监管等进行控制。

1.5.3　信息安全的威胁

所谓信息安全威胁，是指某人、物、事件、方法或概念等因素对某些信息资源或系统的安全使用可能造成的危害。一般把可能威胁信息安全的行为称为攻击。在现实中，常见的信息安全威胁有以下几类：

（1）信息泄露：信息被泄露或透露给某个非授权的实体（如人、进程或系统）。泄露的形式主要包括窃听、截收、侧信道攻击和人员疏忽等。其中，截收泛指获取保密通信的电波、网络数据等；侧信道攻击是指攻击者不能直接获取这些信号或数据，但可以获得其部分信息或相关信息，而这些信息有助于分析出保密通信或存储的内容。

（2）篡改：指攻击者可能改动原有的信息内容，但信息的使用者并不能识别出被篡改的事实。在传统的信息处理方式下，篡改者对纸质文件的修改可以通过一些鉴定技术识别修改的痕迹，但在数字环境下，对电子内容的修改不会留下这些痕迹。

（3）重放：指攻击者可能截获并存储合法的通信数据，以后出于非法的目的重新发送它们，而接受者可能仍然进行正常的受理，从而被攻击者所利用。

（4）假冒：指一个人或系统谎称是另一个人或系统，但信息系统或其管理者可能并不能识别，这可能使得谎称者获得了不该获得的权限。

（5）否认：指参与某次通信或信息处理的一方事后可能否认这次通信或相关的信息处理曾经发生过，这可能使得这类通信或信息处理的参与者不承担应有的责任。

（6）非授权使用：指信息资源被某个未授权的人或系统使用，也包括被越权使用的情况。

（7）网络与系统攻击：由于网络与主机系统难免存在设计或实现上的漏洞，攻击者可能利用它们进行恶意的侵入和破坏；或者，攻击者仅通过对某一信息服务资源进行超负荷的使用或干扰，使系统不能正常工作。后面这一类的攻击一般被称为拒绝服务攻击。

（8）恶意代码：指有意破坏计算机系统、窃取机密或隐蔽地接受远程控制的程序，它们由怀有恶意的人开发和传播，隐蔽在受害方计算机系统中，自身也可能进行复制和传播，主要包括木马、病毒、后门、蠕虫等。

（9）灾害、故障与人为破坏：由于自然灾害、系统故障或人为破坏而遭到的损坏。

以上威胁可能危及信息安全的不同属性。信息泄露危及机密性，篡改危及完整性和真实性，重放、假冒和非授权使用危及可控性和真实性，否认直接危及非否认性，网络与系统攻击、灾害、故障与人为破坏危及可用性，恶意代码依照其意图可能分别危及可用性、机密性和可控性等。以上情况也说明，可用性、机密性、完整性、非否认性、真实性和可控性六个属性在本质上反映了信息安全的基本特征和需求。

1.5.4　网络道德标准

在信息技术日新月异的今天，人们无时无刻不在享受着信息技术给人们带来的便利与好处。然而，随着信息技术的深入发展和广泛应用，网络中已出现许多不容回避的道德与法律的问题。当代青年上网时应该遵守哪些网络道德标准呢？

首先要加强思想道德修养，自觉按照社会主义道德的原则和要求规范自己的行为，要依法律己，遵守《全国青少年网络文明公约》。法律禁止的事坚决不做，法律提倡的积极去做。其次，要净化网络语言，坚决抵制网络有害信息和低俗之风，健康、合理、科学上网。

网络平台不是法外之地，也要讲究公序良俗的规则，更不是发泄个人情绪的舞台，网络上的一言一行需谨慎，三思而后行。我们要在思想层面树立国家意识和民族精神；在做人层面培养道德情操和人文素养；在做事层面深入理解认识论、方法论，发扬求真务实的作风等。

第2章 Windows 10 操作系统

操作系统的主要功能是资源管理、程序控制和人机交互等。操作系统是协调和控制计算机各部分进行和谐工作的一个系统软件，是计算机所有软、硬件资源的管理者和组织者。常用的操作系统种类很多，例如，Windows、iOS、Android、Linux、UNIX 等。其中，微软公司的 Windows 系列操作系统因其界面友好、使用方便在世界范围内普遍流行。

2.1 Windows 概述

2.1.1 Windows 的发展

Windows 是由 Microsoft 公司开发的基于图形用户界面（graphic user interface，GUI）的多任务操作系统。Windows 支持多线程、多任务与多处理，它的即插即用特性使得安装各种支持即插即用的设备变得非常容易，它还具有出色的多媒体和图像处理功能以及方便安全的网络管理功能。

20 世纪 90 年代初 Windows 一出现，即成为 20 世纪 90 年代最流行的微型计算机操作系统，并逐渐取代 DOS 成为微机的主流操作系统。之后历经 Windows 95、Windows 98、Windows 2000、Windows XP、Windows 7、Windows 8、Windows 10、Windows 11。

2015 年 7 月 29 日，美国微软公司正式发布 Windows 10 操作系统。它在易用性和安全性方面有了极大的提升，除了针对云服务、智能移动设备、自然人机交互等新技术进行融合外，还对固态硬盘、生物识别、高分辨率屏幕等硬件进行了优化、完善与支持。

2.1.2 Windows 10 的简介

1. Windows 10 的版本

Windows 10 共有家庭版、专业版、企业版、教育版、移动版、移动企业版和物联网核心版七个版本，以适应不同用户群的需求。

（1）家庭版（Windows 10 Home）：此版本简单、便宜，功能最少，对硬件要求低，适用于低端机型的用户。

（2）专业版（Windows 10 Professional）：以家庭版为基础，增添了管理设备和应用，保护敏感的企业数据，支持远程和移动办公，使用云计算技术。

（3）企业版（Windows 10 Enterprise）：以专业版为基础，增添了大中型企业用来防范针对设备、身份、应用和敏感企业信息的现代安全威胁的先进功能，供微软的批量许可（Volume Licensing）客户使用，用户能选择部署新技术的节奏，其中包括使用 Windows Update for Business 的选项。

（4）教育版（Windows 10 Education）：以企业版为基础，面向学校职员、管理人员、教师和学生。它将通过面向教育机构的批量许可计划提供给客户，学校将能够升级 Windows 10 家庭版和 Windows 10 专业版设备。

（5）移动版（Windows 10 Mobile）：面向尺寸较小、配置触控屏的移动设备，例如智能手机和小尺寸平板电脑，集成有与 Windows 10 家庭版相同的通用 Windows 应用和针对触控操作优化的 Office。

（6）移动企业版（Windows 10 Mobile Enterprise）：以 Windows 10 移动版为基础，面向企业用户。它将提供给批量许可客户使用，增添了企业管理更新，以及及时获得更新和安全补丁软件的方式。

（7）物联网核心版（Windows 10 IoT Core）：面向小型低价设备，主要针对物联网设备。目前已支持树莓派 2 代/3 代，Dragonboard 410c（基于骁龙 410 处理器的开发板），MinnowBoard MAX 及 Intel Joule。

2. Windows 10 的新特性

Windows 10 操作系统在易用性和安全性方面有了极大的提升，除了针对云服务、智能移动设备、自然人机交互等新技术进行融合外，还对固态硬盘、生物识别、高分辨率屏幕等硬件进行了优化完善与支持。

Windows 10 具有以下新特性：

（1）生物识别技术：Windows 10 新增的 Windows Hello 功能带来一系列对于生物识别技术的支持。除了常见的指纹扫描之外，系统还能通过面部或虹膜扫描进行登录。当然需要使用新的 3D 红外摄像头来获取到这些新功能。

（2）分离 Cortana 和搜索功能：在任务栏上，搜索功能可以用来搜索硬盘内的文件、系统设置、安装的应用，甚至是互联网中的其他信息。Cortana 打造成为一个更实用、更高效的虚拟语音助手，还能像在移动平台那样设置基于时间和地点的备忘。

（3）平板模式：Windows 10 提供了针对触控屏设备优化的功能，同时还提供了专门的平板式计算机模式，"开始"菜单和应用都将以全屏模式运行。如果设置得当，系统会自动在平板式计算机与桌面模式间切换。

（4）桌面应用：微软放弃激进的 Metro 风格，回归传统风格，用户可以调整应用窗口大小，久违的标题栏重回窗口上方，最大化与最小化按钮也给了用户更多的选择和自由度。

（5）多桌面：如果用户没有多显示器配置，但依然需要对大量的窗口进行重新排列，那么 Windows 10 的虚拟桌面应该可以帮到用户。在该功能的帮助下，用户可以将窗口放进不同的虚拟桌面当中，并在其中进行轻松切换，使原本杂乱无章的桌面变得整洁起来。

"开始"菜单进化：微软在 Windows 10 中带回了用户期盼已久的"开始"菜单功能，并将其与 Windows 8 "开始"屏幕的特色相结合。单击屏幕左下角的 Windows 按钮，即"开始"按钮打开"开始"菜单，会在左侧看到系统关键设置和应用列表，标志性的动态磁贴也会出现在右侧。

任务切换器：Windows 10 的任务切换器不再仅显示应用图标，而是通过大尺寸缩略图的方

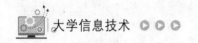

式对内容进行预览。

（6）任务栏的微调：在 Windows 10 的任务栏中，新增了 Cortana 和任务视图按钮。与此同时，系统托盘内的标准工具也匹配了 Windows 10 的设计风格。可以查看可用的 WiFi 网络，或是对系统音量和显示器亮度进行调节。

（7）贴靠辅助：Windows 10 不仅可以让窗口占据屏幕左右两侧的区域，还能将窗口拖到屏幕的四个角落使其自动拓展并填充 1/4 的屏幕空间。在贴靠一个窗口时，屏幕的剩余空间内还会显示出其他开启应用的缩略图，单击之后可将其快速填充到这块剩余的空间中。

（8）通知中心：Windows Phone 8.1 的通知中心功能也被加入 Windows 10 中，让用户可以方便地查看来自不同应用的通知。此外，通知中心底部还提供了一些系统功能的快捷开关，比如平板模式、便签和定位等。

（9）文件资源管理器升级：Windows 10 的文件资源管理器会在主页面显示出用户常用的文件和文件夹，让用户可以快速获取自己需要的内容。

（10）新的 Edge 浏览器：为了追赶 Chrome 和 Firefox 等热门浏览器，微软淘汰掉了老旧的IE，带来了 Edge 浏览器。Edge 浏览器虽然尚未发展成熟，但它的确带来了诸多的便捷功能，比如和 Cortana 的整合以及快速分享功能。

（11）设置和控制面板：Windows 8 的设置应用同样被沿用到 Windows 10 中，该应用提供系统的一些关键设置选项，用户界面也和传统的控制面板相似。而从前的控制面板也依然存在于系统中，因为它依然提供一些设置应用所没有的选项。

（12）兼容性增强：只要能运行 Windows 7 操作系统，就能更加流畅地运行 Windows 10 操作系统。Windows 10 针对固态硬盘、生物识别、高分辨率屏幕等都进行了优化支持与完善。

（13）安全性增强：除了继承旧版 Windows 操作系统的安全功能之外，还引入了 Windows Hello，Microsoft Passport、Device Guard 等安全功能。

（14）新技术融合：在易用性、安全性等方面进行了深入的改进与优化。针对云服务、智能移动设备、自然人机交互等新技术进行融合。

2.1.3　Windows 10 的安装

Windows 10 的安装更简单，下面介绍其运行环境及安装方式。

1. Windows 10 运行环境

下面给出安装 Windows 10 的最低系统需求。

（1）处理器：主频 1 GHz，或更快的处理器，或 SoC。

（2）内存：1 GB（32 位操作系统）或 2 GB（64 位操作系统）。

（3）显卡：DirectX 9 或更高版本（包含 WDDM 1.0 驱动程序）。

（4）硬盘空间：16 GB（32 位操作系统）或 20 GB（64 位操作系统）。

（5）显示器：要求分辨率在 800 像素 × 600 像素及以上，或可支持触摸技术的显示设备。

2. 确定安装方式

安装方式有升级安装和全新安装。升级安装即覆盖原有的操作系统；全新安装则是在计算机上没有任何操作系统的情况下安装 Windows 10 操作系统。用户可以使用光盘安装，也可以将

U 盘制作为系统盘，进行安装。

 ## 2.2 Windows 10 的基本操作

2.2.1 鼠标操作

鼠标是操作计算机过程中使用最频繁的输入设备之一。按照用户的一般使用习惯，鼠标的基本操作有五种，可协助用户完成不同的动作，见表 1-2-1。

表 1-2-1　鼠标的基本操作

鼠标操作	完 成 方 法 及 功 能
指向	移动鼠标，将鼠标指针放在某一对象上
单击	在屏幕上把鼠标指针指向某一个对象，然后快速地按下并释放鼠标的左键一次。通过单击，用户可以选择屏幕上的对象或执行菜单命令
双击	在屏幕上把鼠标指针指向某一个对象，然后快速地按下并释放鼠标的左键两次。通常用双击一个文件或快捷方式图标来运行相应的程序或打开文档
右击	在屏幕上把鼠标指针指向某一个对象，然后快速地按下并释放鼠标的右键一次。通过右击，可以弹出该对象的快捷菜单
拖动	在屏幕上把鼠标指针指向某一个对象，然后在保持按住鼠标左键的同时移动鼠标。用户可以使用拖动操作来选择数据块、移动并复制正文或对象等

2.2.2 窗口操作

窗口是人机交互的主要方式和界面，大多数程序都以窗口的形式呈现在用户面前。

1. 窗口类型

Windows 窗口一般分为四类。

（1）应用程序窗口：是最常见的一种窗口，它可以是一个应用软件、Windows 实用程序或附件窗口。

（2）文件夹窗口：用来存放文件和子文件夹。

（3）文档窗口：是出现在应用程序窗口内的一种子窗口，隶属于应用程序。

（4）对话框窗口：在此用户可输入较多的信息或进行某些参数设置。

2. 窗口组成

窗口的外观基本上是一样的。图 1-2-1 所示是"计算机"窗口及窗口的组成。

3. 窗口操作

窗口操作可以通过鼠标使用窗口上的各种命令进行，或者通过键盘使用快捷键来进行。其基本的操作包括打开、移动、缩放、切换、排列、关闭窗口等。

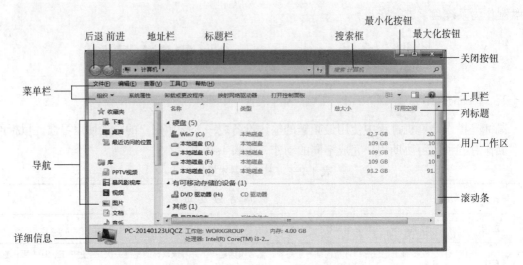

图 1-2-1 "计算机"窗口及组成

2.2.3 菜单操作

在 Windows 10 图形用户界面系统中，菜单是各种应用程序命令的集合，是一张命令表。

1. 菜单类型及操作

（1）"开始"菜单：单击"开始"按钮或同时按下【Ctrl+Esc】组合键，打开"开始"菜单。

（2）控制菜单：单击窗口标题栏最左端的控制菜单图标或右击标题栏空白位置，也可按下【Alt+Space】组合键，打开控制菜单。

（3）下拉菜单：单击菜单栏中某一菜单项。

（4）级联菜单：又称子菜单，选择带"▶"标记的菜单项可弹出级联菜单。

（5）快捷菜单：通常右击某对象弹出快捷菜单，列出对该对象在当前状态下常用操作命令。

2. 菜单的关闭

单击菜单以外的任何地方或按下【Esc】键即可关闭或消除该菜单。

 **2.3 Windows 10 桌面操作**

桌面是用户启动计算机登录 Windows 10 操作系统后，呈现在用户面前的整个屏幕区域，是用户与计算机进行交流的窗口，主要由桌面背景、桌面图标和任务栏构成。

1. 桌面图标

1）图标含义

"图标"是一个带有文字名称和图形的标志。如果用户把鼠标指针放在图标上停留片刻，会在图标旁边出现对图标所表示内容的说明或文件存放的路径。

2）图标分类

图标大致分为三类。系统图标，由微软公司开发 Windows 时定义，专门用来代表特定的Windows 文件和程序。程序图标，是各类软件公司开发软件时定义的安装该软件后会生成的图标。用户自定义类图标，其实是前面两类图标的变形，用户可以将系统图标或程序图标的图形或名称更换为自己喜欢的图标，而这类被更换的图标称为用户自定义类图标。

3）图标操作

Windows 10 中图标的操作主要是创建、选定、打开、移动、排列和删除等。

2. 个性化

Windows 10 操作系统为了满足不同的用户需求，已内置了一些不同显示效果的桌面主题。一般来讲，更改桌面主题就是更改 Windows 为用户提供的桌面配置方案。

设置和修改桌面主题的操作方法是：右击桌面空白处，在弹出的快捷菜单中选择"个性化"命令，进入图 1-2-2 所示的"个性化"窗口。

在"个性化"窗口中，用户可以单击左侧栏"主题"选项，在右侧区域选择 Windows 10 自带的主题，进行个性化设置。当然用户也可以自定义主题，设置桌面背景和图标、屏幕保护程序、窗口外观、屏幕分辨率、颜色质量等内容。

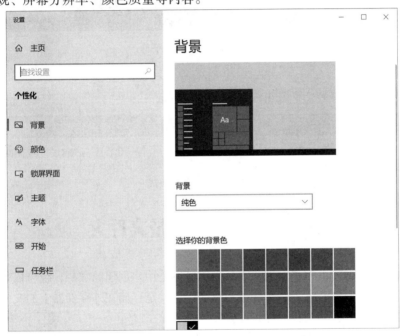

图 1-2-2　Windows 10 的"个性化"窗口

3. 屏幕分辨率

屏幕分辨率指屏幕像素的点阵，即屏幕的横向像素和纵向像素之积。该数值越大，屏幕显示信息越多，图像质量越好。颜色的二进制位数越多则颜色数量越大，显示图像质量越高。

4. "开始"菜单

"开始"菜单是 Windows 操作系统中的重要元素。使用"开始"菜单可以访问计算机中的程序、文件夹，进行计算机设置等。单击屏幕左下角的"开始"按钮，即可弹出图 1-2-3 所示的"开始"菜单。

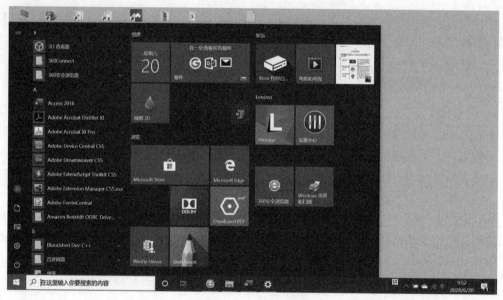

图 1-2-3　"开始"菜单

5. 任务栏

任务栏一般位于屏幕底部，其组成如图 1-2-4 所示。

"开始"按钮　　　　　　任务按钮区　　　　　　语言栏　通知区域　"显示桌面"按钮

图 1-2-4　任务栏组成

2.4 文件及文件夹

文件是具有名称的一组相关信息的集合。它可以是用户创建的文档，也可以是可执行的应用程序或一张图片、一段声音等。文件分为两类，一类是存储在外存储器上的文件，称为磁盘文件；另一类是系统的标准设备，称为设备文件。

文件夹（在 DOS 中称为目录）是系统组织和管理文件的一种形式，是为方便用户查找、维护和存储而设置的，用户可将文件分门别类地存放在不同的文件夹中。文件夹还可以存储其他文件夹。文件夹中包含的文件夹通常称为"子文件夹"。用户可以创建任意数量的子文件夹，每个子文件夹中又可以容纳任意数量的文件和其他子文件夹。

1. 文件命名

文件名的一般形式为：

[<盘符：>]<主文件名>[<.扩展名>]

2. 文件和文件夹的命名规则

文件和文件夹命名时，应尽量做到既能够清楚地表达内容又比较简短，同时必须注意以下问题：

（1）Windows 环境下，文件或文件夹的名字最多可达 255 个西文字符，但有些早期的操作系统不能识别很长的文件名。

（2）可使用多分隔符，最后一组才是文件的扩展名。

（3）可使用多种字符。组成文件或文件夹名的字符可以是英文字母、数字及 ¥、@、&、+、(、)、下画线、空格、汉字等。但不能使用下列九个字符：\、/、:、*、?、"、<、>、|。

（4）在同一文件夹内不允许有同名文件，或同名文件夹。

（5）不区分大小写，例如，Mydocument.doc 和 mydocument.doc 被认为是同一个文件名。但文件名保留命名时输入的大小写状态。

（6）文件名中除开头外都可以用空格。

（7）不能使用系统保留的设备名：CON、AUX、COM1、COM2、COM3、COM4、PRN、LPT1、LPT2、LPT3、LPT4、NUL。

2.4.1　文件夹及文件的创建

1. 创建文件夹

用户可以在指定的驱动器或文件夹中创建文件夹，并可在子文件夹下再创建子文件夹，以实现文件夹的树形结构。其操作步骤如下：

（1）在"资源管理器"窗口中，打开要创建新文件夹的磁盘或目的文件夹。

（2）在"文件和文件夹任务"窗格中，选择"文件"→"新建"→"文件夹"命令，或在空白处右击，在弹出的快捷菜单中选择"新建"→"文件夹"命令。

（3）系统则在指定位置新建一个文件夹，其默认名称为"新建文件夹"。在新建的文件夹名称框中输入新的文件夹的名称，按【Enter】键或单击窗口的其他位置，新文件夹创建完毕。

2. 创建文件

创建文件基于用户使用的程序，不同程序创建出的文件类型不同。新建文本文档文件的操作过程如下：

（1）通过"资源管理器"窗口打开某文件夹，新建的文件将创建于该文件夹下。

（2）选择"文件"→"新建"→"文本文档"命令，或在该文件夹窗口工作区的空白处右击，选择快捷菜单的"新建"→"文本文档"命令。

（3）在该文件夹窗口中出现一个默认名为"新建文本文档"的文件，此时用户在编辑状态下为新文档输入名称，即建立了一个新的文本文档。

3. 创建快捷方式

快捷方式是一种扩展名为".lnk"的特殊文件。该文件中存放的是指向某对象的地址。快捷方式文件的图标左下角有一个小箭头。打开或运行快捷方式即可打开或运行它所指向的对象。可以在不同的位置分别创建指向同一个文件的快捷方式。快捷方式的名字可以和原文件同名，也可以不同。创建或删除快捷方式不会影响到它所指向的对象。下面介绍创建快捷方式的方法。

1）利用鼠标拖动创建快捷方式

（1）左键拖动创建快捷方式：首先找到相应的程序，然后用鼠标左键直接将其拖动至桌面上（或某个文件夹中），就在桌面上（或该文件夹中）建立了以该程序名为名称的快捷方式。

（2）右键拖动创建快捷方式：首先找到相应的程序，然后用鼠标右键直接将其拖动至桌面上（或某个文件夹中），在弹出的快捷菜单中选择"在当前位置创建快捷方式"命令，则在桌面上（或该文件夹中）建立了以该程序名为名称的快捷方式。

图 1-2-5 "创建快捷方式"对话框

2）利用向导创建快捷方式

在桌面空白处（或某个文件夹窗口的空白处中）右击，选择快捷菜单中的"新建"→"快捷方式"命令，弹出"创建快捷方式"对话框，如图 1-2-5 所示。在文本框中输入要创建快捷方式的对象的位置和名称，或通过"浏览"对话框找到要创建快捷方式的对象，单击"下一步"按钮，在弹出的提示用户输入快捷方式名字的对话框中输入快捷方式的名称，一般与原对象同名，接着单击"完成"按钮即可。

2.4.2 文件类型

根据文件中存储信息的不同以及功能的不同，文件分为不同的类型。不同类型的文件使用不同的扩展名。在 Windows 操作系统中，一般新建文件时，根据文件类型系统会自动给出其扩展名，并且赋予相应图标。表 1-2-2 列出了常用文件扩展名及其含义。

表 1-2-2　常用文件扩展名及其含义

扩 展 名	含　　义	扩 展 名	含　　义
.com	系统命令文件	.doc、.docx	Word 文档
.sys	系统文件	.xls、.xlsx	Excel 文档
.exe	可执行文件	.ppt、.pptx	PowerPoint 文档
.txt	文本文件	.htm、.html	网页文件
.rtf	带格式的文本文件	.zip	ZIP 格式的压缩文件
.bas	BASIC 源程序	.rar	RAR 格式的压缩文件
.c	C 语言源程序	.avi	视频文件
.swf	Flash 动画发布文件	.bmp	位图文件
.bak	备份文件	.wav	声音文件

2.4.3 文件及文件夹的查看及排序方式

1. 查看

在"资源管理器"窗口"查看"选项卡中可进行文件及文件夹的查看，如图 1-2-6 所示。此外，也可以在文件夹空白处右击，在弹出的快捷菜单中选择"查看"命令，还可以单击"视图"按钮▤▤后的▼，利用滑动块在各个视图选项间进行微调。

若要在视图之间快速切换，可单击"视图"按钮▤▤。

2. 排序方式

为便于用户从多个项目中查找某个具体文件或文件夹，"资源管理器"提供了多种排序方式。单击"查看"→"当前视图"→"排序方式"按钮，在下拉列表中选择排序方式，如图 1-2-6 所示。或在文件夹空白处右击，在弹出的快捷菜单中选择"排序方式"命令。

图 1-2-6　"查看"选项卡

如果希望用其他方式来排序，可以选择"选择列"命令，弹出"选择详细信息"对话框。在其中选择需要的排序方式后，单击"确定"按钮，该排序方式即出现在"排序方式"的子菜单中。

2.4.4　文件及文件夹的选定

为了能够快速选定一个或多个对象，Windows 10 提供了多种选定方法。

（1）选定一个文件或文件夹：单击对象图标即可。

（2）选定多个连续的文件或文件夹：先选定第一个对象，然后按住【Shift】键不放，单击最后一个对象，这时在两个对象之间的所有文件或文件夹都被选定。或在文件夹窗口中按住鼠标左键拖动，就会形成一个矩形区域，释放鼠标后，被这个矩形区域包围的所有对象都会被选定。

（3）选定多个不连续的文件或文件夹：单击要选定的第一个对象，按住【Ctrl】键不放，用鼠标依次单击其他要选定的对象，最后松开【Ctrl】键。

（4）选定所有文件或文件夹：选择"编辑"→"全选"命令，或按【Ctrl+A】组合键。

（5）反向选择文件或文件夹：先选中不想要的对象，选择"编辑"→"反向选择"命令，则刚才选中的对象处于未选中状态，而未选中的对象处于选中状态。

（6）取消文件或文件夹的选定：要取消某一个对象的选定，按住【Ctrl】键，再单击该对象即可；要取消所有选定，在当前窗口空白处单击即可。

2.4.5　文件及文件夹的重命名

在 Windows 10 操作系统中，用户可以随时根据需要更改文件或文件夹的名称。重命名文件和文件夹的操作方法如下：

（1）选定需要重命名的文件或文件夹，选择"文件"→"重命名"命令。

（2）选定需要重命名的文件或文件夹，选择"组织"→"重命名"命令。

（3）右击对象，在弹出的快捷菜单中选择"重命名"命令。

（4）选定需要重命名的对象，按【F2】键。

当文件名处于编辑状态时，输入新的文件或文件夹名称，然后按【Enter】键确认。

2.4.6　文件及文件夹的删除

删除文件或文件夹的操作步骤如下：

（1）选定需要删除的文件或文件夹。

（2）选择"文件"→"删除"命令，或者按【Delete】键，则删除文件。

说明： 上述删除操作并没有把该文件真正删除，只是将文件移到了"回收站"中，这种删除是可恢复的，称为逻辑删除。若要恢复误删除的文件，打开"回收站"，选中需要恢复的文件，单击"还原选定的项目"按钮，则文件恢复到被删除前的所在目录。

（3）选定文件后，按住【Shift+Delete】组合键，将弹出提示对话框"确实要永久性删除此文件吗？"，选择"否"按钮撤销删除操作；选择"是"按钮执行删除操作。

注意： 若执行【Shift+Delete】组合键操作，则对象被永久删除，无法再从"回收站"中恢复，称为物理删除。

若将某个文件夹删除，则该文件夹下的所有文件和子文件夹将同时被删除。

温馨提示： 当按【Delete】键进行逻辑删除的文件很大时，以及删除移动设备上的文件时，文件将被直接彻底删除，不会放入回收站中。

2.4.7　文件及文件夹的属性

每一个文件和文件夹都有自己的属性，有的属性信息只能查看不能修改，而有的属性则可以根据用户的需要进行设置。如图 1-2-7 所示为文件夹"nn 属性"对话框。

（1）文件或文件夹的属性包括只读、隐藏、存档（"高级"按钮中设置）三种。

（2）查看和修改文件或文件夹属性：选定要查看或修改属性的文件或文件夹。选择"文件"→"属性"命令，或选择"组织"→"属性"命令，或右击对象从快捷菜单中选择"属性"命令，弹出"属性"对话框。

（3）修改文件或文件夹属性，要使文件具有某种属性，只需选定相应的复选框。要取消文件某种属性，只需清除相应的复选框的选定。

图 1-2-7　文件夹"nn 属性"对话框

2.4.8　文件及文件夹的复制和移动

文件和文件夹的复制和移动操作的相同之处是：都要在目的地位置生成一个选定的对象（文件或文件夹）；不同之处是：移动操作不保留原位置的对象，而复制操作则保留了原位置的对象。

温馨提示： 剪切和复制命令可通过三种方法实现：单击工具栏上的"剪切"或"复制"按

钮；使用"编辑"→"剪切"或"复制"命令；使用【Ctrl+X】或【Ctrl+C】组合键。

粘贴命令也可通过三种方法实现：单击工具栏上的"粘贴"按钮；选择"编辑"→"粘贴"命令；使用【Ctrl+V】组合键。

将信息存放到剪贴板的方法主要有：

（1）使用"剪切"和"复制"命令，将已选定的对象信息存放到剪贴板中。

（2）使用【PrintScreen】键，可将整个桌面的图形界面信息存放到剪贴板中。

（3）使用【Alt + PrintScreen】组合键，将当前活动窗口的图形界面信息存放到剪贴板中。

由于整个系统共用一块剪贴板，所以移动和复制操作不仅可以在同一应用程序和文档的窗口中进行，也可以在不同应用程序和文档的窗口中进行。

2.4.9　文件及文件夹的搜索

当用户要查找一个文件或文件夹而又记不得它的存放位置时，可以使用 Windows 10 提供的"搜索"功能。Windows 10 将要查找的内容做了详细的归类，分为图片、音乐或视频，以及所有文件和文件夹、计算机或人等多种选项。用户只要找到相应的类别，然后在其类别下查找会缩小搜索范围，节约时间。

1）使用"开始"菜单上的搜索框查找程序或文件

使用"开始"菜单上的搜索框来查找存储在计算机上的文件、文件夹、程序和电子邮件。该搜索是基于文件名中的文本、文件中的文本、标记以及其他文件属性。

单击"开始"按钮，打开"开始"菜单，然后在搜索框中输入字词或字词的一部分。输入后，与所输入文本相匹配的项将出现在"开始"菜单上。

注意：从"开始"菜单搜索时，搜索结果中仅显示已建立索引的文件。计算机上的大多数文件会自动建立索引。例如，包含在库中的所有内容都会自动建立索引。

2）在文件夹或库中使用搜索框来查找文件或文件夹

搜索框位于每个文件夹或库的右上方，如图 1-2-8 所示。它根据所输入的文本筛选当前视图。搜索将查找文件名中的文本，以及标记等文件属性中的文本。在文件夹或库中，搜索包括文件夹或库中包含的所有文件夹及这些文件夹中的子文件夹。

3）使用搜索筛选器查找文件

如果要基于一个或多个属性（如标记或上次修改文件的日期）搜索文件，则可以在搜索工具中指定搜索属性：修改日期、类型、大小、其他属性，如图 1-2-9 所示。

图 1-2-8　搜索框

图 1-2-9　搜索筛选器

4）搜索的高级选项

如果在特定库或文件夹中无法找到要查找的内容，则可以在"高级选项"下拉列表中，选择"更改索引位置"命令。还可以选择"高级选项"→"文件内容"命令，将搜索范围扩大到文件内容。

2.5 控制面板及其他

2.5.1 控制面板

用户可以使用控制面板调整计算机的设置，也可以根据自己的爱好对桌面、鼠标、键盘、输入法、系统时间等众多组件和选项进行设置。刚安装 Windows 10 操作系统的朋友会发现，在设置中找不到"控制面板"，安装好系统后，我们可以把"控制面板"等常用功能添加到桌面图标，方便使用。方法如下：在桌面空白处右击，选择"个性化"命令，在左侧单击"主题"，右侧鼠标下拉到底部，如图 1-2-10 所示，单击"桌面图标设置"超链接。

在弹出的窗口（见图 1-2-11）中选中"控制面板"复选框，将"控制面板"添加到桌面。

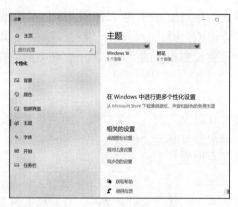

图 1-2-10 主题设置

图 1-2-11 桌面图标设置

1. 外观和个性化设置

单击"开始"按钮，在"开始"菜单中选择"Windows 系统"→"控制面板"命令，打开"控制面板"窗口；或者单击上述方式添加后的桌面图标"控制面板"，如图 1-2-12 所示。

图 1-2-12 所有控制面板项

"控制面板"窗口有三种查看方式：类别、大图标、小图标。用户可以通过单击"控制面板"窗口右侧的"查看方式"按钮打开子菜单，选择"控制面板"的查看方式。

如果习惯了之前的 Windows 系统查看方式，可以单击地址栏的"控制面板"；或者选择"查看方式"→"按类别"命令，回到之前版本的界面，如图 1-2-13 所示。

图 1-2-13　按类别查看的"控制面板"窗口

在图 1-2-13 所示的"控制面板"窗口中单击"外观和个性化"超链接，打开图 1-2-14 所示的"外观和个性化"窗口，可以看到详细的"外观和个性化"设置项目，如设置主题、桌面背景、任务栏和"开始"菜单等。

图 1-2-14　"外观和个性化"窗口

2. 设置日期和时间

设置系统日期和时间的操作方法为：

（1）在按类别显示的"控制面板"窗口中单击"时钟和区域"超链接，打开窗口，单击"日期和时间"超链接，弹出"日期和时间"对话框，如图 1-2-15 所示。

（2）在"日期和时间"对话框中：

① 选择"日期和时间"选项卡，可以更改时区、日期和时间。

② 选择"附加时钟"选项卡，可以附加显示其他时区时间的时钟。

③ 选择"Internet 时间"选项卡，可以将计算机时间设置为与 Internet 时间同步。

3. 系统和安全

在图 1-2-13 所示按类别显示的"控制面板"窗口中单击"系统和安全"超链接，打开图 1-2-16 所示的"系统和安全"窗口。这里主要提供了计算机硬件、软件信息以及安全方面的很多设置。

图 1-2-15 "日期和时间"对话框   图 1-2-16 "系统和安全"窗口

1）了解系统硬件基本情况

在图 1-2-16 所示的"系统和安全"窗口中单击"系统"超链接，打开图 1-2-17 所示的"系统"窗口，可以查看本计算机的操作系统版本、处理器类型、内存容量等信息。

在"系统"窗口中单击"设备管理器"超链接，打开图 1-2-18 所示的"设备管理器"窗口。在窗口中单击每个项目左边的三角图标▷，即可查看本计算机处理器、网卡、显卡等设备型号的基本情况。

图 1-2-17 "系统"窗口   图 1-2-18 "设备管理器"窗口

2）关于"电源选项"

在"系统和安全"窗口中单击"电源选项"超链接，打开图 1-2-19 所示的窗口，用户可以根据需要单击"更改计划设置"超链接，打开图 1-2-20 所示的窗口。

图 1-2-19　电源选项设置

图 1-2-20　编辑电源计划设置

4. 账户管理

Windows 10 是一个多任务和多用户的操作系统，但在某一时刻只能有一个用户使用机器，可以在不同的时刻供多人使用。因此，不同的人可创建不同的用户账户及密码。

在安装 Windows 10 时，系统首先自动创建一个名为 Administrator 的账户，这是本机的管理员，是身份和权限最高的账户。Windows 10 中的用户账户有"标准"和"管理员"两种账户类型。不同类型的用户账户具有不同的权限。系统管理员账户可以看到所有用户的文件，标准账户则只能看到和修改自己创建的文件。

1）创建用户账户

以管理员或者管理员组成员身份登录到计算机后，可以创建、更改和删除用户账户。其操作步骤如下：

图 1-2-21 "用户账户"窗口 1

（1）在"控制面板"窗口中单击"用户账户"超链接，打开图 1-2-21 所示的窗口。

（2）在"用户账户"窗口中单击"用户账户"超链接，打开图 1-2-22 所示"用户账户"管理窗口。

（3）在窗口中单击"管理其他账户"超链接，在图 1-2-23 所示窗口中单击"在电脑设置中添加新用户"超链接。

在新窗口中选择"家庭和其他用户"→"将其他人添加到这台电脑"→"我没有此人的登录信息"命令，然后在下一页上选择"添加一个没有 Microsoft 账户的用户"命令，输入用户名、密码和密码提示，或选择安全问题，然后单击"下一步"按钮，添加成功。

图 1-2-22 "用户账户"窗口 2

图 1-2-23 "管理账户"窗口

2）管理用户账户

管理员可以对计算机中的所有账户进行管理，操作方法如下：

（1）在"用户账户"窗口中单击"用户账户"超链接，打开图 1-2-24 所示的"更改账户"窗口。

（2）选择要更改的账户，打开账户窗口。在该窗口中可以对账户进行更改名称、更改密码、更改类型、删除等操作。

（3）单击"登录选项设置"超链接，可以在图 1-2-25 所示的窗口中管理登录设备的方式，在硬件设备允许的前提下，可以进行人脸登录设置、指纹登录设置、使用 PIN 登录设置、安全密钥设置、密码设置、图片密码设置等操作。

图 1-2-24　"更改账户"窗口　　　　　　图 1-2-25　"登录选项"设置

在 Windows 10 中，所有用户账户可以在不关机的状态下随时登录。用户也可以同时在一台计算机上打开多个账户，并在打开的账户之间进行快速切换。

2.5.2　附件

当用户要处理一些要求不是很高的工作时，可以使用 Windows 10 附件中的工具来完成。这些工具软件都是非常小的程序，运行速度比较快，用户可以节省很多的时间和系统资源，提高工作效率。

1. 画图

"画图"程序是一个位图编辑器，用户可以使用该软件自己绘制图画，也可以对已有的图片进行编辑修改。

"画图"窗口由快速访问工具栏、菜单栏、功能区、绘图区和状态栏构成。下面介绍其部分组成元素。

（1）移动和复制对象：选择对象后，可以剪切或复制选定项。这样便可以重复使用图片中的某个对象，或将对象（选中后）移动到图片中的新位置。

（2）图像：在"画图"中，可以对图片或对象的某一部分进行更改。选择图片中要更改的部分，然后进行编辑。用户可以进行的更改包括：调整对象大小、移动或复制对象、旋转对象或裁剪图片使之只显示选定的项。使用"重设大小""调整大小"功能可以调整整个图像、图片中某个对象或某部分的大小，还可以扭曲图片中的某个对象，使之看起来呈倾斜状态。

（3）工具：在"画图"中可以使用多个不同的工具绘制线条，每个工具又有不同的选项。使用不同的工具可以绘制规则或不规则的各种线条，如"铅笔"工具、"刷子"工具、"直线"

工具、"曲线"工具等。此外利用"文本"工具还可以在图片中添加文本或消息。

（4）形状：使用"画图"可以在图片中添加其他形状。已有的形状除了传统的矩形、椭圆、三角形和箭头之外，还包括一些有趣的特殊形状，如心形、闪电形或标注等。如果用户希望自定义形状，可以使用"多边形"工具 ⬠ 。

（5）颜色："画图"中的颜色可以用很多工具处理，如颜料盒、颜色选取器、用颜色填充、编辑颜色等。

（6）绘图区：处于整个界面的中间，为用户提供画布。

2. 记事本

"记事本"是一个用来创建简单文档的文本编辑器，适于编写一些篇幅短小、简单的文本文件或创建网页。它没有排版格式，因此有广泛的兼容性，很容易被其他类型的程序打开和编辑。用"记事本"建立的文件默认扩展名为".txt"，所以常称为"txt 文件"。

3. 计算器的使用

"计算器"是 Windows 自带的应用程序。不仅可以进行如加、减、乘、除这样简单的运算，还提供了编程计算器、科学型计算器和统计信息计算器的高级功能。

在程序列中滚动到"J"开头的程序中，就可以看到计算器，即可打开"计算器"程序窗口。如图 1-2-26 所示为"标准计算器"窗口。与 Windows 7 的计算器相比，Windows 10 下的计算器增加了历史记录功能。如要进行复杂运算，可以单击左上角的"打开导航"功能键，打开"导航"菜单，从中选择所需的计算器类型：标准、科学、程序员、日期计算以及多种转换器，如图 1-2-27 所示。

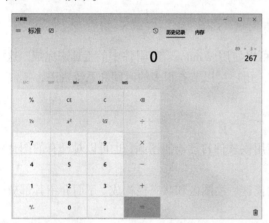

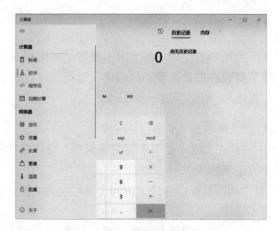

图 1-2-26 "标准计算器"窗口　　　　　　图 1-2-27 计算器"导航"菜单

【例 2-1】用"计算器"程序将十进制数 123 转换为二进制数。

操作方法为：在"计算器"窗口中单击"打开导航"功能键在打开的菜单中选择"程序员"命令，进入"程序员计算器"窗口，如图 1-2-28 所示。会看见左上角有四种不同进制的表示（HEX 十六进制、DEC 十进制、OCT 八进制、BIN 二进制）。单击"DEC"，表示当前处于十进制状态下，单击数字键输入"123"，会看见十进制 123 的四种进制的不同表示，单击"BIN"，则在文本框中自动出现二进制结果为"1111011"。

用户在运行其他 Windows 应用程序的过程中，如果需要进行有关的计算，可以随时调用

Windows 的"计算器"程序。

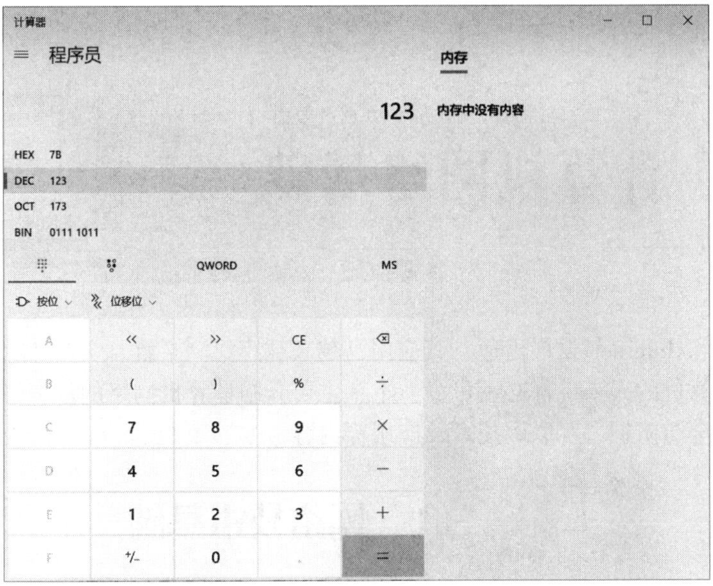

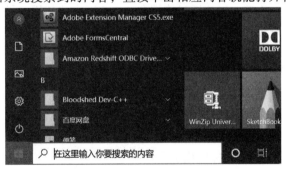

图 1-2-28　"程序员计算器"窗口

2.5.3　搜索功能

Windows 10 跟之前的 Windows 系统相比，有很多程序存放的位置发生了很大改变，有时候找程序要费很大精力。这里推荐一个很好用的方法，那就是充分利用 Windows 10 系统的搜索功能。

打开"开始"菜单，如图 1-2-29 所示。在左下角搜索框内输入你要搜索的内容，例如"控制面板"，就会显示出系统搜索到的内容，直接单击相应内容就能打开程序。

图 1-2-29　打开"开始"菜单

2.5.4　虚拟桌面

Windows 10 中新增了一项虚拟桌面功能，用户可以在系统中使用多个桌面。如果用户没有多显示器配置，但依然需要对大量的窗口进行重新排列，可以使用虚拟桌面功能。

操作方法：按【■+Tab】组合键可以打开虚拟桌面，单击"新建桌面"按钮，可以新建一个桌面，用户可以将窗口放进不同的虚拟桌面当中，并在其中进行轻松切换，使原本杂乱无章的桌面变得整洁起来。这个功能有点像安卓或者 iOS 系统中的多屏功能，大家可以自行体验。Windows 10 更多新功能期待自己去解锁，这里不再赘述。

第3章 计算机网络基础

计算机网络和 Internet 发展迅速，其应用已越来越广泛。了解、学习计算机网络基本知识对每一个学习计算机的人来说都必不可少。本章主要介绍计算机网络的基本概念、网络协议、局域网、网络安全与防护、互联网技术及应用等内容。

3.1 网络技术基础

3.1.1 计算机网络概述

1. 计算机网络的发展

计算机网络的形成与发展从技术角度大致可以分为以下四个阶段：

1）第一阶段（以主机为中心）

在第一代计算机网络中，计算机是网络的控制中心，终端围绕着中央计算机（主机）分布在各处，而主机的主要任务是进行实时处理、分时处理和批处理。人们利用物理通信线路将一台主机与多台用户终端相连接，用户通过终端命令以交互方式使用主机，从而实现多个终端用户共享一台主机的各种资源。这就是"主机—终端"系统，这个阶段的计算机网络又称为"面向终端的计算机网络"，它是计算机网络的雏形。

2）第二阶段（多台计算机通过线路互联）

面向资源子网的计算机网络兴起于 20 世纪 60 年代后期，它利用网络将分散在各地的主机经通信线路连接起来，形成一个以众多主机组成的资源子网，网络用户可以共享资源子网内的所有软硬件资源。

3）第三阶段（网络体系结构标准化）

由于不同的网络体系结构是无法互连的，不同厂家的设备也无法达到互连（即使是同一家产品在不同时期也是如此），阻碍了大范围网络的发展。为实现更大范围网络的发展以及使不同厂家的设备之间可以互连，国际标准化组织 ISO 于 1984 年正式发布了一个标准框架 OSI（open system interconnection reference model，开放系统互连参考模型），使不同的厂家设备、协议达到全网互连。这样就形成了具有统一的网络体系结构并遵守国际标准的开放式和标准化的计算机网络。

4）第四个阶段（以下一代互联网络为中心的新一代网络）

进入 20 世纪 90 年代后，随着数字通信技术和光纤等接入方式的出现，计算机网络呈现出网络化、综合化、高速化及计算机网络协同等特点。"信息时代""信息高速公路"、Internet

等成为网络新时代的典型特征。

2. 计算机网络的定义

"计算机网络"并没有一个严格的定义，从不同的角度、不同的发展阶段对计算机网络都可以有不同的定义。总之，计算机网络就是将地理位置不同且具有独立功能的多个计算机系统，通过通信设备和线路相互连接起来，并配以功能完善的网络软件，实现网络上数据通信和资源共享的系统。图 1-3-1 给出了一个简单的计算机网络系统示意图，它将若干台计算机、打印机和其他外围设备通过集成器互连成一个整体。连接在网络中的计算机、外围设备、通信控制设备等称为网络结点。

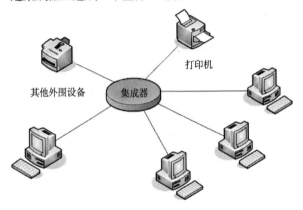

图 1-3-1　一个简单的计算机网络系统示意图

3. 计算机网络的分类

计算机网络有不同的分类标准和方法，具体介绍如下：

1）按照覆盖的地理范围分类

（1）局域网（local area network，LAN）：其覆盖范围一般不超过几十公里，通常将一座大楼或一个校园内分散的计算机连接起来构成 LAN。局域网典型的单段网络吞吐率为 10~100 Mbit/s。现代局域网单段网络吞吐率已达到 1 Gbit/s。为适应多媒体传输的需要，利用桥接或交换技术实现多个局域网段组成的网络，总吞吐率可达数 10 Gbit/s，甚至数个 Tbit/s。

（2）城域网（metropolitan area network，MAN）：介于 LAN 和 WAN 之间，其覆盖范围通常为一个城市或地区，距离从几十公里到上百公里。

（3）广域网（wide area network，WAN）：是指实现计算机远距离连接的计算机网络，可以把众多的城域网、局域网连接起来，也可以把全球的区域网、局域网连接起来。广域网涉及的范围较大，一般从几百公里到几万公里。

2）按公用与专用分类

所谓公用网是指由电信部门或从事专业电信运营业务的公司提供的面向公众服务的网络，如中国电信提供的以 X.25 协议为基础的分组交换网 CHINAPAC。

所谓专用网是指政府、行业、企业和事业单位为本行业、本企业和本事业单位服务而建立的网络。

3）按网络拓扑结构分类

网络的拓扑结构是指网络中通信线路和站点（计算机或设备）间相互连接的物理结构。计算机网络按网络的拓扑结构可分为总线、星状、环状、网状、树状和星环状等类型。

4. 计算机网络的组成

计算机网络是计算机技术与通信技术密切结合的产物，也是继报纸、广播、电视之后的第四种媒体。其逻辑组成和物理组成如下所述：

1）计算机网络的逻辑组成

计算机网络按逻辑功能可分为资源子网和通信子网两部分，如图 1-3-2 所示。

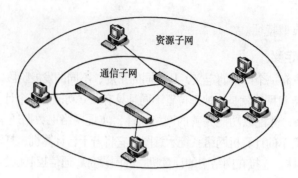

图 1-3-2 通信子网和资源子网

（1）资源子网是计算机网络中面向用户的部分，负责数据处理工作。它包括网络中独立工作的计算机及其外围设备、软件资源和整个网络共享数据。

（2）通信子网则是网络中的数据通信系统。它由用于信息交换的网络节点处理机和通信链路组成，主要负责通信处理工作，如网络中的数据传输、加工、转发和变换等。

若只是访问本地计算机，则只在资源子网内部进行，无须通过通信子网。若要访问异地计算机资源，则必须通过通信子网。

2）计算机网络的物理组成

计算机网络按物理结构可分为网络硬件和网络软件两部分。在计算机网络中，网络硬件对网络的性能起着决定性作用，它是网络运行的实体。而网络软件则是支持网络运行、提高效率和开发网络资源的工具。

3.1.2 计算机网络协议

在计算机网络中，为了使计算机之间能够正确地传送信息，必须有一套关于信息传输顺序、信息格式等的约定，这一套约定称为通信协议，或称网络协议。简单地说，网络协议就是计算机网络中任何两个节点间的通信规则。

协议通常由三部分组成：

（1）语法：规定通信双方"讲什么"，即确定协议元素的类型。如发出何种控制信息、执行什么动作、返回的应答等。

（2）语义：规定通信双方"如何讲"，即确定协议元素的格式。如数据信息的格式、控制信息的格式等。

（3）同步：规定通信双方信息传递的顺序，即先传什么，后传什么。

TCP/IP（transmission control protocol/internet protocol，传输控制协议/网际协议），是目前最常用的一种网络协议。它是计算机世界里的一个通用协议，在 OSI 参考模型出现前 10 年就存在了，实际上是许多协议的总称，包括 TCP 和 IP 及其他 100 多个协议。而 TCP 和 IP 是这众多协议中最重要的两个核心协议。

TCP/IP 由网络接口层、网间层、传输层、应用层等四个层次组成。其中，网络接口层是最底层，面向硬件，包括各种硬件协议；应用层面向用户，提供一组常用的应用程序，如电子邮件、文件传输等。

因特网就是通过路由器将不同类型的物理网互连在一起的虚拟网络，它采用 TCP/IP 控制各网络之间的数据传输，采用分组交换技术传输数据。

1）网际协议

网际协议（internet protocol，IP）位于网际层，主要将不同格式的物理地址转换为统一的 IP 地址，将不同格式的帧转换为"IP 数据报"，向 TCP 所在的传输层提供 IP 数据报，实现无连接数据报传送。IP 的另一个功能是数据报的路由选择。简单地说，路由选择就是在网上从一个节点到另一个节点的传输路径的选择，将数据从一地传输到另一地。

2）传输控制协议

传输控制协议（transmission control protocol，TCP）位于传输层，向应用层提供面向连接的服务，确保网上所发送的数据可以完整地接收。一旦数据丢失或破坏，则由 TCP 负责将被丢失或破坏的数据重新传输一次，实现数据的可靠传输。

3）文件传输协议

文件传输协议（file transfer protocol，FTP）用于控制两个主机之间的文件交换。

4）简单邮件传送协议

Internet 标准中的简单邮件传送协议（simple mail transfer protocol，SMTP）是一个简单的面向文本的协议，用来有效、可靠地传送邮件。

3.1.3　局域网基本技术

局域网（LAN）产生于 20 世纪 60 年代末。20 世纪 70 年代出现一些实验性的网络，到 20 世纪 80 年代，局域网的产品已经大量涌现，其典型代表就是 Ethernet（以太网）。本节主要介绍局域网的基本概念、拓扑结构及常见硬件等相关知识。

1. 局域网概述

1）局域网的定义

局域网是一种在一定区域内将大量 PC 及各种设备互连在一起，实现资源共享、数据传递和彼此通信的目的。它由计算机、网络连接设备和通信线路等硬件按照某种网络结构连接而成，并配有相应软件。

2）局域网的基本特点

局域网是一个通信网络，它仅提供通信功能。局域网包含了物理层和数据链路层的功能，所以连到局域网的数据通信设备必须加上高层协议和网络软件才能组成计算机网络。数据通信设备，包括个人计算机（personal computer，PC）、工作站、服务器等大、中小型计算机，终端设备和各种计算机外围设备。

由于局域网传输距离有限，网络覆盖的范围小，因而具有以下主要特点：

（1）局域网覆盖的地理范围较小。

（2）数据传输率高（可达 10 000 Mbit/s）。

（3）传输延时小。

（4）误码率低。

（5）价格便宜。

（6）一般是某一单位组织所拥有。

2. 局域网的拓扑结构

局域网按网络拓扑结构的不同，可分为：总线、星状、环状、树状、网状等。

1）总线结构

总线结构是指各工作站和服务器均连接在一条总线上，无中心结点控制，公用总线上的信息多以基带形式串行传递，其传递方向总是从发送信息的结点开始向两端扩散，如同广播电台发射的信息一样，因此又称广播式计算机网络。各结点在接收信息时都进行地址检查，看是否与自己的工作站地址相符。若相符则接收网上的信息。图 1-3-3 所示是总线网络拓扑结构的示意图。

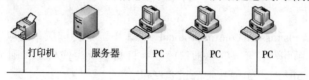

打印机　　服务器　　PC　　　PC　　　PC

图 1-3-3　总线网络拓扑结构

总线拓扑结构的局域网采用集中控制、共享介质的方式。所有结点都可以通过总线发送和接收数据，但在某一时间段内只允许一个结点通过总线以广播方式发送数据，其他结点以收听方式接收数据。

2）星状结构

星状结构是指各工作站以星状方式连接成网。网络有中央结点，其他结点（工作站、服务器）都与中央结点直接相连，这种结构以中央结点为中心，因此又称为集中式网络，如图 1-3-4 所示。

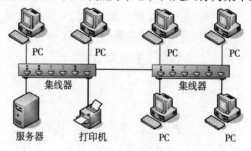

图 1-3-4　星状网络拓扑结构

3）环状结构

环状结构是由网络中若干结点通过点到点的链路首尾相连形成一个闭合的环，这种结构使公共传输电缆组成环型连接，数据在环路中沿着一个方向在各个结点间传输，信息从一个结点传到另一个结点。数据信号通过每台计算机，而计算机的作用就像一个中继器，增强数据信号，并将其发送到下一台计算机上。图 1-3-5 所示是环状网络拓扑结构的示意图。

4）树状结构

树状结构从总线拓扑结构演变而来，其形状像一棵倒置的树，顶端是树根，树根以下带分支，每个分支还可再带子分支，如图 1-3-6 所示。树状拓扑结构易于扩展、较容易隔离故障，但各个结点对根的依赖性太大。

5）网状结构

网状结构如图 1-3-7 所示。网状结构不受瓶颈问题和失效问题的影响，其可靠性高，但结构比较复杂，成本也比较高。

3. 局域网的硬件设备

局域网网络系统由软件和硬件设备两部分组成。网络操作系统实现网络的控制与管理。目前，在局域网上流行的网络操作系统有 Windows NT Sever、NetWare、UNIX 和 Linux 等。下面主要介绍常见的局域网网络硬件设备。

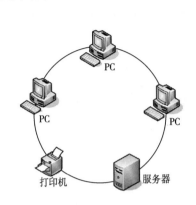

图 1-3-5　环状网络拓扑结构

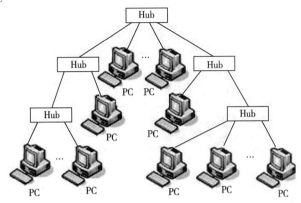

图 1-3-6　树状网络拓扑结构

1）网络连接设备

（1）网卡：又称"网络适配器"，简称 NIC，是局域网中最基本的部件之一，它是连接计算机与网络的硬件设备，如图 1-3-8 所示。

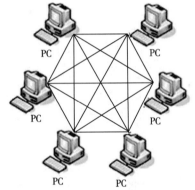

　　网卡主要负责整理计算机上需要发送的数据，并将数据分解为适当大小的数据包之后向网络发送出去。每块网卡都有一个唯一的网络节点地址，它是网卡生产厂家在生产时烧入网卡 ROM（只读存储芯片）中的，我们把它称为 MAC 地址（物理地址）。

　　（2）调制解调器（modem）：是 PC 通过电话线接入因特网的必备设备，它具有调制和解调两种功能，一般分外置和内置两种。外置调制解调器是在计算机机箱之外使用的，一端用电缆连接在计算机上，另一端与电话插口连接，外观如图 1-3-9 所示。内置调制解调器是一块电路板，插在计算机或终端内部，价格比外置调制解调器低。

图 1-3-7　网状网络拓扑结构

（a）PC 网卡

（b）无线网卡

（c）笔记本式计算机的网卡

图 1-3-8　常见的网卡

　　在通信过程中，信息的发送端和接收端都需要调制解调器。发送端的调制解调器将数字信号调制成模拟信号送入通信线路。接收端的调制解调器再将模拟信号解调还原成数字信号进行接收和处理。

（3）集线器（hub）：主要功能是对接收到的信号进行再生整形放大，以扩大网络的传输距离，同时把所有结点集中在以它为中心的结点上。集线器与网卡、网线等传输介质一样，属于局域网中的基本连接设备。常见集线器如图 1-3-10 所示。

图 1-3-9　调制解调器外观　　　　　　　　　　　图 1-3-10　常见集线器

（4）交换机（switch）：从广义上来看，交换机分为两种：广域网交换机和局域网交换机。广域网交换机主要应用于电信领域，提供通信用的基础平台。局域网交换机应用于局域网络，用于连接终端设备，如 PC 及网络打印机等。图 1-3-11 所示是局域网交换机示例。

交换机可以完成数据的过滤、学习和转发任务。比 Hub 拥有更快的接入速度，支持更大的信息流量。数据过滤可以帮助降低整个网络的数据传输量，提高效率。当然交换机的功能还不止如此，它可以把网络拆解成网络分支，分割网络数据流，隔离分支中发生的故障，这样就可以减少每个网络分支的数据信息流量，从而使每个网络更有效，提高整个网络的效率。

（5）路由器（router）：把处于不同地理位置的局域网通过广域网进行互连是当前网络互连的一种常见方式。路由器是实现局域网与广域网互连的主要设备，是一种连接多个网络或网段的网络设备。它能将不同网络或网段之间的数据信息进行"翻译"，以使它们能够相互"读"懂对方的数据，从而构成一个更大的网络。常见路由器如图 1-3-12 所示。

图 1-3-11　局域网交换机　　　　　　　　　　　图 1-3-12　常见路由器

2）传输介质

传输介质是指网络连接设备间的中间介质，也是信号传输的媒体。常用的传输介质有双绞线、同轴电缆、光缆等。

（1）双绞线：双绞线外观及其连接 PC 所用水晶头如图 1-3-13 所示，是现在最普通的传输介质。双绞线由按规则螺旋结构排列的两根绝缘线组成。双绞线分为屏蔽双绞线（shielded twisted pair，STP）和无屏蔽双绞线（unshielded twisted pair，UTP）两种。双绞线成本低，易于铺设，既可以传输模拟数据，也可以传输数字数据，但其抗干扰能力较差。

图 1-3-13　双绞线与水晶头

（2）同轴电缆：同轴电缆以硬铜线为芯，外包一层绝缘材料，如图 1-3-14 所示。有两种广泛使用的同轴电缆：一种是 50 Ω 基带电缆，用于数字传输；另一种是 75 Ω 宽带电缆，既可以使用模拟信号发送，也可以传输数字信号。

同轴电缆内导体为铜线，外导体为铜管或网状材料，电磁场封闭在内外导体之间，故辐射损耗小，受外界干扰影响小。同轴电缆的这种结构，使它具有高带宽和极好的噪声抑制特性，常用于传送多路电话和电视。同轴电缆的带宽取决于电缆长度。1 km 的电缆可以达到 1～2 Gbit/s 的数据传输速率。目前，同轴电缆大量被光纤取代，但仍广泛应用于有线电视和某些局域网。

（3）光缆：是利用置于包覆护套中的一根或多根光纤（光导纤维）作为传输介质并可以单独或成组使用的通信线缆组件。光导纤维是软而细的利用内部全反射原理来传导光束的传输介质，有单模和多模之分。单模光纤多用于通信业，多模光纤多用于网络布线系统。

光缆为圆柱状，由纤芯、包层和护套三个同心部分组成，如图 1-3-15 所示。每一路光缆包含两根，一根接收，一根发送。用光缆作为网络介质的局域网技术主要是光纤分布式数据接口（fiber distributed data interface，FDDI）。与同轴电缆比较，光缆可提供极宽的频带且功率损耗小、传输距离长（2 km 以上）、传输速率高（可达数千 Mbit/s）、抗干扰性强，并且有极好的保密性。

图 1-3-14 同轴电缆

图 1-3-15 光缆

（4）其他：由于受空间技术、军事等应用场合的机动性要求不便采用硬缆连接，需采用微波、红外线、激光和卫星等通信媒介。微波传输和卫星传输这两种传输方式均以空气为传输介质，以电磁波为传输载体，联网方式较为灵活。

4. 以太网

以太网（ethernet）是指各种采用 IEEE 802.3 标准组建的局域网。以太网是有线局域网，具有性能高、成本低、技术最为成熟和易于维护管理等优点，是目前应用较为广泛的一种计算机局域网。

IEEE 802.3 标准采用载波侦听多路访问/冲突检测（carrier sense multiple access/collision detect，CSMA/CD）控制策略工作，是一种常用的总线局域网标准。待发数据包的结点首先监听总线有无载波，若没有载波说明总线可用，该结点就将数据包发往总线。如果总线已被其他结点占用，则该结点须等待一定的时间，再次监听总线。当数据包发往总线时，该结点继续监听总线，以了解总线上数据是否有冲突，如果出现冲突将导致传输数据出错，须重发数据。

以太网优点：网络廉价而高速。以太网以高达 100、1 000 Mbit/s 的速率（取决于所使用的电缆类型）传输数据。

以太网缺点：必须使以太网双绞线通过每台计算机，并连接到集线器、交换机或路由器。

5. 无线局域网

无线局域网（wireless LAN，WLAN）是指采用 IEEE 802.11 标准组建的局域网，它是局域网与无线通信技术相结合的产物。无线局域网采用的主要技术有蓝牙、红外、家庭射频和符合 IEEE 802.11 系列标准的无线射频技术等。其中，蓝牙、红外和家庭射频由于通信距离短，传输速率不高，主要用于覆盖范围更小的无线个人局域网（wireless personal area network，WPAN）。IEEE 802.11 系列标准是无线局域网的主流，目前应用的多数无线局域网技术标准为 IEEE 802.11g（兼容 IEEE 802.11b，以最大速率 54 Mbit/s 传输数据）和 IEEE 802.11n（兼容 IEEE 802.11g，从理论上说，802.11n 的数据传输速率可达 150 Mbit/s、300 Mbit/s、450 Mbit/s 或 600 Mbit/s）。无线局域网作为有线局域网的补充，在许多不适合布线的场合有较广泛的应用。

组建无线局域网需要的设备有无线网卡、无线接入点（access point，AP）、计算机及其他有关设备。无线接入点是数据发送和接收的设备，如无线路由器等设备。通常一个接入点能够在几十米至上百米的范围内连接多个无线用户。

无线网络的优点：由于没有电缆的限制，移动计算机十分方便。安装无线网络通常比安装以太网更容易。

无线网络的缺点：无线技术的速度通常比其他技术的速度慢，在所有情况（除理想情况之外）下，无线网络的速度通常是其标定速度的一半。无线网络可能会受到某些物体的干扰，如无线电话、微波炉、墙壁、大型金属物品和管道等。

6. 局域网的使用

局域网是人们接触最多的网络类型，家庭或宿舍中有两台或两台以上计算机就可以组建以太网或者无线网络。在 Windows 操作系统中可以选择家庭网络、工作网络、公用网络等不同的网络位置。

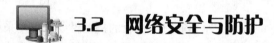

3.2 网络安全与防护

3.2.1 网络安全的概念

网络安全是指网络系统的硬件安全、软件安全和数据安全。从本质上讲，网络安全就是网络上的信息安全。信息安全包括数据安全和计算机设备安全，它的目的是保护信息的机密性、完整性和可用性等。

3.2.2 网络系统的安全威胁

网络系统的安全威胁主要来自黑客攻击、病毒及木马攻击、操作系统安全漏洞、网络内部安全威胁等几个方面。

1. 黑客攻击

1）黑客的定义

计算机黑客（hacker）是指未经许可擅自进入某个计算机网络系统的非法用户。计算机黑客往往具有一定的计算机技术，主要利用操作系统软件和网络的漏洞、缺陷，采取截获账户名和口令密码等方法，从网络外部非法入侵某个计算机系统，肆意攻击网络系统，窃取、破坏或篡改网络系统中的信息，破坏系统运行等活动，对计算机网络造成很大的损失和破坏。

2）黑客的攻击方法

黑客的攻击方法大致可以分为七类：口令入侵、放置特洛伊木马程序、WWW 欺骗技术、电子邮件攻击、网络监听、安全漏洞攻击、端口扫描攻击。

我国《刑法》中规定了有关利用计算机犯罪的条款，非法制造、传播计算机病毒和非法进入计算机网络系统进行破坏都是犯罪行为。

2. 病毒及木马攻击

1）计算机病毒

《中华人民共和国计算机信息系统安全保护条例》（1994 年）第二十八条中将计算机病毒定义为：计算机病毒，是指编制或者在计算机程序中插入的破坏计算机功能或者毁坏数据，影响计算机使用，并能自我复制的一组计算机指令或者程序代码。

大部分的病毒感染系统之后一般不会马上发作，它可长期隐藏在系统中，只有在满足其特定条件时才启动其表现（破坏）模块，只有这样它才可进行广泛的传播。

（1）计算机病毒的主要特征有寄生性、潜伏性、感染性、破坏性等。

寄生性：病毒一般不以独立文件的形式存在，而是隐藏在系统区或其他文件内。

潜伏性：寄生在系统区或文件内的病毒一般处于潜伏状态，不会立刻发作，当满足一定条件（如某日、某事件等）时，就被触发、激活，开始起传染和破坏作用。

感染性：病毒程序运行时，开始不断地自我复制，并把这些复制品隐藏或嵌入到其他健康的程序和文档中，从而造成其他程序和文档也被感染。

破坏性：恶性病毒被触发时会表现出一定的破坏性，如损坏、篡改和丢失系统中的程序和数据，甚至破坏硬件（如 CIH 病毒每年 4 月 26 日发作时会烧毁计算机主板）。

（2）计算机病毒的分类方法有多种，可以按病毒对计算机破坏的程度、传染方式、按连接方式等来分类。

按病毒对计算机破坏的程度：可将病毒分为良性病毒与恶性病毒。良性病毒是指那些只表现自己而不破坏系统数据的病毒。恶性病毒的目的在于人为地破坏计算机系统的数据、删除文件或对硬盘进行格式化。

按病毒的传染方式：可以将计算机病毒分为引导区型病毒、文件型病毒、混合型病毒。

（3）计算机感染病毒的途径有很多，常见的有从网上下载软件、运行电子邮件中的附件、通过交换磁盘交换文件、在局域网中复制文件等。

2）计算机木马

利用计算机程序漏洞侵入后窃取文件的程序被称为木马。计算机木马也是一种与计算机病毒类似的指令集合，它寄生在普通程序中，并暗中破坏或窃取使用者的重要文件数据资料。它与计算机病毒的区别是：木马不进行自我复制，即不会感染其他程序。

3. 操作系统安全漏洞

任何计算机操作系统都会存在漏洞，这些漏洞大致可分为两类：一类是由于设计缺陷所致；一类是由于使用不当造成。因系统管理不善而引发的安全漏洞主要是系统资源或账户权限设置不当。例如共享资源的权限设置不当，或账户密码太过简单等。

4. 网络内部的安全威胁

网络内部的安全威胁主要是指内部人员有意或无意地泄密重要信息、非授权地浏览机密信息、更改网络配置信息和记录信息、破坏网络系统和设备等行为。

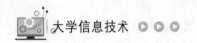

3.2.3 常用的网络安全技术

网络安全技术从应用角度来讲，主要有以下六个方面的技术：实时硬件安全技术、软件系统安全技术、网络站点安全技术、数字加密技术、病毒防治技术、防火墙技术。其中，数字加密技术、病毒防治技术、防火墙技术是网络安全技术的三大核心。

1. 数字加密技术

数据加密技术是指采用某种密钥算法进行的数字加密与解密的技术。加密是指按某种密钥（即算法）将数据重新编码，使之成为一种不可理解的形式，即密文。但密文到达接收方后，必须被解密后才能被理解和使用。图 1-3-16 所示为加密与解密的工作过程。

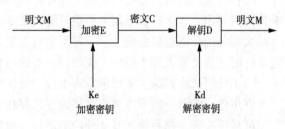

图 1-3-16　加密与解密的工作过程

2. 病毒防治技术

做好计算机病毒的防治是减少其危害的有力措施。防范网络病毒应从两个方面着手：一是从管理上防范，对内部网与外界进行的数据交换进行有效的控制和监督；二是从技术上防范，使用保护计算机系统安全的防病毒软硬件产品。

1）管理方面的防范措施

（1）不随意使用外来的闪存盘和各种可移动硬盘，在使用时务必先用杀毒软件对其扫描。

（2）不随意复制和使用来源不明的、未经安全检测的软件或资料，尤其是游戏程序。

（3）不随意打开来历不明的邮件。

（4）不浏览不知底细的网站。

（5）不将重要数据存储在系统盘上。

（6）定期对重要数据文件进行备份。

2）技术方面的防范措施

（1）安装杀毒软件：世界上公认的比较著名的杀毒软件有卡巴斯基、F-SECURE、MACFE、诺顿、趋势科技、熊猫等。国产杀毒软件也有很多，比如瑞星、百度杀毒、金山毒霸、360 安全卫士等。

（2）安装防病毒卡：防病毒卡是用硬件的方式保护计算机免遭病毒的感染。

（3）选用合适防病毒软件实时监测，并及时更新。

（4）及时升级系统软件，以防病毒利用软件漏洞。

3. 防火墙技术

防火墙（firewall）一般是由计算机硬件和软件组成的，用于将因特网的子网与因特网的其余部分相隔离，以达到网络和信息安全效果的软件或硬件设施。防火墙可以被安装在一个单独的路由器中，用来过滤不想要的信息包，也可以被安装在路由器和主机中。它在企业内部网络和外部互联网之间设置了一道屏障，对进出内部网的数据进行分析与检查，从而防止有害信息的侵入和非法用户的闯入，达到保护内部网络安全的目的。

防火墙的功能主要体现在以下几个方面：

（1）安全策略的检查站：只有满足安全策略的信息才能通过。

（2）网络安全的屏障：过滤不安全的服务，极大地提高内部网络安全性。

（3）对网络存取和访问进行监控审计：对网络使用情况进行监测、统计，并记录访问日志，从而对网络的运行情况进行异常报警、流量统计，以及对网络需求和威胁进行分析。

3.3　互联网技术及应用

3.3.1　互联网

1. 互联网的概念

因特网（Internet）又称为"互联网"或"国际计算机互联网"，是由全人类共有、规模最大的国际性网络集合。实际上，Internet 本身不是一种具体的物理网络，而是一种逻辑概念。

2. 互联网的服务功能

Internet 是全球数字化信息库，它提供了全面的信息服务，如浏览、访问、检索、阅读、电子邮件、文件传输、交流信息等。这些服务的主要功能可划分为五个方面：万维网信息浏览（WWW）、电子邮件（E-mail）、文件传输（FTP）和远程登录（Telnet）、即时通信（IM）。

1）WWW 服务

万维网（world wide web，WWW）将位于全世界互联网上不同网址的相关数据信息有机地编织在一起，通过浏览器向用户提供一种友好的信息查询界面。WWW 遵从超文本传输协议（hyper text transfer protocol，HTTP）。

2）电子邮件（E-mail）

用户发送和接收电子邮件与实际生活中邮局传送普通邮件的方式相似。如图 1-3-17 所示，先将需要发送的信息放在邮件中；再通过电子邮件系统发送到网络上的一个邮件服务器；然后通过网络传送到另一个邮件服务器；接收方的邮件服务器收到邮件后，再转发到接收者的电子邮箱中；最后接收者在自己的电子邮箱中收取电子邮件。

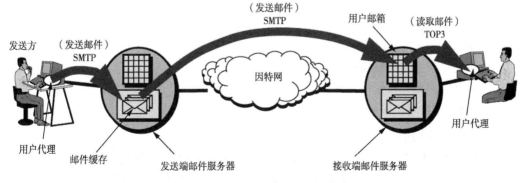

图 1-3-17　电子邮件的发送与接收

发送电子邮件时遵循简单邮件传输协议（simple mail transfer protocol，SMTP），而接收电子邮件时则遵循邮局协议（post office protocol 3，POP3）。

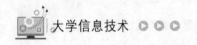
3）远程登录（telnet）

远程登录是 Internet 提供的最基本信息服务之一。远程登录是在网络通信协议 Telnet 的支持下，使本地计算机暂时成为远程计算机仿真终端的过程。

4）文件传输（FTP）

文件传输是指在计算机网络上的主机之间传送文件。Internet 上的两台计算机，无论地理位置相距多远，只要两者都支持 FTP，就可以将一台计算机上的文件传送到另一台上。

5）即时通信（IM）

即时通信（instant messaging，IM）是一种基于互联网的即时交流消息的业务，是一个终端服务，允许两人或多人使用网络即时传递文字、图片、文档、语音与视频的交流方式。即时通信服务往往都具有 Presence Awareness 的特性——显示联络人名单，在线状态等。

按使用用途，即时通信可分为企业即时通信和网站即时通信；按装载的对象，又可分为手机即时通信和 PC 即时通信。

即时通信的常用软件有腾讯 QQ、微信、阿里旺旺、Skype、新浪 UC、米聊、移动飞信、微软 MSN、e-Link 等。

3.3.2　TCP/IP

1. TCP/IP 的定义

TCP/IP 是互联网络信息交换规则、规范的集合体（包含 100 多个相互关联的协议，TCP 和 IP 是其中最为关键的两个协议）。

1）IP

IP 是网际协议，它是 Internet 协议体系的核心，定义了 Internet 上计算机网络之间的路由选择。

2）TCP

TCP 是传输控制协议，面向"连接"，规定了通信的双方必须先建立连接，才能进行通信；在通信结束后，终止它们的连接。

3）其他常用协议

（1）Telnet：远程登录服务。

（2）FTP：文件传输协议。

（3）HTTP：超文本传输协议。

（4）SMTP：简单邮件传输协议。

（5）DNS：域名解析服务。

2. TCP/IP 层次模型

与 OSI 七层参考模型不同，TCP/IP 层次模型采用四层结构：应用层、传输层、网际层和接口层。图 1-3-18 所示是 TCP/IP 层次模型与 OSI 参考模型之间的对应关系。

3. IP 地址与域名系统

1）IP 地址

IP 地址是 Internet 上一台主机或一个网络结点的逻辑地址，是用户在 Internet 上的网络身份证，由 4 个字节共 32 位二进制数字组成。在实际使用中，每个字节的数字常用十进制来表示，即每个字节数的范围是 0～255，且各数之间用点隔开。例如，32 位的 IP 地址 11001010 01110000 00000000 00100100，可以简单地表示为 202.112.0.36。

众所周知，日常生活中的电话号码包含两层信息：前若干位代表地理区域，后若干位代表电话序号。与此相同，32 位二进制 IP 地址也由两部分组成，分别代表网络号和主机号。IP 地址的结构如图 1-3-19 所示。

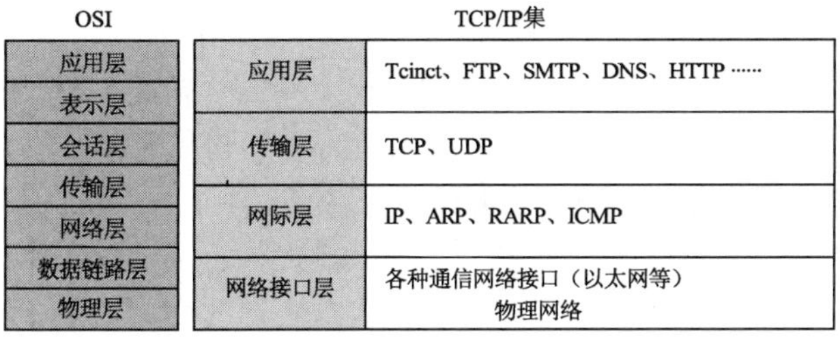

OSI	TCP/IP集	
应用层	应用层	Tcinct、FTP、SMTP、DNS、HTTP……
表示层		
会话层	传输层	TCP、UDP
传输层		
网络层	网际层	IP、ARP、RARP、ICMP
数据链路层	网络接口层	各种通信网络接口（以太网等）物理网络
物理层		

网络号	主机号

图 1-3-18　TCP/IP 层次模型与 OSI 参考模型的对应关系 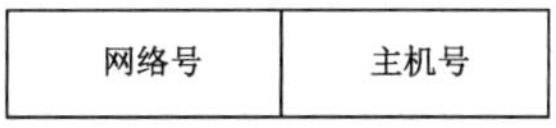　　图 1-3-19　IP 地址的结构

2）IP 地址的分类

为了充分利用 IP 地址空间，Internet 委员会定义了五种 IP 地址类型以适应不同容量的网络，即 A 类～E 类，用于规划互联网上物理网络的规模，见表 1-3-1。其中 A、B、C 三类最为常用。

表 1-3-1　IP 地址的分类

网络类别	第一段值	网 络 位	主 机 位	适 用 于
A	0～127	前 8	后 24	大型网络
B	128～191	前 16	后 16	中型网络
C	192～223	前 24	后 8	小型网络
D	224～239	—	多点广播	—
E	240～255	—	保留备用	—

3）IP 地址的配置原则

（1）不能将 0.0.0.0 或 255.255.255.255 配置给某一主机。这两个 32 位全 0 和全 1 的 IP 地址保留下来，用于解释为本网络和本网广播。

（2）配置给某一主机的网络号不能为 127。如 IP 地址 127.0.0.1 用作网络软件测试的回送地址。

（3）一个网络中的主机号应是唯一的。如在同一个网络中，不能有两个 192.168.15.1 这样相同的 IP 地址。

4）IPv6

日前，IP 的版本号是 4，简称为 IPv4，发展至今已经使用了 30 多年。IPv4 的地址位数为 32 位，也就是说最多有 2^{32} 个地址分配给联到 Internet 上的计算机等网络设备。

由于互联网的蓬勃发展和广泛应用，IP 地址的需求量愈来愈大，其定义的有限地址空间将被耗尽，地址空间的不足必将妨碍互联网的进一步发展。为了扩大地址空间，下一版本的互联网协议 IPv6 重新定义了网络地址空间。

IPv6 采用 128 位地址长度，几乎可以不受限制地提供地址，同时，IPv6 还考虑了在 IPv4 中解决不好的其他问题，主要有端到端 IP 连接、服务质量（QoS）、安全性、多播、移动性、即插即用等。IPv6 正在慢慢取代 IPv4。

4. 域名

1）域名定义

由于 IP 地址是用一串数字来表示的，用户很难记忆，为了方便记忆和使用 Internet 上的服务器或网络系统，就产生了域名（domain name，又称为域名地址），也就是符号地址。相对于 IP 地址这种数字地址，利用域名更便于记忆互联网中的主机。

域名和 IP 地址是 Internet 地址的两种表示方式，它们之间是一一对应的关系。域名和 IP 地址的区别在于：域名是提供用户使用的地址，IP 地址是由计算机进行识别和管理的地址。例如，北京大学的域名就是 www.pku.edu.cn，它对应的 IP 地址为 124.205.79.6。

2）域名层次结构

域名采用层次结构，一般含有 3~5 个字段，中间用"."隔开。从左至右，级别不断增大（若自右至左，则是逐渐具体化）。

图 1-3-20 所示是一个域名例子，其中，最右边的一段称为顶域名，或称一级域名，是最高级域名，它代表国家代码或组织机构。例如，网易公司的域名 www.163.com 中的.com、国务院网站的域名 www.gov.cn 中的.cn 等。

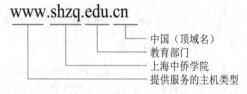

图 1-3-20　域名层次结构的含义

由于 Internet 起源于美国，所以一级域名在美国用于表示组织机构，在美国之外的其他国家用于表示国别或地域。常用的域名见表 1-3-2（注：表中仅列出了部分表示国家的域名）。

表 1-3-2　常用域名一览表

域　名	含　义	域　名	含　义
.com	商业部门	.cn	中国
.net	大型网络	.us	美国
.gov	政府部门	.uk	英国
.edu	教育部门	.au	澳大利亚
.mil	军事部门	.jp	日本
.org	组织机构	.ca	加拿大

在一级域名下，继续按机构性和地理性划分的域名称为二、三级域名。如北京大学的域名 www.pku.edu.cn 中的.edu、上海热线域名 www.online.sh.cn 中的.sh 等。

注意：域名使用中，大写字母和小写字母是没有区别的；域名的每一部分与 IP 地址的每一部分没有任何对应关系。

3）域名系统（domain name system，DNS）

虽然域名的使用为用户提供了极大方便，但主机域名不能直接用于 TCP/IP 进行路由选择。当用户使用主机域名进行通信时，必须首先将其转换成 IP 地址，这个过程称为域名解析。

把域名转换成对应 IP 地址的软件称为"域名系统"。装有域名系统软件的主机就是域名服务器（domain name server）。DNS 提供域名解析服务，从而帮助寻找主机域名所对应的、网络可以识别的 IP 地址。

5. URL 与信息定位

WWW 的信息分布在各个 Web 站点，为了能在茫茫的信息海洋中准确找到这些信息，就必须先对互联网上的所有信息进行统一定位。统一资源定位器（uniform resource locator，URL）就是用来确定各种信息资源位置的，俗称"网址"。其功能是描述浏览器检索资源所用的协议、主机域名及资源所在的路径与文件名。

6. 电子邮箱

电子邮箱是用来存储电子邮件的网络存储空间，由电子邮件服务机构为用户提供。电子邮箱的地址格式为：用户名@邮件服务器主机域名。其中，符号@表示英文单词"at"，读作 at，中文含义是"在"的意思。例如，电子邮箱地址 teacher_lv@163.com 的意思就是：在 163.com 上用户名为 teacher_lv 的用户邮箱。

3.3.3　Internet 的接入方法

随着网络技术的发展和网络的普及，用户接入 Internet 的方式已从过去常用的电话拨号、ISDN 综合数字业务网等低速接入方式，发展到目前主要通过局域网、宽带 ADSL、有线电视网、光纤接入、无线接入等高速接入方式。

1. 局域网接入

通过网卡，利用数据通信专线（双绞线、光纤等）将用户计算机连接到某个已与 Internet 相连的局域网（如园区网）。

2. ADSL 接入

ADSL（asymmetrical digital subscriber Loop，非对称数字用户线路）是一种利用既有电话线实现高速、宽带上网的方法。采用 ADSL 接入，需要在用户端安装 ADSL Modem 和网卡。所谓"非对称"是指与 Internet 的连接具有不同的上行和下行速度。上行是指用户向网络上传信息，而下行是指用户从 Internet 下载信息。目前 ADSL 上行传输速率可达 1 Mbit/s，下行最高传输速率可达 8 Mbit/s。

3. 有线电视接入

有线电视接入是指通过中国有线电视网（community antenna television，CATV）接入 Internet，其传输速率可达 10 Mbit/s。采用 CATV 接入需要在用户端安装电缆调制解调器（cable modem）。

4. 光纤接入方式

光纤接入方式是为居住在已经或便于进行综合布线的住宅、小区和写字楼的较集中的用户，以及有独享光纤需求的大企事业单位或集团用户的高速上网需求提供的，传输带宽 2～155 MB 不等。可根据用户群体对不同速率的需求，实现高速上网或企业局域网间的高速互联。同时由于光纤接入方式的上传和下传都有很高的带宽，尤其适合开展远程教学、远程医疗、视频会议等对外信息发布量较大的网上应用。

5. 无线接入

无线接入是指从用户终端到网络交换结点采用或部分采用无线手段的接入技术。

无线接入 Internet 的技术分成两类，一类是基于移动通信的无线接入，如 GPRS（利用手机

SIM 卡上网，以数据流量计费）、EDGE（稍快于 GPRS，是向 3G 的过渡技术）、3G（即第三代移动通信技术，现共有四种技术标准：CDMA2000，WCDMA，TD-SCDMA，WiMAX）、4G（即第四代移动通信技术，从目前全球范围 4G 网络测试和运行的结果看，4G 网络速度大致可比 3G 网络快 10 倍）、5G；另一类是基于无线局域网技术的无线接入，无线局域网也被称为 WLAN，它作为传统布线网络的一种替代方案或延伸，利用无线技术在空中传输数据、话音和视频信号。目前，无线局域网有许多标准，比如 IEEE 802.11、IEEE 802.11b、IEEE 802.11a、IEEE 802.11g、蓝牙、HomeRF 等，其中手机和笔记本计算机常用的 Wi-Fi 无线上网，就是其中一个基于 IEEE 802.11 系列的技术标准。

第4章 应用创新与新技术

新一轮信息技术创新应用风起云涌，以物联网、云计算、大数据、区块链为代表的新一代信息技术不断取得突破和应用创新，催生新兴产业快速发展。同时新技术与传统产业的融合渗透，助推产业转型升级，给人类生产生活方式带来深刻变革。协同、智能、绿色、服务等新生产方式变革深刻影响着传统产业的核心价值体现；网络众包、生产消费者、协同设计、创客、个性化定制、区块链等新模式正在构建新的竞争优势；电子商务、互联网金融、社交网络等互联网经济体的形成加速产业价值链体系的重构。

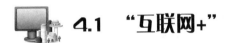

4.1 "互联网+"

4.1.1 "互联网+"的概念

1. 定义与内涵

所谓"互联网+"，是指以互联网为主的新一代信息技术（包括移动互联网、云计算、物联网、大数据等）在经济、社会生活各部门的扩散、应用与深度融合的过程，这对人类经济社会产生了巨大、深远而广泛的影响。"互联网+"的本质是传统产业的在线化、数据化。这种业务模式改变了以往仅仅封闭在某个部门或企业内部的传统模式，可以随时在产业上下游、协作主体之间以最低的成本流动和交换。

通俗地说，"互联网+"就是"互联网+各个传统行业"，但这并不是简单的两者相加，而是利用信息通信技术以及互联网平台，让互联网与传统行业进行深度融合，创造新的发展生态。

"互联网+"概念的中心词是互联网，它是"互联网+"计划的出发点。"互联网+"计划具体可分为两个层次的内容。一方面，可以将"互联网+"概念中的文字"互联网"与符号"+"分开理解。符号"+"意为加号，即代表着添加与联合。这表明了"互联网+"计划的应用范围为互联网与其他传统产业，它是针对不同产业间发展的一项新计划，应用手段是通过互联网与传统产业进行联合和深入融合方式进行。另一方面，"互联网+"作为一个整体概念，其深层意义是通过传统产业的互联网化完成产业升级。

当前中国发展"互联网+"及其经济新业态，存在着一些问题和不足：一是技术创新体系不完善，在互联网核心芯片、基础软件和关键器件上的自主创新能力还需要加强；二是创新、创业环境营造得还不够，新形势下传统企业的互联网意识不强；三是基础设施有待进一步优化提升，信息技术推广应用的深度和广度、信息资源的开发利用程度、深度融合水平有待进一步提高。

要理解"互联网+"，首先必须进一步理解实施"互联网+"行动计划的战略定位。坚持以"发展为第一要务"，认真落实"四个全面"的新要求，全面深化改革开放，以"互联网+"为抓手，坚持信息化和工业化深度融合，工业化、信息化、城镇化、农业现代化协同发展，大力实施创新驱动，致力融合应用，着力激发"大众创业、万众创新"，突破新技术、研发新产品、开发新服务、创造新业态、改造传统产业、发展新兴产业，推动中国经济社会全面转型升级。

其次，要理解"互联网+"行动计划的目标。我国互联网和数字经济发展取得显著进展，依据中国现有的基础和条件，在应用需求的牵引下，在5G、云计算、人工智能等新技术驱动下，与工业和实体经济的紧密结合将是互联网下一步重点发展方向。

再次，基于上述战略定位和发展目标，要理解"互联网+"行动计划应着力于三个方面的内容：一是着力做优存量，推动现有的传统行业提质增效，包括制造、农业、物流、能源等一些产业，通过实施"互联网+"行动计划来推进转型升级；二是着力做大增量，打造新的增长点，培育新的产业，包括生产性服务业、生活性服务业；三是要推动优质资源的开放，完善服务监管模式，增强社会民生等领域的公共服务能力。

2. "互联网+"的主要特征

"互联网+"的外在特征表现为：互联网+传统产业。"互联网+"是互联网与传统产业的结合，其最大的特征是依托互联网把原本孤立的各传统产业相连，通过大数据完成行业间的信息交换。事实上，目前在交通、金融、物流、零售业、医疗等行业，互联网已经展开了与传统产业的联合，并取得了一些成果。"互联网+"意味着互联网向其他传统产业输出优势功能，使互联网的优势得以运用到传统产业生产、营销、经营活动的每一个方面。传统产业不能单纯将互联网作为工具运用，要实现线上和线下的融合与协同，利用明确的产业供需关系，为用户提供精准、个性化服务。

"互联网+"内在目的是产业升级+经济转型。"互联网+"带动传统产业互联网化。所谓互联网化指的是传统产业依托互联网数据实现用户需求的深度分析。通过互联网化，传统产业调整产业模式，形成以产品为基础，以市场为导向，为用户提供精准服务的商业模式。

3. "互联网+"的发展趋势

从现状来看，"互联网+"尚处于初级阶段，各领域对"互联网+"还在做论证与探索。"互联网+"的发展趋势则是大量"互联网+"模式的爆发以及传统企业的"破与立"，可表现为：

趋势一：政府推动"互联网+"落实。

趋势二："互联网+"服务商崛起。

趋势三：第一个热门职业是"互联网+"技术。

趋势四：平台（生态）型电商再受热捧。

趋势五：供应链平台更受重视。

趋势六：O2O会成为"互联网+"企业首选。

趋势七：创业生态及孵化器深耕"互联网+"。

趋势八：加速传统企业的并购与收购。

趋势九：促进部分互联网企业快速落地。

4.1.2 "互联网+"思维

"改变人生，从改变思维开始"。"互联网+"思维的提出者李彦宏强调，"企业家们今后要有互联网思维，可能你做的事情不是互联网，但是你要逐渐以互联网的方式去想问题"。因此，要真正实现"互联网+"，需要先实现"互联网+"思维。

1. "互联网+"思维的剖析

互联网影响了人类的智慧，同样也转变了企业的经营理念。互联网强调开放与分享，"互联网+"更注重协作、融合、品质、效率。因此，冲破思维方式的局限性，激发互联网化思维活力，是拓展和创新"互联网+"实施空间的动力。以马云、马化腾、雷军等为代表的企业家，以百度、腾讯、阿里、小米为代表的一系列互联网企业通过行动对于"互联网思维"进行了实践与发展。由此可以得出结论，"互联网思维"是一种以商品经济市场为根基，以企业为先导的思维模式，其特点是灵活、高效、讲求行动。

互联网思维是指以"互联网+"、云计算、大数据等科技创新为主要手段，以开放、平等、协作、分享的互联网精神为基础和出发点，对于资源配置的各个环节进行重新审视、配置的思维模式以及由此产生的一系列实际行动的总称。其特点是灵活、高效、讲求行动。互联网九大思维结构如图1-4-1所示。

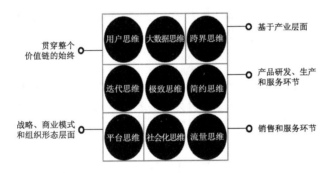

图 1-4-1 互联网九大思维

（1）用户思维：指对经营理念和消费者的理解。

（2）大数据思维：指对企业资产、核心竞争力的理解。

（3）跨界思维：指对产业边界、创新的理解。

（4）迭代思维：指对创新流程的理解。

（5）极致思维：指对产品和服务体验的理解。

（6）简约思维：指对品牌和产品规划的理解。

（7）平台思维：指对商业模式、组织模式的理解。

（8）社会化思维：指对传播链、关系链的理解。

（9）流量思维：指对业务运营的理解。

2. "互联网+"思维的特性

1）便捷

互联网的信息传递和获取比传统方式快了很多，也更加丰富了。这也是为什么 PC 取代了传统的报纸、电视，因为信息获取更便捷。

2）表达（参与）

互联网让人们表达、表现自己成为可能。每个人都有表达自己的愿望，都有参与到一件事情的创建过程中的愿望。让一个人付出比给予更能让他有参与感。

3）免费

从没有哪个时代让我们享受如此之多的免费服务，所以免费必然是互联网思维之一。

4）数据思维

互联网让数据的搜集和获取更加便捷，并且随着大数据时代的到来，数据分析预测对于提升用户体验有非常重要的价值。

5）用户体验

用户体验就是让用户感觉便利、满意。也就是说，任何商业模式的根本都是用户，都是让用户满意。

4.1.3 "互联网+"与大学生创新创业

2015 年 5 月 7 日，国务院印发《关于积极推进"互联网+"行动的指导意见》（以下简称"意见"）。意见指出"积极发挥我国互联网已经形成的比较优势，把握机遇，增强信心，加快推进'互联网+'发展"。到 2018 年，基于互联网的新业态成为新的经济增长动力，互联网支撑大众创业、万众创新的作用进一步增强。

1. 创新创业教育

创新创业教育是以培养具有创业基本素质和开创型个性的人才为目标，不仅是以培育在校学生的创业意识、创新精神、创新创业能力为主的教育，而且要面向全社会，针对那些打算创业、已经创业、成功创业的创业群体，分阶段、分层次地进行创新思维培养和创业能力锻炼的教育。创新创业教育本质上是一种实用教育。

创新创业教育的内容主要由意识培养、能力提升、环境认知和实践模拟四个方面组成。

（1）意识培养：启蒙学生的创新意识和创业精神，使学生了解创新型人才的素质要求，了解创业的概念、要素与特征等，使学生掌握开展创业活动所需要的基本知识。

（2）能力提升：解析并培养学生的批判性思维、洞察力、决策力、组织协调能力与领导力等各项创新创业素质，使学生具备必要的创业能力。

（3）环境认知：引导学生认知当今企业及行业环境，了解创业机会，把握创业风险，掌握商业模式开发的过程，设计策略及技巧等。

（4）实践模拟：通过创业计划书撰写、模拟实践活动开展等，鼓励学生体验创业准备的各个环节，包括创业市场评估、创业融资、创办企业流程与风险管理等。

政府高度重视高校创新创业教育活动的开展，坚持强基础、搭平台、重引导的原则，打造良好的创新创业教育环境，优化创新创业的制度和服务环境，营造鼓励创新创业的校园文化环境，着力构建全覆盖、分层次、有体系的高校创新创业教育体系。

2002 年，高校创业教育在我国正式启动，教育部将清华大学、中国人民大学、北京航空航天大学等九所院校确定为开展创业教育的试点院校。二十多年来，创新创业教育逐步引起了各高校的重视，一些高校在国家有关部门和地方政府的积极引导下，进行了有益的探索与实践。

目前国内高校的创新创业教育主要包括如下几种类型：

（1）以"挑战杯"及创业设计类竞赛为载体，开展创新创业教育；

（2）以大学生就业指导课为依托，开展创新创业教育；

（3）以大学生创业基地(园区)为平台，开展创新创业教育；

（4）以成立专门组织机构为保证，推动创新创业教育的开展；

（5）以人才培养模式创新实验区为试点，培养创新型人才；

（6）搭建创新创业教育课程体系，实施创新创业教育；

（7）融入人才培养方案，全面实施创新创业教育。

2. "互联网+"大学生创新创业大赛

为贯彻落实国务院办公厅印发的《关于深化高等学校创新创业教育改革的实施意见》，进一步激发高校学生创新创业热情，展示高校创新创业教育成果，搭建大学生创新创业项目与社会投资对接平台，2015 年设立了中国"互联网+"大学生创新创业大赛，该大赛的目的是以赛促学、以赛促教、以赛促创，培养创新创业生力军，探索素质教育新途径，搭建成果转化新平台。

4.2　物　联　网

4.2.1　物联网的含义

物联网（internet of things，IoT）是通过各种信息传感设备及系统（传感器、射频识别系统、红外感应器、激光扫描器等）、条码与二维码、全球定位系统，按约定的通信协议，将物与物、人与物、人与人连接起来，通过各种接入网、互联网进行信息交换，以实现智能化识别、定位、跟踪、监控和管理的一种信息网络。物联网上述定义包含了三个主要含义。

（1）物联网是对具有全面感知能力的物体及人的互联集合。两个或两个以上物体如果能交换信息即可称为物联。使物体具有感知能力需要在物品上安装不同类型的识别装置，如电子标签、二维码等，或通过传感器、红外感应器等感知其存在。

（2）为了成功地通信，物联网中的物品必须遵守相关的通信协议，同时需要相应的软件、硬件来实现这些协议规则，并可以通过现有的各种接入网与互联网进行信息交换。

（3）物联网可以实现对各种物品和人进行智能化识别、定位、跟踪、监控和管理等功能。

4.2.2　物联网的发展

1. 国外物联网的发展

物联网的实践最早可以追溯到 1990 年施乐公司的网络可乐贩售机（networked coke machine）。物联网概念最早出现在 Bill Gates 在 1995 年出版的《未来之路》（*The Road Ahead*）一书。该书提出了"物—物"相连的雏形，只是当时由于无线网络、传感器设备等的限制，并

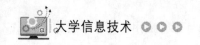

未引起世人的重视。

1998年，美国麻省理工学院（MIT）创造性地提出了当时被称为 EPC（electronic product code）系统的"物联网"构想。2008年3月在苏黎世举行了全球首届国际物联网会议"物联网2008"，探讨了"物联网"的新理念和新技术，以及如何推进物联网的发展。2009年1月28日，IBM 首席执行官彭明盛首次提出"智慧地球"这一概念，建议投资新一代的智慧型基础设施。

物联网不仅在工业领域得到广泛应用，在智慧家居、智慧医疗、智慧城市等领域也开始发挥越来越重要的作用。目前，全球物联网核心技术持续发展，标准体系正在构建，产业体系处于建立和完善过程中，整个行业正处于高速发展阶段。2020年，全球物联网设备数量126亿个，较上年增加19亿个，同比增长17.76%；"万物物联"成为全球网络未来发展的重要方向。预计2023年全球将有超过430亿台设备连接到物联网上，它们将生成、共享、收集并帮助人们以各种方式利用数据。根据市场研究公司 IDC 的数据显示，到2025年，全球物联网市场规模将达到1.6万亿美元。在当今数字化时代，物联网已经成为全球科技领域的热门话题。

2. 中国物联网的发展

中国科学院早在1999年就启动了传感网研究。该院组成了2 000多人的团队，先后投入数亿元，在无线智能传感器网络通信技术、微型传感器、传感器终端机、移动基站等方面取得重大进展，目前已拥有从材料、技术、器件、系统到网络的完整产业链。在世界传感网领域，我国成为国际标准制订的主导国之一。

物联网在中国高校的研究，首先是北京邮电大学和南京邮电大学。无锡市2009年9月与北京邮电大学就传感网技术研究和产业发展签署合作协议，主要围绕传感网展开研究，涉及光通信、无线通信、计算机控制、多媒体、网络、软件、电子自动化等领域，标志中国物联网进入实际建设阶段。南京邮电大学于2009年9月成立了物联网学院，2009年9月10日，全国首家物联网研究院在南京邮电大学正式成立。2010年6月10日，江南大学信息工程学院和江南大学通信与控制工程学院合并组建了"物联网工程学院"，也是全国第一个物联网工程学院。目前，中国已有几百所高校开办了物联网工程专业。

受益于5G发展，我国物联网连接量持续增加，2019年中国家用物联网整体市场规模为3 608亿元。根据市场研究公司 IDC 的数据显示，中国市场规模将在2025年超过3000亿美元，全球占比约26.1%。物与物联接的场景、应用和业务模式多样，物联网信息将更加碎片化，基于物联网数据运营平台的企业将创造更多价值，市场规模更加可观。随着物联网应用不断扩大，未来物联网必将成为引领未来产业变革的一股新兴力量。

4.2.3 物联网系统的构成

物联网系统由硬件平台和软件平台两大系统组成。

1. 物联网硬件平台

物联网是以数据为中心的面向应用的网络，主要完成信息感知、数据处理、数据回传以及决策支持等功能，其硬件平台可由传感网（包括感知节点和末梢网络）、核心承载网和信息服务系统等部分组成。

1）感知节点

感知节点由各种类型的采集和控制模块组成，如温度传感器、声音传感器、振动传感器、压力传感器、RFID 读写器、二维码识读器等，完成物联网应用的数据采集和设备控制等功能。感知节点包括四个基本单元，即传感单元、处理单元、通信单元和电源部分。

2）末梢网络

末梢网络即接入网络，包括汇聚节点、接入网关等，完成应用末梢感知节点的组网控制和数据汇聚，或完成向感知节点发送数据转发等功能。也就是在感知节点之间组网之后，如果感知节点需要上传数据，则将数据发送给汇聚节点（基站）。汇聚节点收到数据后，通过接入网关完成和承载网络的连接；当用户应用系统需要下发控制信息时，接入网关接收到承载网络的数据后，由汇聚节点将数据发送给感知节点，完成感知节点与承载网络之间的数据转发和交互功能。感知节点与末梢网络承担物联网的信息采集和控制任务，构成传感网，实现传感网的功能。

3）核心承载网

核心承载网主要承担接入网与信息服务系统之间的通信任务。根据具体应用需要，可以是移动通信网、Wi-Fi、WiMAX、互联网等，也可以是企业专用网或专用于物联网的通信网。

4）信息服务系统硬件设施

信息服务系统硬件设施主要由各种应用服务器（如数据库服务器、认证服务器、数据处理服务器等）组成，还包括用户设备（如 PC、手机）、客户端等，主要用于对采集数据的融合、汇聚、转换、分析等功能。从感知节点获取的大量原始数据经过分析处理后，由服务器根据用户端设备进行信息呈现的适配，并根据用户的设置触发相关的通知信息。

2. 物联网软件平台

软件平台是物联网的神经系统。一般来说，物联网软件平台建立在分层的通信协议体系之上，通常包括数据感知系统软件、中间件系统软件、操作系统以及物联网信息管理系统等。

1）数据感知系统软件

该软件主要完成物品的识别和物品电子产品代码（electronic product code，EPC）的采集和处理，主要由企业生产的物品、物品电子标签、传感器、读写器、控制器、物品的 EPC 等部分组成。存储有 EPC 的电子标签在经过读写器的感应区域时，其中物品的 EPC 会自动被读写器捕获，从而实现 EPC 信息采集的自动化。所采集的数据交由上位机信息采集软件进行进一步处理，如数据校对、数据过滤、数据完整性检查等。这些经过整理的数据可以为物联网中间件、应用管理系统使用。对于物品电子标签，国际上多采用 EPC 标签，用实体标示语言（product markup language，PML）语言来标记每一个实体和物品。

2）中间件系统软件

中间件是位于数据感知设施（读写器）与在后台应用软件之间的一种应用系统软件。中间件具有两个关键特征：一是为系统应用提供平台服务；二是连接到网络操作系统，并且保持运行工作状态。中间件为物联网提供一系列计算和数据处理功能，主要任务是对感知系统采集的数据进行捕获、过滤、汇聚、计算、数据校对、解调、数据传送、数据存储和任务管理，减少从感知系统向应用系统中心传送的数据量。同时，中间件还可提供与其他 RFID 支撑软件系统进行互操作等功能。

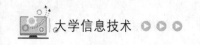

3）操作系统

物联网通过互联网实现物理世界中的任何物品的互联，在任何地方、任何时间可识别任何物品，使物品成为附有动态信息的"智能产品"，并使物品信息流和物流完全同步，从而为物品信息共享提供一个高效、快捷的网络通信及云计算平台。网络中节点包含的硬件资源非常有限，操作系统必须节能高效地使用其有限内存、处理器和通信模块，且能够对各种特定应用提供最大的支持，使多种应用可以并发地使用系统的有限资源。

4）物联网信息管理系统。

物联网管理类似于互联网上的网络管理。目前，物联网大多数是基于简单网络管理协议（simple network management protocol，SNMP）建设的管理系统，提供对象名称解析服务（object name service，ONS）。ONS类似于互联网的DNS，要有授权，并且有一定的组成架构。它能对每一种物品的编码进行解析，再通过URL服务获得相关物品的进一步信息。

物联网管理机构包括企业物联网信息管理中心、国家物联网信息管理中心以及国际物联网信息管理中心。企业物联网信息管理中心负责管理本地物联网，它是最基本的物联网信息服务管理中心，为本地用户提供管理、规划及解析服务。国家物联网信息管理中心负责制定和发布国家总体标准，负责与国际物联网互联，并且对国内各个物联网管理中心进行管理。国际物联网信息管理中心负责制定和发布国际框架性物联网标准，负责与各个国家的物联网互联，并且对各个国家物联网信息管理中心进行协调、指导、管理等工作。

3. 物联网体系结构

1）三层论

从技术架构上看，有的学者将物联网分为三层：感知层、网络层和应用层。

（1）感知层由各种传感器以及传感器网关构成，包括二氧化碳浓度传感器、温度传感器、湿度传感器、二维码标签、RFID标签、读写器、摄像头、GPS等感知终端。感知层的作用相当于人的眼耳鼻喉和皮肤等神经末梢，它是物联网识别物体、采集信息的来源。

（2）网络层由各种私有网络、互联网、有线和无线通信网、网络管理系统和云计算平台等组成，相当于人的神经中枢和大脑，负责传递和处理感知层获取的信息。

（3）应用层是物联网和用户（包括人、组织和其他系统）的接口，它与行业需求结合，实现物联网的智能应用。

2）四层论

也有学者认为，物联网可分为四层：感知层、传输层、处理层和应用层。

（1）感知层与"三层论"中的感知层一样，主要涉及感知技术，如RFID、传感器、GPS、激光扫描、一些控制信号等。

（2）传输层主要完成感知层采集数据的传输，涉及现代通信技术、计算机网络技术、无线传感网技术以及信息安全技术等。

（3）处理层主要进行物联网的数据处理、加工、存储和发布，涉及数字信号处理、软件工程、数据库、大数据、云计算和数据挖掘等技术。

（4）应用层是具体的各个领域相关应用服务，涉及物联网系统设计、开发、集成技术，也涉及某一个专业领域的技术（如交通、农业和环境等）。

图1-4-2给出了物联网的四层体系结构。

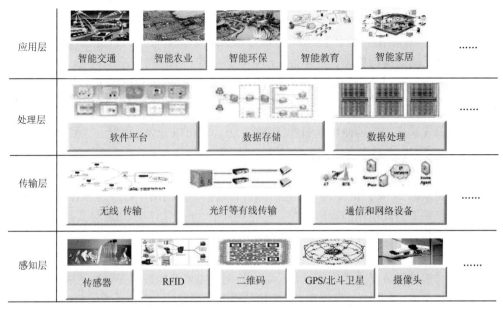

| 应用层 | 智能交通 | 智能农业 | 智能环保 | 智能教育 | 智能家居 | ...... |

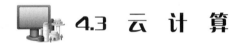

图 1-4-2　物联网四层体系结构

4.3 云 计 算

4.3.1 云计算的含义

由于云计算（cloud computing）正在发展之中，从不同角度出发就会有不同的理解。这里，不去讨论各个角度对云计算的不同理解，只说明大家比较认同的部分。云计算是一种计算模式，在这种模式下，动态可扩展而且通常是虚拟化的资源通过互联网以服务的形式提供出来。终端用户不需要了解"云"中基础设施的细节，不必具有相应的专业知识，也无须直接进行控制，而只需关注自己真正需要什么样的资源，以及如何通过网络来得到相应的服务。"云"已经为用户准备好了存储、计算、软件等资源，用户需要使用时，即可采取租赁方式使用。

4.3.2 云计算的特征和分类

1. 云计算的特征

下面介绍云计算的几项公共特征：

（1）弹性伸缩。云计算可以根据访问用户的多少，增减相应的 IT 资源（包括 CPU、存储、带宽和中间件应用等），使 IT 资源的规模可以动态伸缩，满足应用和用户规模变化的需要。

（2）快速部署。云计算模式具有极大的灵活性，足以适应各个开发和部署阶段的各种类型和规模的应用程序。提供者可以根据用户的需要及时部署资源，最终用户也可按需选择。

（3）资源抽象。最终用户不知道云上的应用运行的具体物理位置，同时云计算支持用户在任意位置使用各种终端获取应用服务，用户无须了解、也不用担心应用运行的具体位置。

（4）按使用量收费。即付即用（pay-as-you-go）的方式已广泛应用于存储和网络宽带技术中。例如，Google 的 App Engine 按照增加或减少负载来达到其可伸缩性，而其用户按照使用

CPU 的周期来付费；Amazon 的 Web 服务则是按照用户所占用的虚拟机节点的时间来进行付费（以小时为单位）。根据用户指定的策略，系统可以根据负载情况进行快速扩张或缩减，从而保证用户只使用自己所需要的资源，达到为用户省钱的目的。

2. 云计算的分类

1）根据云的部署模式和云的使用范围

根据云的部署模式和云的使用范围进行分类，云计算可以分为：公有云、私有云和混合云。

（1）公有云。当云以按服务方式提供给大众时，称为"公有云"。公有云由云提供商运行，为最终用户提供各种各样的 IT 资源。云提供商可以提供从应用程序、软件运行环境，到物理基础设施等方方面面的 IT 资源的安装、管理、部署和维护。最终用户通过共享的 IT 资源实现自己的目的，并且只需为其使用的资源付费。在公有云中，最终用户不知道与其共享使用资源的还有其他哪些用户，以及具体的资源底层如何实现，甚至几乎无法控制物理基础设施。所以云服务提供商必须保证所提供资源的安全性和可靠性等非功能性需求。云服务提供商的服务级别也因为这些非功能性服务提供的不同进行分级。特别是需要严格按照安全性和法规遵从性的云服务要求来提供服务，也需要更高层次、更成熟的服务质量保证。公有云的示例包括 Google App Engine、Amazon EC2、IBM Developer Cloud 与无锡云计算中心等。

（2）私有云。商业企业和其他社团组织不对公众开放，为本企业或社团组织提供云服务（IT 资源）的数据中心称为"私有云"。相对于公有云，私有云的用户完全拥有整个云计算中心的设施，可以控制哪些应用程序在哪里运行，并且可以决定允许哪些用户使用云服务。由于私有云的服务提供对象是针对企业或社团内部，私有云上的服务可以更少地受到在公有云中必须考虑的诸多限制等手段。私有云可以提供更多的安全和私密等保证。私有云提供的服务类型也可以是多样化的，不仅可以提供 IT 基础设施的服务，也支持应用程序和中间件运行环境等云服务，比如企业内部的管理信息系统云服务。"中石化云计算"就是典型的支持 SAP 服务的私有云。

（3）混合云。混合云是把"公有云"和"私有云"结合到一起的方式。用户可以通过一种可控的方式部分拥有，部分与他人共享。企业可以利用公有云的成本优势，将非关键的应用部分运行在公有云上；同时将安全性要求高、关键性更强的主要应用通过内部的私有云提供服务。如荷兰的 iTricity 云计算中心就是混合云的例子。

2）根据云计算的服务层次和服务类型

依据云计算的服务层次和服务类型可以将云分为三层：基础架构即服务、平台即服务和软件即服务。

（1）基础架构即服务（infrastructure as a service，IaaS）位于云计算三层服务的最底端，提供的是基本的计算和存储能力，提供的基本单元就是服务器，包括 CPU、内存、存储、操作系统及一些软件。具体例子如 IBM 为无锡软件园建立的云计算中心以及 Amazon 的 EC2。

（2）平台即服务（platform as a service，PaaS）位于云计算三层服务的中间，提供给终端用户基于互联网的应用开发环境，包括应用编程接口和运行平台等，并且支持应用从创建到运行整个生命周期所需的各种软硬件资源和工具。在 PaaS 层面，服务提供商提供的是经过封装的 IT 能力，或者说是一些逻辑的资源，比如数据库、文件系统和应用运行环境等。PaaS 的产品示例包括 IBM 的 Rational 开发者云、Saleforce 公司的 Force.com 和 Google 的 Google App Engine 等。

（3）软件即服务（software as a service，SaaS）是最常见的云计算服务，位于云计算三层服务的顶端。用户通过标准的 Web 浏览器来使用 Internet 上的软件。服务供应商负责维护和管理软硬件设施，并以免费或按需租用的方式向最终用户提供服务。这类服务既有面向普通用户的，如 Google Calendar 和 Gmail，也有直接面向企业团体的，用以帮助处理工资单流程、人力资源管理、协作、客户关系管理和业务合作伙伴关系管理等，如 Salesforce.com 和 Sugar CRM。

4.3.3　云计算体系结构

云计算的体系结构由五部分组成，分别为应用层、平台层、资源层、用户访问层和管理层，如图 1-4-3 所示。云计算的本质是通过网络提供服务，所以其体系结构以服务为核心。

（1）应用层提供软件服务。企业应用服务是指面向企业的用户，如财务管理、客户关系管理、商业智能等；个人应用服务指面向个人用户的服务，如电子邮件、文本处理，个人信息存储等。

（2）平台层为用户提供对资源层服务的封装，使用户可以构建自己的应用。数据库服务提供可扩展的数据库处理的能力；中间件服务为用户提供可扩展的消息中间件或事务处理中间件等服务。

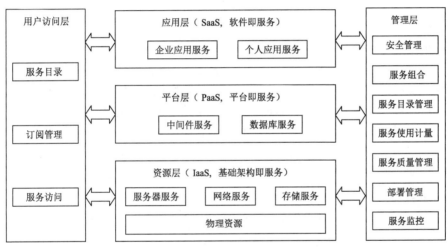

图 1-4-3　云计算的体系结构

（3）资源层是指基础架构层面的云计算服务，这些服务可以提供虚拟化的资源，从而隐藏物理资源的复杂性。物理资源指的是物理设备，如服务器等；服务器服务指的是操作系统的环境，如 Linux 集群等；网络服务指的是提供的网络处理能力，如防火墙、VLAN、负载等；存储服务为用户提供存储能力。

（4）用户访问层是方便用户使用云计算服务所需的各种支撑服务，针对每个层次的云计算服务都需要提供相应的访问接口。服务目录是一个服务列表，用户可以从中选择需要使用的云计算服务；订阅管理是提供给用户的管理功能，用户可以查阅自己订阅的服务，或者终止订阅的服务；服务访问是针对每种层次的云计算服务提供的访问接口，针对资源层的访问可能是远程桌面或者 X-Windows，针对应用层的访问，提供的接口可能是 Web。

（5）管理层是提供对所有层次云计算服务的管理功能。安全管理提供对服务的授权控制、用户认证、审计、一致性检查等功能；服务组合提供对已有云计算服务进行组合的功能，使新的服务可以基于已有服务创建；服务目录管理提供服务目录和服务本身的管理功能，管理员可以增加新的服务，或者从服务目录中删除已有服务；服务使用计量对用户的使用情况进行统计，并以此为依据对用户进行计费；服务质量管理提供对服务的性能、可靠性、可扩展性进行管理；部署管理提供对服务实例的自动化部署和配置，当用户通过订阅管理增加新的服务订阅后，部署管理模块自动为用户准备服务实例；服务监控提供对服务的健康状态的记录。

4.3.4 主要云计算平台介绍

1. 阿里云

阿里云是全球领先的云计算及人工智能科技公司，于 2009 年创立并致力于用在线公共服务的方式，提供安全、可靠的计算和数据处理服务。阿里云为制造、金融、政务、交通、医疗等众多领域服务，提供了包括计算、存储、网络、安全、数据库、分析和人工智能等在内的全方位的云计算服务，可帮助用户提高 IT 资源利用率、降低 IT 成本、提高企业运营效率。

飞天（Apsara）诞生于 2009 年 2 月，是由阿里云自主研发、服务全球的超大规模通用计算操作系统，为全球 200 多个国家和地区的创新创业企业、政府、机构等提供服务。飞天的革命性在于将云计算的三个方向整合起来：提供足够强大的计算能力，提供通用的计算能力，提供普惠的计算能力。

2. 华为云

华为云是全球领先的云计算服务商之一，也是中国本土最大的云计算服务商之一。华为云通过基于浏览器的云管理平台，以互联网线上自助服务的方式，为用户提供云计算 IT 基础设施服务，通过弹性计算的能力和按需计费的方式有效帮助用户降低运维成本。

桌面云是采用最新的云计算技术开发出的一款智能终端产品，可以代替普通计算机使用，同时用户也可以用 PC 和移动 PAD 等多种方式接入桌面云。华为桌面云改变了传统的 PC 办公模式，突破时间、地点、终端、应用的限制，随时随地办公介入，成就自由的现代办公时代。

3. 腾讯云

腾讯云是腾讯公司旗下的产品，为开发者及企业提供云服务、云数据、云运营等整体一站式服务方案。腾讯云包括云服务器、云数据库、CDN、云安全、万象图片和云点播等产品。

高性能高稳定的云虚拟机，可在云中提供弹性可调节的计算容量；弹性 Web 引擎（cloud elastic engine）是一种 Web 引擎服务，是一体化 Web 应用运行环境，弹性伸缩，中小开发者的利器；腾讯 NoSQL 高速存储，是腾讯自主研发的极高性能、内存级、持久化、分布式的 Key-Value 存储服务，支持 Memcached 协议，能力比 Memcached 强（能落地），适用 Memcached、TTServer 的地方都适用 NoSQL 高速存储；TOD 是腾讯云为用户提供的一套完整的、开箱即用的云端大数据处理解决方案，主要应用于海量数据统计、数据挖掘等领域。已经为微信、QQ 空间、广点通、腾讯游戏、财付通、QQ 网购等关键业务的提供了数据分析服务。

4. Amazon 的 EC2

Amazon 是美国最大的在线零售商之一，于 2002 年开放了电子商务平台 AWS（amazon web service），迄今包括四种主要的服务：简单存储服务（simple storage service，S3）、弹性计算云（elastic compute cloud，EC2）、简单消息队列服务（simple queuing service）、简单数据库管理（SimpleDB）。Amazon 现在通过互联网提供存储、计算、消息队列、数据库管理系统等"即插即用"服务。Amazon 是最早提供远程云计算平台的服务公司。

5. Google 的 App Engine

2008 年 4 月，Google 推出了 Google App Engine，它允许开发人员编写 Python 应用程序，然后把应用构建在 Google 的基础架构上。对于最终用户来说，Google Apps 提供了基于 Web 的电子文档、电子数据表以及其他生产性应用服务。Google 的云计算实际上是针对 Google 特定的网络应用程序而定制的。针对内部网络数据规模超大的特点，Google 提出了一套基于分布式并行集群方式的基础架构，包括四个相互独立又密切结合在一起的系统：建立在集群之上的文件系统 GFS（google file system）、MapReduce 编程模式、分布式锁机制 Chubby 以及大规模分布式数据库 BigTable。

Google 的云计算平台是私有的环境，特别是 Google 的云计算基础设施还没有开放出来。除了开放有限的应用程序接口，例如 GWT（google web toolkit）以及 Google Map API 等，Google 并没有将云计算的内部基础设施共享给外部的用户使用，上述的所有基础设施都是私有的。不过 Google 开放了其内部集群环境的一部分技术，使全球的技术开发人员能够根据这一部分文档构建开源的大规模数据处理云计算基础设施。

6. Hadoop 云计算平台

Hadoop 项目的目标是建立一个能够对大数据进行可靠的分布式处理的可扩展开源软件框架。Hadoop 面向的应用环境是大量低成本计算机构成的分布式运算环境，因此它假设计算节点和存储节点会经常发生故障，为此设计了副本机制，确保能够在出现故障节点的情况下重新分配任务。同时，Hadoop 以并行的方式工作，通过并行处理加快处理速度，具有高效的处理能力。从设计之初，Hadoop 就为支持可能面对的 PB 级大数据环境进行了特殊设计，具有优秀的可扩展性。可靠、高效、可扩展这三大特性，加上 Hadoop 开源免费的特性，使 Hadoop 技术得到了迅猛发展，并在 2008 年成为 Apache 的顶级项目。

许多著名的互联网公司的云计算平台就是基于 Hadoop 技术架构建立的，如 Yahoo、百度、阿里巴巴、腾讯、华为、中国移动等。

4.3.5　云计算的关键技术

1. 虚拟化技术

云计算离不开虚拟化技术的支撑。虚拟化是一个广泛的术语，在计算机方面通常是指计算元件在虚拟的基础上而不是真实的基础上运行。虚拟化技术可以扩大硬件的容量，简化软件的重新配置过程。如 CPU 的虚拟化技术可以用单 CPU 模拟多 CPU 并行，允许一个平台同时运行多个操作系统，并且应用程序都可以在相互独立的空间（虚拟机）内运行而互不影响，从而显著提高计算机的工作效率。在 Gartner 咨询公司提出的 2009—2011 年最值得关注的十大战略技术中，虚拟化技术名列榜首。虚拟化技术为企业节能减排、降低 IT 成本都带来了不可估量的价值。虚拟化技术的优势包括部署更加容易、为用户提供瘦客户机、数据中心的有效管理等。

2. 多租户技术

多租户技术是一项云计算平台技术。该技术使大量的租户能够共享同一堆栈的软、硬件资源，每个租户能够按需使用资源，能够对软件服务进行客户化配置，而且不影响其他租户的使用。这里，每一个租户代表一个企业，租户内部有多个用户。

从技术实现难度的角度来说，虚拟化已经比较成熟，并且得到了大量厂商的支持，而多租户技术还在发展阶段，不同厂商对多租户技术的定义和实现还有很多分歧。当然，多租户技术有其存在的必然性及应用场景。在面对大量用户使用同一类型应用时，如果每一个用户的应用都运行在单独的虚拟机上，可能需要成千上万台虚拟机，这样会占用大量的资源，而且有大量重复的部分，虚拟机的管理难度及性能开销也大大增加。在这种场景下，多租户技术作为一种相对经济的技术就有了用武之地。

3. 数据中心自动化

数据中心自动化带来了实时的或者随需应变的基础设施能力，这是通过在后台有效地管理资源实现的。自动化能够实现云计算或者大规模的基础设施，让企业理解影响应用程序或者服务性能的复杂性和依赖性，特别是在大型的数据中心中，这一点尤为重要。

4. 云计算数据库

关系数据库不适合用于云计算，因此出现了用于云计算环境下的新型数据库，例如 Google 公司的 BigTable、Amazon 公司的 SimpleDB、Hadoop 的 HBase 等，都不是关系型的。这些数据库具有一些共同的特征，正是这些特征使他们适用于服务云计算的应用。这些数据库可以在分布式环境中运行，即意味着它们可以分布在不同地点的多台服务器上，从而可以有效处理大量数据。

5. 云操作系统

云操作系统即采用云计算、云存储方式的操作系统，目前 VMware、Google 和微软分别推出了云操作系统的产品。VMware 在 2009 年 4 月发布了 vSphere，并称其为第一个云操作系统；2009 年 11 月 Google 推出 Chrome OS 操作系统，该操作系统针对上网本和个人计算机的云操作系统；2008 年 10 月，微软宣布了 Windows Azure 云操作系统，是针对数据中心开发的操作系统，该操作系统于 2014 年 4 月更名为 Microsoft Azure。

6. 云安全

云安全是指基于云计算商业模式应用的安全软件、硬件、用户、机构、安全云平台的总称。"云安全"是"云计算"技术的重要分支，已经在反病毒领域中获得了广泛应用。云安全通过网状的大量客户端对网络中软件行为的异常监测，获取互联网中木马、恶意程序的最新信息，推送到服务端进行自动分析和处理，再把病毒和木马的解决方案分发到每一个客户端。

在云计算中，由于数据都存储在用户看不见、摸不着的"云"上，人们最担心数据的泄密问题。2009 年 IBM 公司的研究员 Craig Gentry 进行了一项创新，即"隐私同态"（privacy homomorphism）技术，使用被称为"理想格"（ideal lattice）的数学对象，可以实现对加密信息进行深入和不受限制的分析，同时不会降低信息的机密性。有了该项突破，数据存储服务上将能够在不和用户保持密切互动以及不查看敏感数据的条件下帮助用户全面分析数据，可以分析加密信息并得到详尽的结果。云计算提供商可以按照用户需求处理用户的数据，但无须暴露原始数据。

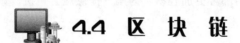 4.4 区 块 链

4.4.1 区块链的定义和分类

区块链的英文是 Blockchain，字面意思就是（交易数据）块（block）的链（chain）。区块

链技术首先被应用于比特币，如图 1-4-4 所示。比特币本身就是第一个，也是规模最大、应用范围最广的区块链。区块链中的每个块包含一个头部和一个正文。

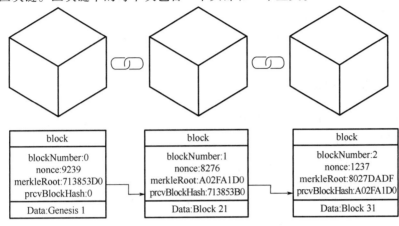

图 1-4-4　区块链

大部分观点认为，区块链技术是中本聪发明，从比特币开始的。其实不然，区块链技术早在 20 世纪七八十年代就有了。只不过中本聪创造性地把分布式存储和加密技术结合发明了比特币，而因为比特币的价格一路攀升才逐渐为人们所重视和熟知。但是比特币不等于区块链，只是区块链技术的应用之一；区块链也不等于各种币，各种币只是区块链经济生态和模型中的一部分。

目前，关于区块链没有统一的定义，综合来看，区块链就是基于区块链技术形成的公共数据库（或称公共账本）。其中区块链技术是指多个参与方之间基于现代密码学、分布式一致性协议、点对点网络通信技术和智能合约编程语言等形成的数据交换、处理和存储的技术组合。同时，区块链技术本身仍在不断发展和演化中。

以参与方分类，区块链可以分为：公共链（public blockchain）、联盟链（consortium blockchain）和私有链（private blockchain）。

（1）公共链对外公开，用户不用注册就能匿名参与，无须授权即可访问网络和区块链。节点可选择自由出入网络。公共链上的区块可以被任何人查看，任何人也可以在公共链上发送交易，还可以随时参与网络上形成共识的过程，即决定哪个区块可以加入区块链并记录当前的网络状态。公共链是真正意义上的完全去中心化的区块链，它通过密码学保证交易不可篡改，同时也利用密码学验证以及经济上的激励，在互为陌生的网络环境中建立共识，从而形成去中心化的信用机制。在公共链中的共识机制一般是工作量证明（PoW）或权益证明（PoS），用户对共识形成的影响力直接取决于他们在网络中拥有资源的占比。

公共链通常也称为非许可链（permissionless blockchain）。如比特币和以太坊等都是公共链。公共链一般适合于虚拟货币、面向大众的电子商务、互联网金融等 B2C、C2C 或 C2B 等应用场景。

（2）联盟链（consortium blockchain）仅限于联盟成员参与，区块链上的读/写权限、参与记账权限按联盟规则来制定。联盟链是一种需要注册许可的区块链，这种区块链也称为许可链（permissioned blockchain）。

（3）私有链则仅在私有组织使用，区块链上的读写权限、参与记账权限按私有组织规则来制定。私有链的应用场景一般是企业内部的应用，如数据库管理、审计等。也有一些比较特殊的组织情况，比如在政府行业的一些应用：政府的预算和执行，或者政府的行业统计数据，这个一般来说由政府登记，但公众有权力监督。私有链的价值主要是提供安全、可追溯、不可篡改、自动执行的运算平台，可以同时防范来自内部和外部对数据的安全攻击，这在传统的系统是很难做到的。

4.4.2 区块链的"共识"

区块链的目标是真正改变信任的机制，陌生人在互联网上能不能一次就达成信任？互联网上成千上万的人在网络上连接，互相接触、互相交往，且陌生人的交往是常态。这种情况下，如何保证陌生人一次就建立信任？

今天区块链让人们已经极其接近这个社会底层的构造，方便建立陌生人之间的信任。在这种情形下，区块链正在让陌生人之间的信任建立在非常坚实的基础之上。

更重要的一点：区块链把财富的生产和财富的分配平衡地放在了一个巨大的账本之中。这个巨大的账本对所有参与区块链的人是公开透明的，同时又是加密保护隐私的。所以财富的生产和分配同时进行，这是它的伟大意义。

在这种情形下，人的创造力才能得到无穷的释放，才能进入艺术的、创新的、创造的那种氛围当中。所以区块链让每一个人达成自己的甜蜜三角，这个甜蜜三角就是指所能、所愿和所为之间的良好匹配。

所以有人说，区块链开启了互联网的一次升维的旅程。不要把互联网理解为就是一个网站，或者你手机上的一个流量，互联网已经进入价值网络。这个价值网络，是每一个人都可能参与其中，每一个人都可能恰当地表达自己，每一个人都可以恰当地在价值交流、互换、流动的过程中，享受到价值创造的当下快乐的这样一种氛围。

4.4.3 从互联网思维到区块链思维

"区块链"作为新兴技术，短时期内得到如此多的关注，在现代科技史上并不多见。首先，区块链行业作为当前最受关注的科技创新热点之一，聚集着大量人才、资本和社会资源。区块链正处在发展的关键节点。

第一，"区块链思维"是什么？目前给"区块链思维"下定义是一件困难的事情。区块链技术目前最大的意义在于它的运行机制：通过技术的精巧组合，完成资源的公平分配，从而确保社区的目标一致、成员的行为规范。因此，关于"区块链思维"三个关键点是：一是技术架构的可靠性；二是分配过程的公平性；三是成员行为的规范性。

第二，用"区块链思维"做什么？区块链技术在很长一段时间内都被理解为"比特币技术"，比特币成了区块链的代名词。但是如果将比特币架构直接照搬套用到其他区块链技术应用场景中，难免衣不合体。"区块链思维"可以帮助人们跳出比特币架构，从内涵层面认识整个技术体系。目前，区块链技术的2.0、3.0版本对"比特币架构"进行了优化，这些都是"区块链思维"的具体体现。

第三，"区块链思维"怎么用？现阶段，区块链技术最显著的内涵在于使用分布式记账、非对称加密、点对点传输等技术组合、确保数据不可篡改、全程可追溯，从而解决社会交往中的信任构建难题。基于这一内涵，区块链技术要应用于各种具体场景，其外延要不断拓展，例如，区块链与激励机制的结合、智能合约的发展等，最终都是为了通过区块链技术来确定真伪，让价值在互联网上直接流通，构建真正的价值互联网。想象是技术进步的重要驱动力。我们不妨以开放的心态，开发出区块链技术更丰富的应用，引领技术健康发展。

回顾区块链技术的发展历程，会发现它与早期的互联网技术有许多惊人相似的故事。比如都是从小众的学术圈走向中间的商业圈，再走向大众的社会圈。从互联网技术的后续发展可以看出：实验室中的经典架构与现实社会结合后，将会发生改变；绝对自由是不存在的；商业的深度参与，使得早期的理想状态十分短暂；资本与技术反复博弈将会推动新技术应用螺旋式上升，如果用发展的眼光看技术，热点只是起点。

用科学的眼光看区块链标签。当下区块链之所以备受热捧，一个重要的原因是被贴上了许多特别的标签，比如：去中心化、全程可追溯、不可篡改等。但这些标签是否都经得起历史和现实检验，还不宜过早下结论。区块链经典的技术架构虽然去掉了数据结构的中心，但其运行仍受中心化节点的约束。去中心化的标签能否在区块链上贴得牢，可能还需要进一步探讨。事实上，曾经有"去中心化"标签的互联网，只是颠覆了旧的中心，形成了新的寡头。

用战略的眼光看区块链产业。任何产业能够得到长久发展，都需要推动社会进步，满足人们生产生活需求。无论区块链在当下是否真正为实体经济发展和改善人民生活提供了支持，但长远来看，以人为本，从大众的根本需求出发，为社会进步和经济发展提供高效率、低成本的解决方案，才是区块链行业发展壮大，迈向成熟的持久动力。

4.4.4 区块链的价值

去中心化信用机制是区块链技术的核心价值之一，因此区块链本身又被称为"分布式账本技术""去中心化价值网络"等。自古以来，信用和信任机制就是金融和大部分经济活动的基础，随着移动互联网、大数据、物联网等信息技术的广泛应用，以及工业 4.0 等新一代工业革命的开启，网络空间的信用作为数字化社会的基石的作用显得更加重要。传统上，信用机制是中心化的，而中心化的信任和信用机制必然导致中心化机构成为价值链的核心，也容易引发问题。而区块链技术则首先在人类历史上实现了去中心化的大规模信用机制，在消除中心机构"超级信用"的同时，保证信用机制安全、高效地运行。

人和人之间最核心的经济关系就是交易，但在没有区块链之前，人们所有的交易活动，怎么样保证交易双方真实可靠的完成一笔交易？两个人之间互相不信任。比如在互联网上网购，需要支付宝、微信支付等担任信任中介，确保交易完成。现在人们刷的银行卡，如果不是银行发的，商户不敢收，银行是一个信用的中介。在区块链出来之前，任何的交易活动都需要有一个中介，没有中介，两个陌生人不可能在缺乏第三方的情况下达成一笔交易。

区块链是信任的机器。倒过来说用一台机器人取代一个信任中介的作用，用一套数学算法确保两个陌生人不借助于第三方的情况下，使一笔交易（不管是金融的交易或者是商品的交易）完成。这就是区块链最核心、最本质的内容。

区块链是去中的。在经济交易活动当中，去中心主要包含几层意思：

（1）人们在完成一笔交易的时候，不再需要第三方，这个第三方就是一个中心。

（2）人们在开展经济活动的时候，需要有一个组织，这么多的公司，可能大部分来自各种各样的商业机构、商业组织，但是在区块链上所从事的所有经济活动，不再需要像公司一样的制度，不再需要这样一个组织。

（3）不再需要这样一个商业机构，一个很熟悉的组织形式来帮助人们完成经济交换活动，来完成各种交易。

（4）除了不需要这个组织之外，任何的经济活动都有可能，或者说在数字世界里面的数字经济活动都不再有这个组织，它的激励机制不再是一个中心化的机构建立起来的。

如果每个人为中心化的机构服务，那么这个中心化的机构给人们工资、奖励、职务，来激励人们更好地为这个事业服务。但在区块链上面这个激励机制不是由中心化的机构来建立。

4.4.5　区块链的应用前景

中国在区块链技术研发应用方面走在全球前列，央行在主导法定数字货币和数字票据的研究，未来数字金融将把"平面金融折叠成立体金融"。在规模化应用方面，区块链可能还有很长的路要走。因为科技金融、数字金融有两个最基本的要求：第一就是规模化。比如外汇交易、证券交易，每秒交易可能达到几千笔、几万笔，这属于规模化的应用。目前的区块链技术有了突破，但也只能做到每秒几百笔或上千笔的交易。第二就是可靠性、安全性的要求。这个是新技术金融应用的最基本要求。比如加密系统，加密要求太严格速度就会慢下来，但如果追求较高的速度可能会牺牲可靠性方面的某些要求，既可靠又快速的系统研发仍需要一个发展过程。

区块链的诞生，将大幅降低价值传输成本，又一次极大地解放生产力。目前，区块链底层技术还不成熟，基础设施还不完善。区块链难以篡改、共享账本、分布式的特性，更易于监管接入，获得更加全面实时的监管数据。区块链的迅速发展不是偶然，它能极大地降低信息价值传输成本。区块链可以和很多行业结合，使得业务交易更安全，交易成本更低，交易效率更高。

1. 区块链+金融

区块链在金融行业无疑会得到广泛的应用，如支付、结算、清算领域。在多方参与的跨地域、跨网络支付场景中，Ripple 支付就是一个很好的案例；在多方参与的结算、清算场景，R3 联盟也在利用区块链技术构建银行间的联盟链。同时在多方参与的虚拟货币发行、流通、交易、股权（私募、公募）、债券以及金融衍生品（包括期货、期权、次贷、票据）的交易（NASDAQ Linq 平台案例），以及在众筹、P2P 小额信贷、小额捐赠、抵押、信贷等方面，区块链也可以提供公正、透明、信用托管的平台。在保险方面，区块链也可以应用于互助保险、定损、理赔等业务场景。

2. 区块链+政府

区块链防伪、防篡改的特性能够广泛用于政府主管的产权、物权、使用权、知识产权和各类权益的登记方面，包括公共记录，如房地产权证、车辆登记证、营业许可证、专利、商标、版权、软件许可、游戏许可、数字媒体（音乐、电影、照片、电子书）许可、公司产权关系变更记录、监管记录、审计记录、犯罪记录、电子护照、出生死亡证、选民登记、选举记录、安全记录、法院记录、法医证据、持枪证、建筑许可证、私人记录、合同、签名、遗嘱、信托、契约（附条件）、仲裁、证书、学位、成绩、账号等方面的记录登记。

3. 区块链+医疗

区块链在医疗行业中可以应用于诊断记录、医疗记录、体检记录、病人病历、染色体、基因序列的登记，也可以用在医生预约、诊所挂号等应用场景，以建立公平、公正透明的机制。

另外在药品、医疗器械及配件来源追踪、审计方面也有比较好的应用场景。

4. 区块链+物联网

利用区块链的智能合约，可以通过接口和物理世界的钥匙、酒店门卡、车钥匙、公共储物柜钥匙做程序的对接，可以达到区块链上一手交钱、物理世界一手交货的原子交易效果。区块链在物联网的应用非常广泛，特别是在智能设备的自主管理，以及智能设备之间的互联、协调方面有着非常大的优势。

5. 区块链+商业

区块链在商业上的应用也非常广泛。凡是涉及交易、支付、积分等的场景都是比较适合区块链的应用场景，包括用区块链技术来实现打折券、抵用券、付款凭单、发票、预订、彩票、球票、电影票等业务流程的去中心化管理，以达到降低成本、提高效率的目的。

6. 区块链+能源

区块链在能源行业的应用前景广阔。采用区块链技术，可提供公正、透明的能源交易多边市场和碳交易市场，以达到降低对手信用风险，同时减少支付和结算成本、提高效率的目的。另外在缴费领域、分布式发电，特别是新能源微电网中发电家庭、用电家庭和电网间的电交易，区块链都是非常理想的技术。区块链也可以用来记录发电、配电、输电、调度、用电、售电记录，提供公正、可追溯、透明的审计、监管记录。更重要的是，区块链在未来智能电网、能源互联网中会扮演更重要的角色，理论上可以通过区块链智能合约实现发、输、变、配、用电的同步调控。

区块链在别的行业，像电信、教育、交通、工业制造、文化娱乐等行业都有非常广泛的应用场景。只要是有防篡改数据记录、审计需求，业务上涉及交易、结算、清算、仲裁的行业，都是区块链+的潜在应用对象。

4.5　人 工 智 能

4.5.1　人工智能的概念

人工智能是研究让计算机来模拟人的某些思维过程和智能行为（如学习、推理、思考、规划等）的学科，主要包括计算机实现智能的原理、制造类似于人脑智能的计算机，使计算机能实现更高层次的应用。

斯坦福大学人工钾能研究中心的尼尔逊教授对人工智能下了这样一个定义："人工智能是关于知识的学科——怎样表示知识以及怎样获得知识并使用知识的科学"。而麻省理工学院的温斯顿教授认为："人工智能就是研究如何使计算机去做过去只有人才能做的智能工作"。这些说法反映了人工智能学科的基本思想和基本内容，即人工智能是研究人类智能活动的规律，构造具有一定智能的人工系统，研究如何让计算机去完成以往需要人的智力才能胜任的工作，也就是研究如何应用计算机的软硬件来模拟人类某些智能行为的基本理论、方法和技术。

如今人工智能技术也越来越广泛地进入了家庭，一些面向个人计算机的应用软件，例如语音和文字识别、自动翻译等都已成为现实。人们对人工智能相关技术的更大需求促使新的进步

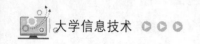

不断出现，人工智能已经并且将继续不可避免地改变人们的生活。

1. 人工智能的定义

人工智能是通过机器实现人的头脑思维，使其具备感知、决策与行动力。广义上的人工智能泛指通过计算机实现人的头脑思维所产生的效果，通过研究和开发用于模拟、延伸和扩展人的智能的理论、方法、技术及应用系统所构建而成的其构建过程综合了计算机科学、数学、生理学、哲学等内容。人工智能技术包括凡是使用机器帮助、代替甚至部分超越人类实现认知、识别、分析、决策等功能，而产业则指包含技术、算法、应用等多方面的价值体系。

2. 人工智能研究的技术变迁

20 世纪 50 年代到 70 年代初，人们认为如果能赋予机器逻辑推理能力，机器就能具有智能，人工智能研究处于"推理期"。当人们意识到人类之所以能够判断、决策，除了推理能力外，还需要知识，人工智能在 20 世纪 70 年代进入了"知识期"，大量专家系统在此时诞生。随着研究向前进展，专家发现人类知识无穷无尽，且有些知识本身难以总结后交给计算机，于是一些学者诞生了将知识学习能力赋予计算机本身的想法。发展到 20 世纪 80 年代，机器学习真正成为一个独立的学科领域、相关技术层出不穷，如深度学习模型以及 AIphaG。增强学习的雏形"感知器"均在这个阶段得以发明。随后由于早期的系统效果不理想，美国、英国相继缩减经费支持，人工智能进入低谷。20 世纪 80 年代初期，人工智能逐渐成为产业，但又由于 5 代计算机的失败再一次进入低谷。2010 年后，相继在语音识别、计算初视觉领域取得重大进展，围绕语音、图像等人工智能技术的创业大量涌现，从量变实现质变。

3. 人工智能的技术热点

工业革命使手工业自动化，机器学习则使机器本身自动化地将样本数据输入计算机。一般算法会利用数据进行计算然后输出结果，机器学习的算法则大为不同，输入的是数据和想要的结果，输出的则为算法模型，即把数据转换成结果的算法模型。通过机器学习，计算机能够自己生成模型，进而提供相应的判断，达到某种人工智能的结果的实现。因此，在数据的"初始表示"（如图像的"像素"）与解决任务所需的"合适表示"相距甚远的时候，可尝试使用深度学习的方法。工业革命使手工业自动化，而机器学习则使机器本身自动化。近几年掀起人工智能热潮的深度学习属于机器学习的一个子集，在思想和理论上并未显著超越 20 世纪 80 年代中后期神经网络学习的研究。但得益于海量数据的出现、计算能力的提升，原来复杂度很高的算法得以落地使用，并在边界清晰的领域获得比过去更精细的结果，大大推动了机器学习在工业实践中的应用。

4. 开源环境与技术壁垒

开源环境大幅降低人工智能领域的入门技术门槛。工业界和学术界先后推出了用于深度学习模型训练的开源工具和框架，包括 Caffe、Theano、Torch、TensorFlow、CNTK 等。尽管不同框架各有所长，但它们并不能真正满足企业在处理实际复杂业务时所面对的所有挑战，性能、显存支持、使用效率等不同层面的不足要求企业有针对性地调整框架以适合自身业务所需。而在数据处理、网络设计、算法模型训练、多机并行计算、应用端性能优化等若干重要环节都存在非开源技术或有已成熟方案所能解决，且极度依赖相关技术专家去探索求解的重要问题。对于前沿算法的突破创新以及算法在不同使用环境中的优化升级，不同公司的技术差异依然很大。

4.5.2　人工智能典型技术

1. 智能语音语义

智能语音语义是指语音识别、自然语言处理、语音合成等技术。人类因为具有语言的能力而区别于其他物种。自然语言处理即研究人与计算机直接以自然语言的方式进行有效沟通的各种理论和方法，涉及机器翻译、阅读理解、对话问答等。因为语言在词法、句法、语义等不同层面的不确定性及数据资源的有限性、背景知识的复杂性等各方面限制，自然语言处理技术仍有非常大的提升空间。仅在特定领域可取得较好的应用，鲁棒性存在大量挑战。在自然语言处理之前，声纹识别可根据说话人的声纹特征识别出说话人。语音识别技术可赋予机器感知能力（在深度学习的驱动下，目前近场语音识别准确率可达 98%，远场、抗噪、多人等非限定或非配合条件下的识别有待进步），将声音转为文字供机器处理，在机器生成语言之后，语音合成技术可将语言转化为声音，形成完整的自然人机语音交互，这样的语音交互系统可看作一个虚拟对话机器人。

2. 机器翻译

机器翻译指由计算机程序将一种自然语言翻译成另一种自然语言，综合了计算机、认知科学、信息论、语言学等多门学科。目前已有支持上百种语言间互译的互联网翻译工具在线提供服务。跨语言的实时沟通一旦实现，通天塔的故事也将改写。鉴于世界上诸多高质量里的信息以英文形式呈现，中英互译对于国人打开眼界、与国际接轨的意义不言而喻。1970 年起，机器翻译曾先后基于规则、实例等方法实现。1991 年，基于统计的机器翻译方法使翻译性能取得巨大提升。2014 年借助于深度神经网络技术的逐步渗透，机器翻译可以打破传统统计机器翻译，基于短语或者句法的局部解码限制，相对全面的处理整个句子的信息，再次大幅提升了翻译结果的可用性。BLEU 是一种用于评测机器翻译的文本质量的算法，也是最受欢迎的指标之一，一般人工翻译的 BLEU 值在 50～70 之间（BLEU 不考虑同义词或语义相近的表达方式，可能会导致合理翻译被否定）。目前相对领先的机器翻译系统多在 30～40 之间。同所有自然语言处理技术一样，机器翻译仍然受语义理解所限，也不具备优秀的人工译者所有的丰富人生阅历和创造性想象力，距离"信、达、雅"仍有诸多挑战。

3. 知识图谱

知识图谱技术旨在描述各种实体概念及其相互关系，一般由"实体、关系、实体"构成三元组，每个实体也拥有其相应"属性"。大规模的知识图谱往往包含数亿实体、数百亿属性和千亿关系，由大量结构化及非结构化数据挖掘而来。基于专用知识图谱及基于它构建的自然语言理解技术，机器可充分发挥推理、判断的系统性能，相对精准地回答问题，延展智能范围。

从覆盖范围的角度来说，知识图谱可分为应用相对广泛的通用知识图谱和专属于某个特定领域的行业知识图谱。通用知识图谱注重横向广度，强调融合更多的实体，主要应用于智能搜索、智能问答等领域。行业知识图谱注重纵向深度，需要考虑到不同的业务场景与使用人员，通常需要依靠特定行业（如金融、公安、医疗、电商等）的数据来构建，实体的属性与数据模式往往比较丰富。

4. 计算机视觉

视觉感知逐步实现商用价值，视觉认知仍有待探索。视觉使人类得以感知和理解周边的世界，人的大脑皮层大约有 70% 的活动在处理视觉相关信息。计算机视觉即通过电子化的方式来感知和理解影像。得益于深度学习算法的成熟应用，2012 年，采用深度学习架构的 AlexNet 模型，以超越第二名 10 个百分点的成绩在 ImageNet 竞赛中夺冠；2017 年，ImageNet 图像分类竞赛化 Top 5 的错误率降至 2.25%，侧重于感知智能的图像分类技术在工业界逐步实现商用价值，但与可结合常识做猜想和推理进而辅助识别的人类智能系统相比，现阶段的视觉技术往往仅能利用影像表层信息，缺乏常识以及对事物功能、因果、动机等深层信息的认知把握。

人脸识别是当下视觉领域热门应用的重要技术支撑。人脸识别可看成语义感知任务中针对人脸影像的分类问题，也是当下视觉领域热门应用的重要技术，各个环节都因深度学习算法的推进实现了更优的计算结果。例如，泛金融领域的远程身份认证、手机领域的刷脸解锁一般属于人脸验证，此项技术已相对成熟。安防影像分析一般为人脸识别，刑侦破案对亿级甚至十亿级比对有刚性需求，目前技术仍有很大进步空间。未来，更多新功能、新场景的解锁依赖于最先进的算法团队和相关业务领域开拓者的共同努力。

5. 智能规划决策

多学科融合，帮助人类做出复杂决策。为了做出最优（经济的或其他的）决策，决策相关理论将概率理论和效用理论结合起来，为在不确定情况下（在概率描述能适当呈现决策制定者所处环境的情况下）做出决策提供了一个形式化且完整的框架。因为理性决策的显著复杂性，历史上决策相关理论一直与人工智能研究沿着完全分离的路线向前发展，但自 20 世纪 90 年代以来，决策逐步深入人工智能系统研究，经济学、博弈论、运筹学、人工智能等多领域学科思想融合，让计算机智能处理海量数据，相对实时地解决人类专家也难以及时求解的各类问题。

6. 自动驾驶

根据自动驾驶的拟人化研发思路，自动驾驶系统原理可理解为感知、认知、决策、控制、执行五层。通过传感器实现感知作用，并根据所感知信息完成处理与融合，对信息达成一定的认知和理解，在形成全局整体理解后，通过算法得出决策结果并传递给控制系统生成执行指令。在整个过程中，汽车能够通过 V2X（vehide to everything）通信实现车与外界（如道路设施、其他车辆等）的信息交换，帮助车辆实时获取更大范围的环境信息，解决"我在哪儿，周围有什么，环境将发生什么变化以及我该怎么做"等四个问题。

自动驾驶技术大规模应用，其安全性必须优于人类司机驾驶。自动驾驶汽车主要由车辆本身、内部硬件（传感器、计算机等）以及用于做出驾驶决策的自动驾驶软件等三个子系统组成。车辆本身需由 OEM 认证；内部硬件也需在各种极端条件下充分测试其稳定性，达到车规级要求；自动驾驶软件方面，相关系统需经过百亿甚至千亿公里以上的测试来充分验证其安全性。据统计，人类司机平均每 1 亿公里发生致命事故 1～3 起。因此，自动驾驶技术要想大规模落地应用，其安全性上要必须优于人类司机驾驶。另外，大规模路测也是收集相关场景数据以便改进感知、决策等智能技术的必要手段。仿真环境下的虚拟路测与不涉及实际控制的影子模式可作为常规测试的补充，能够有效降低路测成本。

7. ChatGPT

Chat Generative Pre-trained Transformer，美国人工智能研究实验室 OpenAI 研发的聊天机器人程序，于 2022 年 11 月 30 日发布。ChatGPT 是人工智能技术驱动的自然语言处理工具，它能够通过理解和学习人类的语言来进行对话，还能根据聊天的上下文进行互动，真正像人类一样来聊天交流，甚至能完成撰写邮件、视频脚本、文案、翻译、代码，写论文等任务。

截至 2023 年 2 月，这款新一代对话式人工智能便在全球范围狂揽 1 亿名用户，并成功从科技界破圈，成为街头巷尾的谈资。2023 年 3 月，全国人大代表、科大讯飞董事长提出：类 ChatGPT 可能是人工智能最大的技术跃迁，应当加快推进中国认知智能大模型建设，在自主可控平台上让行业尽快享受 AI 红利，让每个人都有 AI 助手。

但 ChatGPT 也引起了很多争议，多家学术期刊发表声明，完全禁止或严格限制使用 ChatGPT 等人工智能机器人撰写学术论文。学生们需要学会自主思考，理解知识并自己动手完成作业。

第5章 Word 2016 文字处理

Microsoft Office 2016 是微软推出的新一代办公软件集合。Office 2016 具有节省时间的功能、全新的现代外观和内置协作工具，可帮助用户更快地创建和整理文档。

文字信息处理是数字化办公的首要功能，文字处理能力是现代人学习和工作的基础能力，熟练掌握 Word 的基本操作是现代生活的基本技能要求。

5.1 Word 2016 基本操作

5.1.1 Word 2016 概述

作为 Office 的重要组件之一，Word 2016 最显著的提升包括：协同创作功能有所提升；搜索框功能；在"插入"功能区增加了"加载项"组；云模块与 Office 融为一体；彻底扁平化的界面与触摸模式。

5.1.2 Word 2016 的工作环境

1. Word 2016 的操作界面

启动 Word 2016 后的操作界面如图 1-5-1 所示。

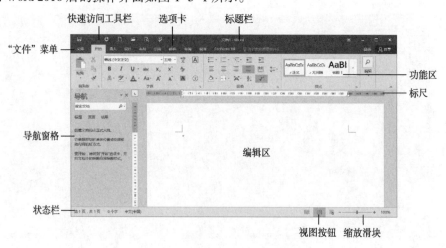

图 1-5-1 Word 2016 的工作界面

2. 使用"视图"选项卡设置工作环境

"视图"选项卡中有视图、显示、显示比例、窗口、宏等组，用来设置与显示方式和内容相关的功能。通过"视图"选项卡可实现各种视图模式的切换、辅助工具的显示/隐藏，以及窗口显示方式的设置与恢复等操作。

1）视图

在"视图"选项卡的"视图"组中，Word 提供了阅读、页面、Web 版式、大纲和草稿五种视图，选择适合的视图方式是提高编辑效率的基础。

（1）阅读视图　：仅适合于查看文档，不能对文档进行编辑修改，同时将隐藏功能区等，以全屏的方式显示文档。

（2）页面视图　：Word 的默认视图，也是与打印输出效果完全相同的显示模式。页面视图下，文档中的所有元素都可被显示出来，是最方便的视图模式。

（3）Web 版式视图　：以网页形式显示文档，不显示页眉页脚、页码，也不显示分页，在此视图下可看到 Word 文档在浏览器中的显示效果。

（4）大纲视图　：显示文档结构的视图，将文档中设置了标题样式的内容，以树状分级显示，是长文档编辑的重要手段。大纲视图下，图片等外部对象、分页等将被隐藏。

（5）草稿　：便于快速编辑。在此视图下，图片、艺术字、自选图形等显示为空白区域，页眉页脚、分栏等信息都不显示，分页是以虚线的形式表示。

2）显示

视图功能区的显示组包括三个复选框，用于显示和隐藏标尺、网格线和导航窗格，其中标尺和网格线是 Word 中重要的文档编辑辅助工具。标尺分为水平标尺和垂直标尺,标尺可用来设置段落缩进、制表位、页边距、表格大小和分栏栏宽等。

3）显示比例

在这一组按钮中，单击"显示比例"按钮会出弹出"显示比例"对话框。其中，"页宽"可将页面宽度调整到窗口同宽，可最大限度地显示页面内容。

4）窗口

默认状态是一个文档一个窗口。

如果当前打开了多个文档窗口，则单击"全部重排"按钮可同时查看不同窗口的不同文档；单击"切换窗口"按钮可选择当前显示窗口；单击"并排查看"按钮可将两个文档窗口并排显示，并通过单击"同步滚动"可同时操控两个窗口的浏览，对于比较两个文档的内容非常方便。

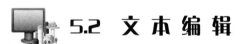

5.2　文　本　编　辑

新建文档后，可向文档中输入内容，除普通的文本外，Word 还可输入特殊符号、数学公式等元素。

5.2.1　文本的编辑

对已输入文本进行复制和移动等操作，可加快编辑速度，提高工作效率。在选取文本后，可使用"开始"选项卡的"剪贴板"组来完成复制粘贴功能。

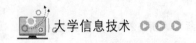

1. 文本复制

首先选中要复制的文本，然后单击"开始"→"剪贴板"→"复制"按钮；其次将光标定位到要复制的位置，再单击"开始"→"剪贴板"→"粘贴"按钮。选中文本后，也可按【Ctrl+C】组合键完成复制，在目标位置按【Ctrl+V】组合键完成粘贴。

2. 文本移动

移动文本的操作与复制相似，只是选中文本后使用的是"剪切"命令，快捷键是【Ctrl+X】。

3. 撤销、恢复和重复操作

在编辑文档的过程中，Word 会自动记录用户所执行过的操作，当执行了误操作时，可以通过"撤销"命令取消；对于错误的撤销操作，可使用"恢复"命令撤销，"重复"命令可将刚执行过的操作再次执行。

4. 使用剪贴板

复制和剪切操作利用的是剪贴板功能，Office 的剪贴板中可以保留最近 24 次操作数据，这些数据可以被选中再次粘贴，也可被清除。当要多次复制或剪切不同的多个内容时，剪贴板的使用可节省很多操作。单击"开始"→"剪贴板"组右下角的功能扩展按钮，打开"剪贴板"任务窗格。这个任务窗格中依次显示最近放置到剪贴板中的文本内容，选中任何一个都可通过其右侧的下拉按钮选择再次粘贴，或者彻底删除。

5.2.2 特殊内容的输入

在文本的输入过程中，有些符号如"*""@"等可以通过键盘输入，但有些如"◎""≤"等特别的内容是无法直接输入的，此时可单击"插入"→"符号"→"符号"按钮完成输入。

1. 插入符号

单击"插入"→"符号"→"符号"按钮，可看到常用和最近插入过的符号。单击最下方的"其他符号"按钮可打开"符号"对话框，如图 1-5-2 所示。

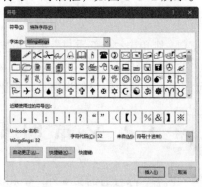

图 1-5-2 "符号"对话框

"符号"选项卡上的特殊符号在"字体"选项中，任何版本的 Windows 中都包含 Wingdings 字体，该字体中都是特殊符号。而"特殊字符"选项卡包含的是常用符号，与字体无关。

2. 插入编号

文档输入时经常需要有序的数字输入，这些数字也可能会有特殊要求，例如输入中文的序号方式"壹、贰、叁……"可使用插入编号提高输入速度：单击"插入"→"符号"→"编号"按钮，弹出"编号"对话框。在"编号"栏中输入数字，在"编号类型"中选择编号形式，单击"确定"按钮即可完成插入。

3. 插入公式

数学公式在许多学科领域是不可省略的输入内容，Word 提供的公式编辑器可将复杂公式分解成一个个独立的小模块，并按顺序输入完成。Word 中内置了一些常用的公式模板，只需进行简单修改就可成为用户自己的公式。单击"插入"→"符号"→"公式"按钮即可看到内置的公式样式，在下拉列表中选择"插入新公式"命令可插入一个完全自定义的公式。

插入公式时 Word 的功能区将发生改变，自动增加"公式工具"选项卡组，包含一个"设计"功能区，如图 1-5-3 所示，在"公式工具-设计"选项卡"结构"组中选择组成公式元素的样式模板，在虚线方框中输入内容，使用"公式工具-设计"选项卡"符号"组中的符号组合不同的公式元素，完成公式输入。

图 1-5-3　公式编辑

5.3　文档格式设置

5.3.1　文本格式设置

1. 设置文本格式

文本的外观包括字体、样式、大小、粗细等属性，是页面排版的基础。所有与字体相关的设置，可通过"开始"选项卡"字体"组完成。

单击"字体"组功能扩展按钮，打开"字体"对话框，如图 1-5-4 所示。此对话框包含两个选项卡，"高级"选项卡提供的格式设置功能是功能区未包含的，可设置文字的形状。

图 1-5-4　"字体"对话框

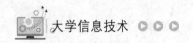

2. 查找与替换

查找与替换是文字处理软件必备的功能，Word 所提供的查找替换功能非常强大，是文档处理过程中频繁使用的功能。

1）使用导航窗格查找

单击"开始"→"编辑"→"查找"按钮，或按【Ctrl+F】组合键打开导航窗格的"结果"标签，在导航窗格的搜索栏中输入要查找的内容，正文中将以黄色突出显示搜索结果，搜索栏下方显示搜索结果的数量。单击搜索栏下方的"结果"标签，会以列表框的形式显示搜索结果，使用 ▲ ▼ 可依次选取搜索结果。单击搜索栏右侧的下拉按钮可打开下拉列表，对查找的内容进行进一步设置。

2）使用对话框查找

使用【Ctrl+H】组合键或单击"开始"→"编辑"→"查找"→"高级查找"按钮，弹出"查找和替换"对话框，如图 1-5-5 所示。也可在导航窗格搜索栏右边的下拉菜单中，选择"高级查找"命令。通过这个对话框可对查询的内容进行更详细的设置。

图 1-5-5 "查找和替换"对话框

3）使用替换功能完成批量修改操作

替换功能主要用于编辑文档中多处相同内容，可准确高效地完成批量修改。单击"开始"→"编辑"→"替换"按钮，可直接打开"查找和替换"对话框中的"替换"选项卡。

执行替换操作时，需先将光标定位在"查找"框中输入被修改的内容，然后在"替换为"框中输入目标内容。替换操作有全部替换和逐个替换两种。

5.3.2 段落格式设置

段落是文档排版中的主要操作对象，是在输入过程中按下【Enter】键所形成的文字组合。段落格式的设置均在"开始"功能区"段落"组中完成。

1. 段落的基本操作

1）段落的选取

在设置段落格式时，选取是设置的前提，需要注意以下几点：

（1）设置一个段落的格式时，不需要选取整个段落，只要将光标定位到段落中即可。

（2）对多个段落进行设置时，必须选中所有要设置的段落。

（3）复制段落操作时，选取段落时如果包含段落结尾的段落标记↵，则段落的格式也一并被复制，否则将只复制文字内容的格式，不复制段落的格式。

2）设置对齐方式

对齐方式是段落在页面上的分布规则，根据文字方向的不同，分为水平和垂直两大类，水平对齐方式是最为常用的对齐方式。水平方向的五种对齐方式的含义是：

（1）左对齐：段落以页面纸张边界的左侧/上端为基准对齐排列。

（2）居中对齐：段落以页面纸张边界中间为基准对齐排列。

（3）右对齐：段落以页面纸张边界右侧/底端为基准对齐排列。

（4）两端对齐：除最后一行外，段落中其他行的首尾均对齐，当各行文字有差距时，自动调整字符间距。

（5）分散对齐：与两端对齐类似，区别在于分散对齐将最后一行的文字间距加大到可以占满整行。

3）设置段落缩进

段落缩进的设置可提高文档的层次美感，段落开始空 2 个字即首行缩进 2 个字符，可以说是中文排版的重要特征。

图 1-5-6　"段落"对话框

段落缩进的设置可以通过拖动标尺上的游标进行调整。单击"开始"功能区"段落"组右下角的 功能扩展按钮，可打开"段落"对话框，进行更为精确的设置。如图 1-5-6 所示。

Word 提供了四种缩进方式：左缩进、右缩进、首行缩进和悬挂缩进。左/右缩进是对整个段落的左右边界而言的，首行缩进控制的是段落第 1 行，悬挂缩进则设置除第 1 行以外其他行的左边界位置。

4）设置行间距与段落间距

设置行间距和段落间距可使文档具有疏密有致的效果。单击"开始"→"段落"→"行和段落间距"按钮 ，可快速设置常用的行距，也可在"行和段落间距"下拉列表中选择"行距选项"命令，打开"段落"对话框进行精确设置。

5）格式刷的使用

格式刷是快速应用格式设置的一个便捷工具（"开始"选项卡"剪贴板"组中 按钮），可复制当前选中对象的格式，然后将其复制到一个或多个其他对象上。先选中要复制格式的对象，单击"格式刷"按钮，鼠标指针旁多了一个小刷子 ，在目标对象上单击，或在目标文本上拖动鼠标，目标内容就会被刷成复制的格式。双击"格式刷"按钮，可进行多次格式复制，按【Esc】键取消格式刷定义。

2. 项目符号的使用

项目符号是段落前的符号，可以使并列关系的内容显得更加直观和清晰。单击"开始"→"段落"→"项目符号"按钮 ，可添加默认的项目符号。

要去除项目符号设置，只需再次单击"项目符号"按钮，使之弹起即可。对于设置了项目符号的文本，Word 会自动设置段落缩进格式。多级别的项目符号会为段落自动增加左缩进效果。

3. 编号列表的使用

除了项目符号外，编号列表的使用可增强文档的条理性，特别适合于规章制度等类型的文档。"开始"功能区"段落"组中有两个编号设置相关的按钮："编号"按钮 和"多级列表"按钮 。

1）编号列表的基本设置

编号与多级列表的设置、取消等方法与项目符号的使用完全一致，包括自动设置成为悬挂缩进的段落格式。不同的是编号的设置与数值序列相关。编号和多级按钮的下拉列表中，除了列出了最近使用的以及常用的样式，定义新的编号、更改级别、定义编号和列表的属性也出现在下拉列表的下方。

2）编号值的设定

设置了编号的段落，在结尾处按【Enter】键开始新的段落时，编号值会自动加 1，如果多次按【Enter】键，编号就会中断。再出现编号时，可设置成为重新开始或者继续前一列表。Word 默认是开始新的编号。

3）多级列表

多级列表是设置多层次文档的重要工具，多级列表与编号不同的是，通过级别的增减，编号会自动发生变化。多级列表的设置方法与编号和项目符号相似，方法是：先通过"开始"功能区"段落"组的"多级列表"按钮进行设置，再通过下拉列表中的"更改列表级别"命令决定当前光标所在段落的级别。

4. 制表位的使用

制表位是在不使用表格的情况下在垂直方向按列对齐文本的。默认状态下制表位标记是不显示的，须选择"文件"→"选项"命令，打开"Word 选项"对话框，单击"显示"标签，在"始终在屏幕上显示这些格式标记"选项组中选中"制表符"复选框，在输入中使用【Tab】键后会显示 → 。

制表位的定义通过标尺上的制表符标识。制表位的设置通过【Tab】键完成，制表位的属性可通过"制表位"对话框完成。单击"段落"对话框"缩进和间距"选项卡中的"制表位"按钮可打开"制表位"对话框。在该对话框中选中制表位的不同位置并设置对齐方式。

5. 边框和底纹的设置

为突出文档中某些内容的重要性，经常使用边框和底纹进行美化。单击"开始"→"段落"→"底纹"按钮 ，可设置所选段落底纹的有或无，单击其下拉按钮可对底纹的颜色属性进行设置。"边框"按钮 可设置所选段落的边框的位置和形式，选择其下拉列表的最后一项，可打开"边框和底纹"对话框，进行详细设置。

6. 特殊的格式设置

1）中文版式

中文版式是指针对中文文本和段落的特殊格式设置，其中纵横混排、双行合一、合并字符是文本的特殊效果，调整宽度可看作分散对齐的更精确设置。设置中文版式主要利用"开始"选项卡"段落"组的按钮 ，字符缩放在"字体"对话框中有相应的设置。选定文本后，单击"中文版式"按钮即可完成中文版式的设置。

图 1-5-7 "首字下沉"对话框

2）首字下沉

首字下沉是将段落中的第一个字放大并占据几行的效果，在报纸、杂志、海报的排版中比较常见。首字下沉有两种形式：下沉和悬挂。设置时只要将光标定位在要设置此效果的段落以内，选择"插入"选项卡"文本"组"首字下沉"下拉列表中的最后一项可打开同名对话框，如图 1-5-7 所示，进行设置。

5.3.3　页面设置

文档的整体排版风格设置在"布局"和"设计"功能区完成，"设计"功能区包含了页面的整体修饰风格，"布局"功能区设置页面元素的格式。

1. 文字方向与纸张方向

1）文字方向

Word 的文档排版有横排（水平）和纵排（垂直）两个方向，相对于横排文字方向，竖排文字在方向上有更多的设置。选择"布局"→"页面设置"→"文字方向"→"文字方向选项"命令，可打开"文字方向"对话框进行设置。

2）纸张方向

与文字方向对应，纸张方向也可设置横向和纵向，单击"纸张方向"按钮选择纸张方向后，如没有在文档中设置分节，会对整个文档有效，否则只对本节有效。

2. 页面属性

单击"布局"选项卡"页面设置"组的对话框启动器按钮，打开"页面设置"对话框，可在以下选项卡中对页面进行更详细的设置：

1）页边距

页边距是正文到纸张边界的距离。选择"布局"→"页面设置"→"页边距"→"自定义边距"命令，也可对页边距进行详细设置。

2）纸张

纸张主要设置的是纸张的大小，只要用户的打印机支持，可自己定义任意尺寸的纸张。

3）版式

"页面设置"对话框中的"版式"选项卡中，设置了页面中的基本样式，包括设置节的起始位置、设置页眉和页脚的奇偶页不同或首页不同，以及页面上所有对象在页面中的垂直对齐方式。

3. 分栏

将版面分成多栏，可使版面显得生动多变，更有利于提高阅读性。Word 在分栏设置上有很大的灵活性，可以控制分栏数量、栏间距离及分栏宽度。在"布局"→"页面设置"→"分栏"下拉列表中可选择常用的分栏形式，选择最后一项"更多分栏"命令可打开→"分栏"对话框，如图 1-5-8 所示。

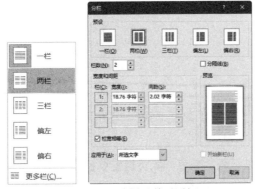

图 1-5-8　分栏及其对话框

4. 分隔符

分隔符是将文档内容进行区分以便得到不同版式的标识符。分隔符有两类：分页符和分节符。

1）分页符

当页面的内容填满时会自动分页，如未填满，可使用插入分页符的方法强制分页。分页也有利于不同版式的设置。

2）分节符

节是 Word 中的一个重要概念，是版式应用范围的标识，一个版式默认的应用范围最大的是整个文档，其次是整个页，再次是一页或者多页中的局部，整个局部就是定义好的节。分节符不同于分页符，它一般可以在分节的同时进行分页，连续分节符则不会产生分页。

5. 页面设计

页面设计包括对页面的修饰内容进行设置，包括主题、文档格式以及页面背景等。可在"设计"选项卡完成相应操作。

1）主题与文档格式

在"设计"选项卡"主题"组中可为当前文档选择一个包含文字、图形对象、页面等所有相关格式设置，也可在文档格式组中选择一个样例，完成整篇文档的格式设置。"文档格式"组中的"颜色""字体""段落间距"按钮可在选择主题的基础上，对文档的整体进行相应的格式设置。

2）水印

水印通常用文字或图片表示，放在正文文字之下。在"水印"下拉列表中，可选择水印样式。在其中选择"自定义水印"命令，在打开的"水印"对话框中设置水印的文字，也可设置图片为水印，如图 1-5-9 所示。

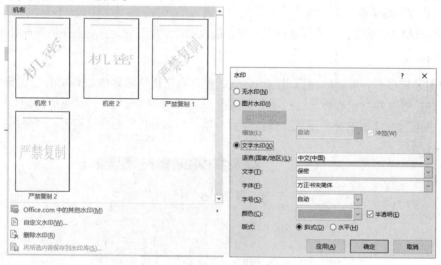

图 1-5-9　页面水印设置及其对话框

3）页面颜色

页面颜色设置的实际是纸张的颜色，除可设置单色外，还可设置填充效果，包括渐变、纹理、图案和图片四种，如图 1-5-10 所示。

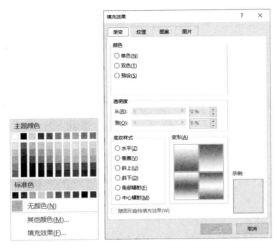

图 1-5-10　页面颜色设置及"填充效果"对话框

4）页面边框

页面边框是在页面正文以外的空白位置添加框线，单击"页面边框"按钮，打开"边框和底纹"对话框，在"页面边框"选项卡中进行相应设置。

6. 页眉/页脚

页眉和页脚位于文档正文以外的最上端或最下端，可以包括文字、图形等，以及页码、日期等文档信息，常作为书籍、广告等的重要元素用以美化和点缀。

页眉页脚的设置通过单击"插入"→"页眉和页脚"→"页眉"和"页脚"按钮，在下拉列表中选择页眉/页脚的样式，也可选择"编辑页眉"/"编辑页脚"命令进行自定义设置。双击上下边距之外的地方也可以进入编辑状态。

5.4　图 文 混 排

5.4.1　图片的插入与编辑

图片是文档排版中插入最多的外部对象，也是文档编辑中很重要的元素之一。

1. 图片的插入

插入图片时，应先将光标定位在要插入的位置，插入后的图片将尽可能按原图大小显示，以不超过页边距为准，并以嵌入的形式插入到文本中。

1）插入计算机中的图片

在文档中插入本机中的图片文件是图文混排中最常见的操作。单击"插入"→"插图"→"图片"按钮，打开"插入图片"对话框，指定图片文件的路径并选择文件名即可插入图片。Word 的图片功能强大，可支持的文件类型很多，如 jpg、bmp、png、gif 等，插入时默认的文件类型是"所有图片"。

2）插入网络中的图片

连入 Internet 后，可以直接在 Word 中插入网络中的图片，即联机图片。单击"插入"→"插图"→"联机图片"按钮，打开"插入图片"页面，在搜索栏中输入图片内容的关键字，Word将通过微软的必应搜索引擎找到相应的图片素材。选择其中的一个或多个图片后，单击"插入"按钮即可。

3）插入屏幕截图

Word 提供了复制屏幕的功能，单击"插入"→"插图"→"屏幕截图"按钮，可将当前活动窗口整个复制到文档中，也可选择某一窗口进行任意截取。

2. 图片的编辑

选中插入的图片后，会在窗口中出现"图片工具–格式"选项卡。图片的所有编辑都通过其对应的功能区完成。

1）图片大小

图片大小通常是插入图片后最先要修改的图片属性。被选中的图片会出现 8 个控制点，使用鼠标拖动控制点可直接改变图片大小。

"图片工具–格式"选项卡的"大小"组可更精确地更改图片大小。输入高度或宽度的数据，按【Enter】键可直接改变大小。单击"大小"组右下角的对话框启动器按钮，可打开"布局"对话框的"大小"选项卡，下方显示了图片的原始尺寸，如图 1–5–11 所示。选中"锁定纵横比"复选框可使图片按比例缩放。

图 1–5–11 "布局"对话框

2）图片裁剪

Word 中的图片裁剪可实现图片的局部显示，图片裁剪不是真正的裁剪，隐藏的部分可随时恢复和编辑。"裁剪"下拉列表中，"裁剪为形状""纵横比"可将图片裁剪成特殊形状或按比例裁剪。如需要真正裁剪图片，单击"调整"组的"压缩图片"按钮，裁剪的部分就不可恢复了。

3）图片调整

"图片工具–格式"选项卡"调整"组中的"更正"按钮可用于对图片的亮度对和比度进行调整；"颜色"按钮用于调整图片的饱和度、色调、双色调等；"艺术效果"按钮用于为图片添加滤镜效果；"删除背景"按钮用于实现简单的抠图效果。

图 1–5–12 图片与文字的关系

4）图片与文字的关系

插入图片时，默认将其嵌入文本行中。嵌入是指图片与文字的关系是平等的，相当于将一个字符插入到文本中。通过"图片工具–格式"选项卡"排列"组中的"位置"和"环绕文字"两个按钮，可设置多种图文间的关系。两个按钮的下拉列表（图 1–5–12）中，列出了图文关系的样式与名称。

5）图片的排列

当在同一文档中插入多个图片时，会出现多个图片的层叠关系、对齐方式的问题，插入图片的先后顺序决定了图片的层叠顺序。可使用"绘图工具–格式"选项卡"排列"组中的"上移一层""下移一层"按钮调整图片顺序，单击在下拉列表中选择上/下移一层或是直接放置到顶/底层。

当有多个图片需要同时移动、缩放等设置时，可按住【Shift】键再单击，同时选取这些图片，使用"组合"按钮将这些图片组合成为一个整体，便于操作。"对齐"按钮 提供的对齐操作也是针对多个图片进行的。

5.4.2　使用图形对象

图形对象包括形状、艺术字、文本框、SmartArt 等，它可使文档的内容更加丰富、形象化。"插入"选项卡有相应形状、艺术字、文本框等按钮用于插入图形对象，插入的方法也是相似的：先选择图形对象类型，再用鼠标拖动绘制出对象的大小或形状。

图形对象的编辑与图片的编辑也是相同的，选中对象后，出现"绘图工具–格式"选项卡。不同的图形对象功能区的内容基本相同，只是对于有些对象，某些设置是失效的。

1. 形状

1）形状的插入

单击"插入"→"插图"→"形状"按钮可打开形状的下拉列表，选择一个形状后，鼠标指针会成为"+"，拖动鼠标即可绘制出指定形状。

2）形状的属性设置

形状的属性设置方法许多地方与图片是相同的，默认状态下，所有的形状绘制后都具有填充色和轮廓线，要去掉轮廓线和实现透明效果，可在"绘图工具–格式"→"形状样式"→"形状填充"和"形状轮廓"下拉列表中选择"无颜色填充"和"无轮廓"选项。

2. 艺术字

艺术字是设置了特殊样式的文字，可以通过"插入"选项卡"文本"组中的"艺术字"完成。单击"艺术字"按钮即可出现下拉列表，选择艺术字的样式。

3. 文本框

文本框可以放置在页面的任意位置，文本框有横排和竖排两种形式，可实现在同一页面上文字横纵混排的效果。在制作贺卡、海报类的文档时，文本框是最佳选择。单击"插入"→"文本"→"文本框"按钮，在下拉列表中可选择文本框的样式。

文本框与形状在某种意义上是同样的对象，具有基本相同的属性和编辑方法，默认文本框是矩形的，可通过"绘图工具–格式"→"插入形状"→"编辑形状"的相关设置更改为任意形状。

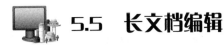

5.5　长文档编辑

进行长文档编辑时，经常有多处内容需要设置相同的格式。当文档很长、设置的格式多样时，即便使用格式刷也十分烦琐，可以使用样式这一功能，提高编辑效率。

5.5.1 样式的应用

1. 样式的定义

样式是多种格式设置的集合，将这个集合定义保存在系统中，可重复应用。

一个样式可以包含多种格式设置，例如标题样式包含字体、字号等字符格式，也包含了对齐、行间距等段落格式。使用样式的优点在于：

提高编辑效率。样式是一次定义、多次应用，减少重复设置工作。

批量编辑。当进行样式修改时，凡是应用了此样式的内容，可同时自动修改。

通过样式还可实现快速选择应用了同一样式的内容，以实现复制、移动等操作。

1）样式窗格

样式的操作大多是在样式窗格中完成的，单击"开始"选项卡"样式"组右下角的对话框启动器按钮，可打开"样式"窗格。在"样式"窗格中用方框标出的是当前光标所在内容的样式名称，选中样式窗格下的"显示预览"复选框，可看到样式的设置效果。

2）新建样式

在样式窗格中单击"新建样式"按钮，弹出"根据格式设置创建新样式"对话框。主要可用于设置属性和格式，其中需要设置的属性包括：

（1）名称。设置样式的名称，并以此作为样例的文本。

（2）样式类型。可选择样式类型，常用的样式类型有字符样式、段落样式和链接段落和字符样式。

（3）样式基准。新样式的格式参照来源。

（4）后续段落样式。应用新样式的段落在按【Enter】键后，下一段落是否延续新样式，还是应用其他样式。

3）应用样式

定义好的样式会出现在样式窗格以及"开始"选项卡"样式"组的下拉列表中。应用样式时，"字符"样式需要选中文本，"段落"样式和"链接段落和字符"样式只要将光标定位在段落中即可。选取或用光标定位后，在"样式"窗格或"开始"选项卡"样式"组的下拉列表中选择样式可完成设置。

2. 样式的修改与更新

无论应用了内置的样式还是自定义的样式，都可直接对其格式参数进行修改，修改之后，凡是应用了此样式的内容都将自动更新，这是使用样式最为便捷的地方。

样式的修改编辑可通过"样式"窗格，选中要修改的样式，单击打开其右侧的下拉按钮，在弹出的下拉列表中选择"修改"命令即可弹出"修改样式"对话框。

5.5.2 审阅

在文档的编辑工作之后，对文档内容进行校对是必不可少的。Word 提供了文字的校对工具、语言工具，以及对文档进行修订和批注的工具。这些功能可通过"审阅"选项卡对应的功能区完成。

1. 校对工具

1）拼写和语法

在文字的编辑过程中，包含英文内容时，拼写和语法错误是难免的。在输入过程中，Word会将其认为有拼写错误的单词下方标识出红色波浪线，认为有语法错误的标识出绿色波浪线，单击"审阅"→"校对"→"拼写和语法"按钮，可对文档进行检查，当遇到问题时会出现错误提示，并给出建议。

2）页数与字数统计

在 Word 窗口的状态栏上，会实时给出当前光标所在页、总页数和字符数，通过单击"审阅"→"校对"→"字数统计"按钮可得到更为详细的统计结果。

2. 文档的修订工具

审阅文档的人在阅读别人所做的文档时，经常需要对文档的内容与原作者进行探讨，或者直接在需要的地方进行修改，同时希望在这些地方做出标记或给予特殊显示。可以通过 Word的修订和批注功能完成。

单击"审阅"选项卡"修订"组右下角的对话框启动器按钮，可打开"修订选项"对话框，如图 1-5-13（a）所示，可定义修订的显示内容，单击"高级选项"按钮，打开"高级修订选项"对话框，如图 1-5-13（b）所示，对修订的显示格式进行进一步设定。

（a）

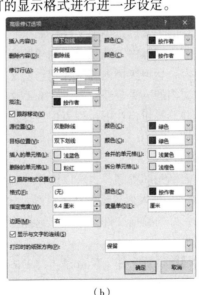

（b）

图 1-5-13　设置修订选项

5.5.3　邮件合并

有些文档类型如成绩单、邀请函、准考证等，信息格式固定，内容相似，数量巨大，其内容的区别依据通常来源于一个数据表，邮件合并功能就是批量、快速、准确地制作完成这类文档的有效工具。

邮件合并的基本要求是：需要两个文档来完成，一个文档是包含固定信息的主文档；一个文档是包含可变信息的数据源。将两个文档建立关联，指定可变信息在主文档中的位置（称为

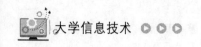

插入合并域），最后生成新的合并文档。

1. 邮件合并的准备工作

1）选择主文件类型

Word 系统提供了六种邮件合并的文档，包括信函、电子邮件、信封、标签、目录和普通 Word 文档。这六种文档类型实际决定了邮件合并中主文档的基本格式与内容形式。

2）数据源文件

数据源文件是主文档上变化内容的部分，通常来自表格。可以是 Word 包含表格的文档、Excel 文件，以及带有固定间隔符的文本文件，也可以是数据库文件，如 Access 数据库、Outlook 联系人等。

表格文件的要求是一个具有标题表头的行列规范表格，表格的第一行是列的标题，后面的每一行是包含各个数据的记录。数据源文件必须是在开始邮件合并前就准备好的文件。

2. 邮件合并的操作步骤

准备好数据源文件后，即可开始邮件合并操作。邮件合并操作通过"邮件"选项卡完成。正常编辑状态下，该功能区的大部分内容是不可用的，只有将主文档与数据源文件进行成功关联后，不可用的部分才可被激活。邮件合并的主要步骤是：

1）创建主文档

邮件合并默认的主文档是当前文件，如果主文档选择了信封和标签类型，则有可能删除当前文件的所有内容。"邮件"选项卡"创建"组中的"中文信封""信封"和"标签"不会删除当前文件的内容，会将选择内容附加到当前文件中。

创建信函主文档的方法是新建一个 Word 文件，在"邮件"选项卡"开始邮件合并"组单击"开始邮件合并"按钮，在下拉列表中选择"信函"。当前的新文件为主文档，可在其中输入相关内容。

2）关联数据源文件

数据源文件需事先准备好，也可以选择"邮件"→"开始邮件合并"→"选择收件人"→"键入新列表"命令，进入列表编辑状态，列表的格式是默认的类似通信录的形式，也可进行修改。选择已经准备好的数据文件，则在"选择收件人"中选择"使用已有列表"，在对话框中指定数据文件即可。

收件人实际是数据源文件，Word 文档、Excel 文件、文本文件、Access 数据、Outlook 联系人等都可作为数据源文件。"选择收件人"就是指定数据源文件的操作。列表是数据源文件的显示形式，数据源文件通常以表格的形式存在。

3）编辑收件人列表

成功关联了数据源文件后，"邮件"选项卡中的"编辑收件人列表"等按钮才被激活，单击此按钮，打开"邮件合并收件人"对话框，勾选要合并结果的数据记录。对话框中还提供了对收件人记录的处理功能，如排序、筛选和查找等。

4）在主文档中插入合并域

关闭"邮件合并收件人"对话框后，应在主文档中定义合并域的位置，即插入合并域。插入合并域之前，须将光标定位到要插入的位置，再单击"邮件"→"编写和插入域"→"插入合并域"按钮，选择下拉列表中列出的数据源中各列名称即可。

5）预览结果并完成合并

完成所有合并域的插入定位后，即可进行预览，单击"邮件"→"预览结果"→"预览结果"按钮，使用前后翻页按钮，可查看合并后的所有记录，"预览结果"组中还提供了"查找收件人"按钮，可查找指定记录。

单击"邮件"→"完成"→"完成并合并"按钮，选择"编辑单个文档"命令，在"合并到新文档"对话框中，选择要合并的记录，默认为"全部"记录。

5.5.4　大纲视图下的长文档编辑

大纲视图是专门用来了解、调整文档的整体结构的有效工具。要在大纲视图下进行文档结构的编辑，须先设置标题样式。

1. 标题样式与级别

标题是样式的一种，Word 本身内置了标题 1、标题 2 等标题样式。标题的级别是指在大纲视图下以及导航窗格中显示的标题的层次级别。内置的标题 1 样式，其级别为 1，标题 2 样式级别为 2，依此类推。在"开始"选项卡"样式"组中，通常只列出了 2～3 级的标题，在大纲视图下可设置更多的级别。

未设置内置的标题样式时，在大纲视图下可直接为文本指定大纲级别，且各个级别的标题样式采用的即为内置的格式设置。进行长文档编辑时通常先在大纲模式下，进行文档结构的编辑。

2. 大纲视图下文档的结构调整

大纲视图下将出现"大纲"选项卡，通过它可实现标题级别的调整、正文的显示/隐藏、章节的整体移动等操作。

1）标题级别的设置与编辑

将光标定位在要设置的文本中，在"大纲"选项卡"大纲工具"组"大纲级别"下拉列表中选择标题级别即可。

2）正文的折叠与展开

大纲视图中，可将正文折叠隐藏，以突出显示标题结构。标题与正文有明显的格式标识，标题前为加号，正文前为圆点。双击标题前的 ⊕ 可折叠隐藏其下的正文，被折叠正文的标题下会有波浪线。双击 ⊕ 也可将折叠的正文再次展开。

3）章节调整

大纲视图下可方便地进行章节内容的顺序调整。调整章节时，可将鼠标指针指向标题前的 ⊕，鼠标指针成为 ✛ 时，拖动其到目标位置松开鼠标，可将标题及其下属的正文一并移动到目标位置。如果只选取标题，则只移动标题而不移动下属正文。

4）导航窗格的使用

打开导航窗格，定义好的标题将按照标题的级别出现在导航窗格中，类似于文件资源管理器中的文件夹操作。单击导航窗格中的标题，可将光标定位在标题所在页，双击标题前的三角形，可打开/折叠标题的子标题，空心三角形标识为被折叠的标题。

5.5.5 目录

目录是长文档中的标题列表，通过目录可以浏览文档中的所有主题，以便了解整个文档结构，同时通过目录也便于迅速定位到指定标题对应的正文内容。

1. 目录的创建

Word 可为定义了不同大纲级别的内容自动生成目录，内置的标题样式"标题1"的大纲级别为1，对应到目录中即为顶级标题；"标题2"的大纲级别为2，对应为目录2级，依此类推。生成自动目录时需定义进入目录的大纲级别，低于定义级别的标题和正文不会进入目录。

Word 提供了内置的目录样式，也可使用自定义的方式灵活创建目录。创建目录前需先将光标定位到插入目录的位置，在"引用"选项卡"目录"组"目录"下拉列表中，选择"自动目录1"或"自动目录2"命令，如图 1-5-14（a）所示，即可插入目录。在下拉列表中选择"自定义目录"命令则打开"目录"对话框，如图 1-5-14（b）所示，对插入目录的级别、目录的前导符等进行自定义设置，确定后插入自定义目录。

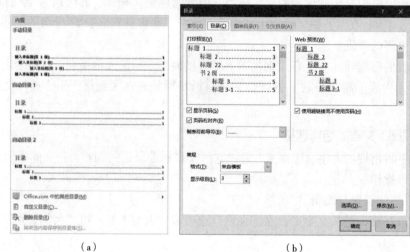

（a）　　　　　　　　　　　　　　　　（b）

图 1-5-14　插入目录

2. 目录的更新与删除

当文档内容发生增删等操作，导致标题所在的页码发生变化，或者标题本身发生增删变化等情况时，需将已经插入的目录进行更新。更新时首先将光标定位到目录内，右击后，在弹出的快捷菜单中选择"更新域"命令。或者单击"引用"→"目录"→"更新目录"按钮，完成目录的更新。

选择"引用"→"目录"→"目录"→"删除目录"命令，可删除当前光标所在的目录。

第6章 Excel 2016 电子表格处理

人们在日常生活和工作中经常会遇到各种数据统计、计算、分析问题，如商业销售统计，会计人员对工资、报表进行分析，教师统计学生的成绩等，这些都可以通过电子表格软件 Excel 来实现。

 ## 6.1 Excel 2016 概述

Excel 是微软公司推出的 Office 办公系列套件的一个重要组件，是一个功能强大的电子表格处理软件。利用 Excel 可以方便地记录和整理数据、计算和分析数据、动态展示数据，它是办公、管理、科学研究、辅助决策的有力工具。

6.1.1 Excel 2016 简介

Excel 是数据处理的工具，拥有强大的计算、分析、展示功能。Excel 2016 提供了 400 多个内置函数，可以完成绝大多数常规的计算任务；提供了专门的数据分析工具；提供了形式多样的图形和报表；可以方便地插入其他应用程序创建的对象，并能通过超链接将外部工作簿、网页、图片文件等联系起来，实现信息传递和共享。

6.1.2 Excel 2016 的工作环境

Excel 2016 工作窗口特有的内容包括名称框、编辑栏、工作表标签、行/列标签以及工作区（见图 1-6-1）。

Excel 的工作区由单元格组成。单元格是工作表的最小组成单位，用于输入、编辑、管理数据和内容。工作表中的每个行列交叉处称为一个单元格，并用它所在列的列标（大写英文字母）和所在行的行号（阿拉伯数字）来标识，如名称框中显示的 A1 表示当前单元格为第 A 列、第 1 行的单元格。

工作表是 Excel 完成一个完整作业的基本单位。一个工作表最多可以包含 256 列和 65 536 行。工作表可以包含数据及图片、图表等。工作表通过工作表标签来标识，单击工作表标签则使之成为当前活动工作表。

图 1-6-1　Excel 2016 窗口界面

6.1.3　工作簿的基本操作

工作簿是 Excel 存储在磁盘上的最小独立单位，以文件的形式存储在磁盘上，文件扩展名为.xlsx。对工作簿的操作主要包括新建、保存、打开、关闭、保护等。

1. 新建工作簿

启动 Excel 2016 后系统并未自动创建一个新的空白工作簿，而是显示图 1-6-2 所示的界面，我们可以根据自己的需要创建空的工作簿或选择某个模板创建基于该模板的工作簿。打开某个工作簿后，单击快速访问工具栏中的"新建"按钮或按【Ctrl+N】组合键，也可以创建新的空白工作簿。

图 1-6-2　启动 Excel 2016 后新建工作簿

2. 保存工作簿

创建和编辑了工作簿之后，需要将其保存以便后期使用。Excel 2016 在"文件"选项卡中提供了"保存"命令（对应【Ctrl+S】组合键）和"另存为"命令（对应【F12】键），用于以当前默认设置保存工作簿以及以新文件名、路径或类型保存工作簿。

6.2　建立工作表

在 Excel 中，数据的记录、整理、计算、分析等均在工作表中完成，建立工作表包括输入和编辑数据以及对单元格、行与列、工作表的操作等。

6.2.1　输入数据

在输入具体数据前，需要对数据表格进行设计，以便于对输入的数据进行管理和分析。在单元格中可以输入的数据包括数值、文本、日期和时间、公式等类型。

1. 直接输入数据

输入或编辑数据完成后，按【Enter】键或【Tab】键确认完成。由于在单元格中输入的数据可具有不同的类型，因此具体的输入方法也有所不同。

1）数值

数值是指所有代表数量的数字形式，如成绩、价格等。输入的数值可以是普通形式的，也可以用科学计数法表示很大或很小的数值。例如，若要输入价格 15 000 元，既可以直接用键盘输入 15 000，也可以输入 "1.5e4"。

2）文本

一般文本如汉字、英文字母和符号等可以直接输入。如果要输入以数字字符组成的字符串，如身份证号码、银行卡号、电话号码等，则要在数字前面加上一个单引号，或将数字用双引号引起来并在前面再加一个等号。

3）日期和时间

输入日期数据时需要按照年、月、日的顺序输入，年月日之间用横线 "–" 或斜线 "/" 分隔。例如，要输入 2022 年 8 月 12 日，可以在单元格内输入 2022–8–12 或 2022/8/12。如果要输入当前系统日期，可按【Ctrl+:】组合键。

在输入时间数据时，要按照 "小时:分:秒" 的格式输入。如果按 12 小时制输入时间，则应在时间数字后空一格，并输入字母 "a"（代表上午）或 "p"（代表下午），如 "8:00 p"。如果要输入当前系统时间，可按【Ctrl+Shift+:】组合键。

2. 快速输入数据

除了直接输入数据的方法，Excel 2016 还提供了多种技巧实现快速的数据输入。

1）选择列表内容输入文本

如果要输入单元格所在列中其他单元格中的文本内容，可以使用下拉列表来完成。在已经输入了文本的单元格下方单元格右击，在弹出的快捷菜单中选择 "从下拉列表中选择"，然后在列表中选择需要的文本即可填入选定的单元格中。

2）在一行或一列中输入相同的内容

使用填充柄可以在一行或一列中快速填充相同的数字或文本。在要填充行或列的第一个单元格中输入数据后单击该单元格，将鼠标指针移到该单元格右下角的方块处，此时鼠标指针变成实心 "十" 形，称为 "自动填充柄"，水平或竖直拖动鼠标即可将输入的数据填充到拖动过的单元格中。

将自动填充柄拖动到目标单元格后，单击目标单元格右下角的"自动填充选项"按钮，系统将根据所填充内容弹出不同的下拉列表。如图 1-6-3 所示，如果要填充的内容混合了数字和文本或是日期等类型的数据，则拖动后选中下拉列表中的"复制单元格"单选按钮即可填充相应内容。

图 1-6-3　自动填充选项的下拉列表

3）Excel 自带的数据填充序列

Excel 提供了一些预先定义好的有规律的数据序列，如中英文星期序列和中英文月份序列等。当在单元格中输入这些序列中的某个数据（如"星期五"）后，拖动该单元格的填充柄就可以快速填充整个序列（星期六、星期日、星期一、……）。

4）自定义填充序列

除了 Excel 提供的预定义序列，还可以自定义序列如"周一、周二、周三、周四、周五、周六、周日"，其填充方法与 Excel 自带序列的填充方法完全相同。

5）快速填充数值和日期序列

当需要填充非固定的数值或日期数据序列时，可以利用"填充"命令定义并填充临时序列，如在某一列中输入某个月所有工作日的日期或 21～210 的数值。

如果要填充数值或日期的等差数列，还可以先在两个连续单元格内输入序列的前两个值，以便 Excel 自动计算出填充步长。然后选中这两个单元格，拖动填充柄直至填充到需要的终止值。

3. 数据验证

为了提高数据输入的效率和准确性，可以进行数据验证。可以设置的数据验证条件包括设置输入文本的长度、输入的数值或时间日期的范围，以及可供选择的文本内容列表，还可以设置输入的数据违反验证规则时的提醒信息。

6.2.2　编辑数据

在对数据进行输入和整理的过程中，经常会对单元格的内容进行编辑，如清除、复制、移动、查找和替换等。此时并不添加或删除单元格，而仅仅是对单元格的内容进行编辑操作。

1. 清除数据

由于在单元格中除了可以保存数据外，还可以输入公式、插入批注、对单元格进行格式设置等，因此，清除单元格中的数据又分为清除内容、格式、批注等。单击"开始"→"编辑"→"清除"按钮，在弹出的下拉列表中选择相应的清除项即可。

2. 复制和移动数据

使用鼠标拖动时，将源单元格拖动到目标单元格后释放鼠标，即可将源单元格的所有内容（包括数据、批注、格式等）移动到目标单元格中，源单元格的全部内容被清除。当源单元格中已经有内容时，将提示是否覆盖已有数据。如果释放鼠标的同时按住【Ctrl】键，则将源单元格的所有内容（包括数据、批注、格式等）复制到目标单元格中。

也可以使用剪贴板移动或复制数据，选择"开始"→"剪贴板"→"粘贴"→"选择性粘贴"命令，将打开"选择性粘贴"对话框，它提供了更多粘贴选项，包括源单元格与目标单元格中数值的运算。

3. 查找和替换数据

当工作表中的数据很多时，查看和编辑某些数据会很不方便。此时可以利用 Excel 2016 提供的查找和替换功能快速定位到相应数据，并对这些数据的全部或部分进行编辑。

选择"开始"→"编辑"→"查找和选择"→"查找"命令，或直接按【Ctrl+F】组合键，打开"查找和替换"对话框。在"查找内容"框中输入要查找的内容后，单击"查找下一个"按钮，则被找到的第一个单元格成为活动单元格；如果单击"查找全部"按钮，则所有找到的单元格所在的工作簿、工作表、单元格以及单元格的值都列在对话框的下方。

当希望在查找内容的同时用其他内容进行替换，则可以按【Ctrl+H】组合键或在"查找和替换"对话框中单击"替换"选项卡，分别输入要查找的内容及要被替换成的内容后，单击"替换"按钮可以对当前找到的单元格内容进行替换，或者单击"全部替换"按钮将找到的所有内容统一进行替换。如果在"替换为"框中没有输入任何内容，则将删除找到的内容。

6.2.3　单元格操作

对单元格的基本操作主要包括选定单元格、插入和删除单元格以及合并和取消合并单元格。

1. 选定单元格和单元格区域

在对单元格或单元格区域中的内容进行操作前，必须先选定单元格使之成为当前活动单元格或单元格区域。根据实际选定单元格的范围，可以采用不同的方法来选定单元格。如果要取消对工作表中单元格的选定状态，则只需在工作表的任意单元格上单击。

（1）选定单个单元格：单击某单元格即选定该单元格，此时工作窗口中的名称框中显示该单元格的名称。

（2）选定单元格区域：如果是选定一个矩形的连续单元格区域，如 A2 单元格到 E8 单元格的区域 A2:E8，可以按住鼠标左键从 A2 单元格拖动至 E8 单元格，则鼠标拖动经过的矩形区域中的单元格被选定。如果要选定不连续的单元格区域，则在选定每个连续小区域或单个单元格时按住【Ctrl】键即可。

（3）选定整行或整列单元格区域：在要选定的行或列的标签上单击即可选定整行或整列。在行号或列标上单击后向上下方向或左右方向拖动鼠标，则可以选定连续的多行或多列单元格区域。

（4）选定所有单元格：单击工作表工作区左上角的全选框 ，可以选定工作表中的所有单元格。

2. 插入和删除单元格

在工作表中插入或删除单元格，将引起周围单元格位置的改变。在某位置插入单元格时，该位置原单元格下移或右移；删除单元格时下方单元格上移或右侧单元格左移，以填补被删除单元格的位置。

在要插入或被删除单元格上右击，在弹出的快捷菜单中选择"插入"或"删除"命令，打开"插入"或"删除"对话框，如图 1-6-4 所示，设置周围单元格的移动方向。"整行"和"整列"选项表示插入或删除一行或一列，而不是插入或删除选定的单元格或单元格区域。

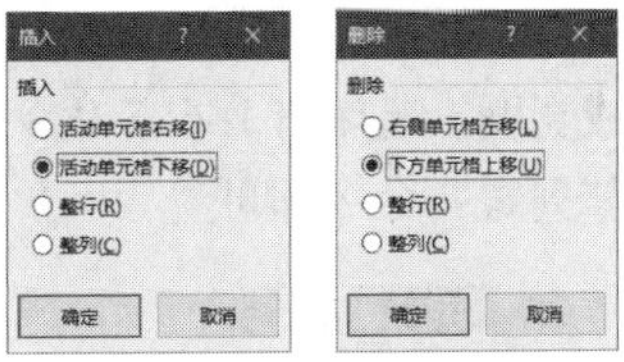

图 1-6-4　插入/删除单元格的对话框

3．合并单元格

合并单元格的操作通常用于调整单元格的布局，如将表格标题所在单元格横跨整个表格。注意：如果要合并的单元格区域的多个单元格中已经有内容（包括数据、批注等），则合并后只保留左上角单元格中的内容，其他单元格中的内容均被删除。

6.2.4　行或列的操作

在使用工作表的过程中，除了对单元格进行操作外，还有大量的对行或列的操作。

1．插入行或列

在 Excel 2016 中，插入行的操作默认是在选定行或当前活动单元格所在行的上方插入一个空白行，当前行下移；插入列则是默认在选定列或当前活动单元格所在列的左侧插入一个空白列，当前列右移。

在行号或列标上右击，在弹出的快捷菜单中选择"插入"命令即可完成插入操作。也可以选择"开始"→"单元格"→"插入"→"插入工作表行"或"插入工作表列"命令。

2．删除行或列

选定要删除的行或列（可以是一行或一列，也可以是多行或多列），在行号或列标上右击后选择"删除"命令，或者选择"开始"→"单元格"→"删除"→"删除工作表行"或"删除工作表列"命令，都可以删除选定的行或列。

3．调整行高和列宽

在新建的默认工作表中，所有行的高度和列的宽度都是相等的，因此需要对行高和列宽进行调整。Excel 提供了三种方式进行行高和列宽的调整。

1）直接拖动鼠标调整行高/列宽

如果不需要精确设置行高或列宽，则可以用鼠标指向行号的下边框或列标的右边框，当鼠标指针变为上下箭头或左右箭头时，拖动鼠标即可调整行高或列宽。如果同时选定了多行或多列，则会将它们拖动为相同的行高或列宽。

2）利用对话框精确调整行高/列宽

需要精确设置行高或列宽时，在"开始"选项卡"单元格"组"格式"下拉列表（见图 1-6-5）中提供了"行高"和"列宽"相关命令，选择这些命令将打开相应对话框，在其中输入具体数值即可。右击行号选择"行高"命令或右击列标选择"列宽"也可以打开设置对话框。

3）自动调整行高和列宽

Excel 2016 可以根据单元格中输入内容的多少自动调整行高或列宽，即将行高或列宽自动设置为可完整显示单元格内容的最小高度或宽度。选择图 1-6-5 命令列表中的"自动调整行高"或"自动调整列宽"命令即可。

图 1-6-5　单元格的格式菜单

4．隐藏行和列

如果希望在编辑工作表的时候不显示某些行或列，可以将这些行或列隐藏，不显示，需要的时候再恢复显示。具体操作是选定需要隐藏的行或列，选择图 1-6-5 所示菜单中 "隐藏和取消隐藏" 的子菜单中的 "隐藏行" 或 "隐藏列" 命令。

要恢复显示被隐藏的行或列时，必须选定包含了被隐藏行或列的多行或多列，再选择图 1-6-5 所示菜单中 "隐藏和取消隐藏" 的子菜单中的 "取消隐藏行" 或 "取消隐藏列" 命令。

6.2.5　工作表的操作

在实际工作中，一个 Excel 工作簿通常不止一个工作表，各个工作表中的数据构成了一个有机的整体。对工作表的基本操作包括工作表的选定、插入和删除、移动和复制、显示和隐藏以及设置工作表标签等。

1. 插入或删除工作表

新建的工作簿默认只包含 1 个工作表（命名为 Sheet1），若要在某个工作表之前插入新工作表，可以右击该工作表标签，在弹出的快捷菜单中选择 "插入" 命令，利用 "插入" 对话框插入一个空白工作表。右击该工作表标签，在弹出的快捷菜单中选择 "删除" 命令，可删除选中的工作表。

2. 设置工作表标签

为了便于记忆和管理工作表，通常要修改工作表名，并为工作表标签设置不同的颜色加以区别。需要重命名工作表名时，可以双击工作表标签，或在图 1-6-5 的快捷菜单中选择 "重命名工作表" 命令，直接在高亮显示的原表名上输入新的工作表名后按【Enter】键即可。

3. 选定工作表

启动 Excel 后，以白色底纹显示的工作表标签对应当前活动工作表，也表示当前选定的工作表。除了单个工作表，在 Excel 中还可以选定多个工作表，这些工作表被临时组合在一起，可以同时完成一些操作。

4. 移动或复制工作表

在要移动或复制的工作表标签上按住鼠标左键并拖动到适当的位置后释放鼠标，即移动该工作表，如果按住【Ctrl】键再释放鼠标则是复制工作表。

5. 隐藏及显示工作表

在图 1-6-5 的快捷菜单中选择 "隐藏" 命令即可不显示被选定的工作表。要再次显示已隐藏的工作表时，只需在任意一个未被隐藏的工作表标签上右击，在弹出的快捷菜单中选择 "取消隐藏" 命令，在打开的 "取消隐藏" 对话框中选择需要恢复显示的工作表。

 ## 6.3　格式化及查看工作表

创建和编辑工作表后，通常还需要对工作表进行格式设置，使它们更美观，更易于阅读和理解。

6.3.1 格式化单元格内容

选定单元格或单元格区域后右击，在弹出的快捷菜单中选择"设置单元格格式"命令，打开"设置单元格格式"对话框，分别利用不同选项卡提供的选项，可以完成所有对单元格内容及单元格本身的格式设置。

在 Excel 中，如果把数字也看成一种文本的话，数字与普通文本的字体、字号、颜色、底纹等的设置方法与在 Word 中格式化文本的方法非常类似，通常使用"字体"组中的按钮即可完成格式设置。

此外，Excel 还为数值、日期/时间提供了更多的格式设置。利用"开始"功能区"数字"组提供的一组按钮 ☲ ‧ % ， ‧⁰ ‧⁰ 可以快速设置数值的会计数字格式、百分比样式和千位分隔样式以及增加/减少小数位数。更多的数值和日期/时间格式可在"数字格式"按钮 常规 提供的下拉列表中选择，或者右击，在弹出的快捷菜单中选择"设置单元格格式"命令，在"设置单元格格式"对话框"数字"选项卡中进行设置。

6.3.2 格式化单元格

单元格的格式化主要包括单元格的边框和底纹设置，以及单元格内容的对齐方式设置。

1. 设置单元格对齐

在 Excel 中，单元格默认在垂直方向上居中对齐，文本单元格默认水平左对齐，数值和日期/时间单元格默认水平右对齐。需要改变单元格的对齐方式时，除可以利用"开始"选项卡"对齐方式"组的一组按钮外，还可以单击"对齐方式"组右下角的对话框启动器按钮，打开"设置单元格格式"对话框"对齐"选项卡，分别设置水平对齐和垂直对齐的方式。

2. 添加边框

新建的 Excel 工作表单元格没有边框，默认情况下看到的灰色框线是辅助输入和编辑数据的网格线，在打印工作表时并不打印这些网格线。Excel 提供了三种方法可用于为单元格（区域）添加带颜色的边框：

（1）选定要添加边框的单元格或单元格区域后，在"开始"选项卡"字体"组单击"边框"下拉按钮，在弹出的下拉列表中选择希望的边框样式，Excel 将以当前颜色添加边框。

（2）选定要添加边框的单元格或单元格区域后，打开"设置单元格格式"对话框"边框"选项卡，添加多种线条样式和颜色的边框。

（3）在"边框"下拉列表中选择"绘制边框"或"绘制边框网格"命令，在工作表中拖动鼠标绘制边框。

3. 填充底纹

单元格的底纹颜色包括背景颜色、渐变颜色和图案颜色，均可在"设置单元格格式"对话框"填充"选项卡中设置。

6.3.3 单元格格式设置

Excel 2016 提供了多个高级格式化工具，包括预定义的单元格样式、表格样式和条件格式。

1. 单元格样式

应用单元格样式可以快速、便捷地设置单元格或单元格区域的格式。单元格样式包括在"设置单元格格式"对话框中可以设置的所有格式，即数字格式、字体、对齐方式、边框和填充。如果 Excel 内置的单元格样式不能满足要求，还可以自定义单元格样式。在"开始"选项卡"样式"组中单击"单元格样式"按钮，可以直接应用列出的样式，也可以新建单元格样式或从其他工作簿中复制单元格样式。

2. 表格样式

表格样式包括表格标题行及数据行的字体、边框和填充格式。套用表格样式更强调整个数据表区域的整体格式效果，包括标题行、汇总行、数据行和数据列的镶边效果。在"开始"选项卡"样式"组中单击"套用表格格式"按钮，可以直接应用列出的表格样式，也可以应用自己新建的表格样式。

Excel 2016 将应用了表格样式的数据表区域看作一个表格，单击该区域中的任意单元格后 Excel 工作窗口中将出现"表格工具–设计"选项卡，以便对表格进行进一步的设置。

3. 条件格式

条件格式是指当前单元格中的数据满足设定的规则（条件）时，系统自动为单元格应用预先设定的数字、颜色、边框和填充的格式组合，从而利用规则突出显示感兴趣的数据。这些规则包括：

（1）基于单个单元格内容的规则（突出显示单元格规则）：根据单元格内容是否包含指定的数字、文本或日期、是否大于或小于某个特定值，以及数据是否重复以不同格式进行显示。

（2）基于数值在单元格区域数值的位置的规则（项目选取规则）：对单元格区域内包含高于或低于平均值、排序靠前或靠后的单元格给予突出显示。

（3）基于数值在单元格区域数值的相对大小的规则：根据单元格区域内单元格所包含数值的大小，用不同长度的数据条、不同颜色及不同图标给予突出显示。

应用条件格式的操作均可利用"开始"选项卡"样式"组"条件格式"下拉列表（见图 1-6-6）完成。

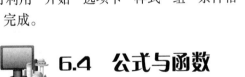

图 1-6-6　条件格式菜单

6.4　公式与函数

Excel 不仅能够创建工作表，还具有强大的计算功能。公式是 Excel 实现数据计算的重要方式，利用公式和 Excel 内置函数可以完成各种复杂的计算任务。

6.4.1　插入公式

公式是能够执行计算、返回结果、操作单元格或单元格区域内容、测试条件的等式。

1. 公式的组成

Excel 公式由等号 "=" 开头，包含运算符、常量、单元格引用和函数等。其中运算符和函数指明要完成的操作，常量和单元格引用则是公式和函数的操作对象。

1）运算符

运算符用于指定由公式执行的特定的数学运算。根据操作对象的不同，Excel 的运算符分为算术运算符、文本运算符、比较运算符和引用运算符四类，它们具有不同的运算优先级。

2）常量

常量是在公式中直接输入的数值或文本，如公式 "=125+138/22" 中的数字 125、138 和 22。在公式中使用文本字符串常量时，需要在字符串的左右加上英文符号的双引号。

3）单元格引用

单元格引用用于指向一个单元格或单元格区域，指明公式中参与计算的数据所在的单元格位置，以便在公式中调用这些数据。例如，在 B1 单元格中输入公式 "=A1+A2"，那么 B1 单元格将显示 A1 和 A2 两个单元格中数值之和。

4）函数

函数是预先定义好的、可以执行特定计算的公式，如求平方根。函数由函数名和放在一对小括号中的零到多个参数组成。函数名用于指明函数的功能并与其他函数进行区分，参数指明函数操作的对象，如函数 average(3,6,9) 返回数值 3、6 和 9 的平均值。

2. 输入和编辑公式

选定需要输入公式的单元格后，在单元格或编辑框中输入等号（=）后直接输入整个公式内容，然后按【Enter】键确认。如果公式中涉及单元格引用，也可以用鼠标选定相应单元格完成单元格引用的输入。

如果要修改已经输入的公式，可以双击公式所在单元格，或单击单元格后按【F2】键或单击编辑框，进入编辑状态后进行公式的编辑。

3. 应用公式时的常见错误

在 Excel 中输入公式时，可能由于输入不当或公式或函数应用不当，会导致 Excel 无法解析公式并输出正确结果。此时，Excel 会给出以 "#" 开头的错误值提示出现的问题，见表 1-6-1。

表 1-6-1　Excel 常见错误值

错误值	说　明
#DIV/0!	除数为零或除数引用的单元格为空
#N/A	没有可用数据，如某些公式的参数数据缺失
#NAME?	包含不能识别的文本，如函数名拼写错误或单元格引用的写法不正确
#NUM!	包含无效数字，如计算结果的数值过大，已超出 Excel 允许的数值范围
#REF!	引用的单元格不存在，如删除了原公式中引用的单元格
#VALUE!	参数或操作数类型错误，如两个单元格分别包含数字和字符串，对这两个单元格做加法运算

6.4.2　单元格引用

在 Excel 公式中经常使用单元格引用作为运算符或函数的操作对象，公式调用单元格引用指向的单元格区域中的数据。如果单元格中的数据发生变化，公式的结果也会相应地发生变化，使得公式的运用更加灵活、高效。

1. 单元格的引用方法

在公式中插入单元格引用有两种方式。一种是在输入公式的过程中，遇到需要单元格引用的地方时，直接用鼠标在工作表中选定要引用的区域，Excel 会自动将选定区域的单元格引用加到公式中。另一种方式是在公式中直接输入单元格引用。

2. 单元格引用的类型

如果将包含单元格引用的公式复制到了其他目标单元格中，目标单元格的公式中的单元格引用可能会发生变化。在 Excel 中，单元格引用有三种类型，即相对引用、绝对引用和混合引用。表 1-6-2 给出了单元格引用的含义及使用方法。

表 1-6-2　单元格引用的类型及使用

类　　型	说　　明	源单元格 A1 中的公式	目标单元格 B3 中的公式
相对引用	指公式所在单元格与所引用的单元格之间建立了距离相对关系。复制公式时，单元格引用会根据公式所在单元格的位置变化	=B1+C1	=C3+D3
绝对引用	指对特定位置单元格的引用（列标和行号前均加上符号 "$"）。复制公式时，单元格引用不会改变	=$B$1+$C$1	=$B$1+$C$1
混合引用	指所引用单元格的行和列中一个是相对引用而另一个是绝对引用。复制公式时，相对引用部分会发生变化，绝对引用部分不会改变	=$B1+C$1	=$B3+D$1

3. 定义和使用名称

在 Excel 中，名称可以是工作簿中单元格或单元格区域的标识，它的使用范围可以是某个工作表或整个工作簿。在公式或函数中使用名称来引用相应的内容，比使用单元格引用更加直观和易于理解，而且修改名称中的涉及单元格区域可以使应用了该名称的所有公式自动更新，从而提高工作效率。

定义名称的方法除了可以在 Excel 工作窗口的名称框中直接定义外，还可以在 "公式" 选项卡 "定义的名称" 组中单击 "定义名称" 按钮，在打开的 "新建名称" 对话框中指定名称、名称使用的范围以及引用的位置。

要在公式或函数中使用定义过的名称，只需在输入公式的过程中，在 "公式" 选项卡 "定义的名称" 组中单击 "用于公式" 按钮，在弹出的下拉列表中选择需要的名称即可。

6.4.3　函数

Excel 2016 提供了大量内置函数，涉及多个领域。

1. 插入函数

在 Excel 中，函数是公式的一部分，输入公式的过程中需要使用函数时，可以有多种方法插入函数。

1）使用 "自动求和" 列表

Excel 将五个常用函数（求和、平均值、计数、最大值、最小值）集中在 "自动求和" 列表中以方便使用。在需要插入以上公式的单元格上单击，然后单击"开始"选项卡"编辑"组（或"公式"选项卡"函数库"组）中的"自动求和"下拉按钮，在弹出的下拉列表中选择需要的函数（如"求和"），Excel 将自动确定参加运算的单元格区域，也可以自行修改函数中用到的单元格引用。

2）使用"插入函数"对话框

"插入函数"对话框根据用户选择的函数类别，列出该类别下包含的所有函数供用户进一步选择使用。它还能够根据用户输入的搜索关键词推荐函数，以便用户选择使用。选中要输入公式的单元格后，单击编辑栏左侧的"插入函数"按钮，或单击"公式"→"函数库"→"插入函数"按钮，即可打开"插入函数"对话框。在对话框中选择函数后，将进一步打开"函数参数"对话框，设置函数的参数（包括单元格引用以其他一些参数）。

3）使用"函数库"组

"公式"功能区的"函数库"组按照函数的类别提供了 Excel 支持的所有函数。单击相应函数类别的按钮将列出该类别下的所有函数。在函数列表中单击函数名，可以直接打开"函数参数"对话框进行设置。

4）直接在单元格中输入公式

对于简单、较熟悉的函数，可以像输入普通公式一样在输入"="后直接输入函数名及其参数。只需注意函数中出现的冒号、括号等标点符号必须是英文符号。

2. 常用函数

Excel 2016 提供了大量函数，有一些是日常使用 Excel 工作表数据时经常要用到的。表 1-6-3 列出了其中的一部分。可以利用"函数参数"对话框使用这些函数。

表 1-6-3　Excel 的常用函数

函　数	含　义	举　例
SUM	计算指定单元格区域内数值之和	SUM(A1:A9,C1:C9)
AVERAGE	计算指定单元格区域内数值的平均值	AVERAGE(B2:F8)
MAX / MIN	找出指定单元格区域内的最大/最小值	MAX(A2:H8)
ROUND	按指定的位数对数值进行四舍五入	ROUND(A1,2)
COUNT	计数指定单元格区域内包含数值的单元格数目	COUNT(A1:H10)
IF	根据是否满足指定条件在单元格中显示不同的内容	IF(E2>100,1.5,1.1)
COUNTIF	计算某个区域中满足指定条件的单元格数目	COUNTIF(A1:A10,">=40")
SUMIF	对满足条件的单元格区域内的数值求和	SUMIF(A1:A10,">=40")
CONCATENATE	将多个文本字符串合并为一个字符串	CONCATENATE(A1,A2)
LEFT / RIGHT	从一个文本字符串的第一个/最后一个字符开始返回指定个数的字符	LEFT(A5,3)
MID	从一个文本字符串中间某个字符开始返回指定个数的字符	MID("ABCDEFG",3,2)
YEAR / MONTH	返回日期中的年份/月份	YEAR(D3)

3. 常用统计函数

统计类函数是利用 Excel 进行数据分析时使用频率较高的一类函数，既包括简单的求和与计数函数，也包括分布趋势、线性拟合与预测、假设检验等统计学分析相关函数。

6.5　管理和分析数据

Excel 提供了排序、筛选、分类汇总等简单的数据分析功能，并提供了进行深入数据探索的数据透视表和数据透视图工具，利用它们可以从不同视角轻松地管理和分析数据。

6.5.1　数据排序

对数据进行排序有助于快速直观地显示数据并更好地理解数据，便于查找所需数据。Excel 2016 支持多种排序方法，排序的依据可以是数值或颜色，顺序可以是升序或降序，排序条件可以设置在一列或多列上（列标题称为关键字，最多可以按 64 个关键字排序）。

完成排序操作可选择"开始"选项卡"编辑"组"排序和筛选"下拉列表中的"升序""降序"和"自定义排序"命令，单击该列的任意单元格后，使用上述命令完成排序。对于复杂排序可以使用上述"自定义排序"命令或"排序"按钮打开"排序"对话框来完成。

6.5.2　数据筛选

在处理记录较多的数据时，可以利用筛选功能将暂时不需要分析的记录隐藏起来，使得数据分析的过程更加简洁明了。筛选功能可以分为简单筛选和高级筛选。

1. 简单筛选

简单筛选是指筛选出某一列满足指定条件的记录。筛选列表上方列标题单元格中的三角箭头按钮称为筛选按钮（选择"开始"→"编辑"→"排序和筛选"→"筛选"命令，或单击"数据"→"排序和筛选"→"筛选"按钮后，系统自动添加筛选按钮），单击该按钮即可显示筛选列表。

2. 高级筛选

尽管简单筛选可以按照多列进行筛选，但是这些列之间的筛选条件是"并"的关系。当多个筛选条件中包含"或"关系时，就要使用高级筛选功能。在数据表以外的空白单元格中输入筛选条件：

（1）筛选条件涉及的字段名写在同一行上，字段名下方输入相应的条件。

（2）"并"关系的条件放在同一行上，"或"关系的条件放在不同行上。

（3）定义了筛选条件后，单击"数据"→"排序和筛选"→"高级"按钮，在打开的"高级筛选"对话框中设置列表区域和条件区域即可。

6.5.3　分类汇总

Excel 提供的分类汇总功能是指按照某一字段的不同取值将记录划分为不同的类别，然后再按类别分别对一些字段进行统计汇总并显示结果。进行分类汇总时，首先要将分类字段中具有相同值的记录集中在一起，通常先排序，然后单击"数据"→"分级显示"→"分类汇总"按钮，打开"分类汇总"对话框进行设置。

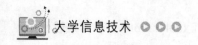

6.5.4 数据透视表

数据透视表是一个对数据表（数据源）进行动态汇总的交互式表格，能够快速汇总数据并生成交叉列表，具有很强的数据筛选和汇总功能。

1. 数据透视表的组成

数据透视表由报表筛选区、行标签区、列标签区和数值区组成。数据透视表根据报表筛选区字段的某些或全部取值显示汇总结果，行标签字段和列标签字段是数据透视表行上或列上的汇总分类字段，数值区则显示按分类字段对值字段进行汇总的结果。一个数据透视表至少要包含一个行和/或列标签以及一个值汇总项。

2. 创建数据透视表

在创建数据透视表时，首先创建一个空白的数据透视表，并显示"数据透视表字段"任务窗格。然后在该任务窗格中向数据透视表的每个区域添加字段，必要时对相应字段进行设置以完成数据透视表的设计。

3. 编辑数据透视表

完成创建数据透视表后，还可以对它进行适当编辑，以满足数据分析的需要。编辑操作包括更改汇总计算方式、排序和筛选数据透视表中的数据以及更新数据透视表等。

1）更改汇总计算方式

数据透视表的默认汇总方式是求和。如果需要使用其他汇总方式，则需要在"数据透视表字段"任务窗格中单击值字段的箭头按钮，并选择"值字段设置"命令，在打开的对话框中进行设置。

2）排序和筛选数据透视表数据

数据透视表的行标签和列标签单元格都提供了筛选按钮，利用筛选按钮可以对数据进行快速排序和筛选。

3）更新数据透视表

当工作表数据源发生变化时，Excel 不能自动更新所关联的数据透视表。更改数据源的任何内容后，在数据透视表上右击并选择"刷新"命令即可更新数据透视表。

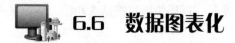 6.6　数据图表化

在 Excel 中，使用图表不仅可以形象、直观地展示数据，更有助于发现数据的内在联系。此外，Excel 的图表与工作表中的数据是动态关联的，具有自动实时更新的功能，提高了数据分析的效率。

6.6.1 图表应用概述

1. 图表的类型

Excel 2016 提供了 14 类图表，包括柱形图、线图、饼图、条形图、面积图、散点图等，每类图表还包含若干子图表类型。这些图表有各自不同的应用场合，所表达的数据意义和作用是不同的。

2. 图表的组成要素

图表通常由图表标题、坐标轴、数据系列、图例等元素构成。

（1）图表标题：概括图表的主要内容，一般位于图表的上方或下方中央。

（2）坐标轴：根据图表所表示的数据类型，坐标轴被分为数值轴和分类轴两大类。数值轴的刻度严格而准确地表示了观察指标在数量上的差异。

（3）数据系列：图表中相关数据点的集合，主要包括表示数值的几何形状、线条、符号等元素，并以颜色、图案等加以区分。

（4）图例：说明数据系列中形状、符号、颜色、图案等的含义。

6.6.2　创建和编辑图表

1. 创建图表

通常情况下，创建图表之前先要选定包含生成图表所需数据的单元格区域（称为数据源）。如果明确知道需要创建的图表类型，则在"插入"选项卡"图表"组中单击相应图表类型按钮并进一步选择子图表类型，Excel 将以默认的布局和样式创建选定类型的图表。如果不能确定图表类型，则可在"插入"选项卡"图表"组单击对话框启动器按钮，打开"插入图表"对话框，根据 Excel 提供的图表预览选择合适的图表。

2. 编辑图表

创建图表之后还有可能对图表的各组成要素进行调整，如调整图例和数据系列的位置、添加或删除图表及坐标轴标题，甚至更改图表类型和数据源以达到满意的效果。分别在"图表工具-设计"选项卡的"类型"组、"数据"组及"图表布局"组更改图表的类型、数据源及布局。

3. 添加图表元素

Excel 直接创建出来的图表有时缺少一些必要的图表元素，如图表标题、坐标轴标题、图例等。单击"图表工具-设计"→"图表布局"→"添加图表元素"按钮，在弹出的列表中选择相应的图表元素，Excel 会自动添加这些元素，或者添加元素的占位符后再行修改。

6.6.3　图表格式化

对图表进行格式化主要是指对图表的组成部分进行格式设置。根据设置对象的不同，Excel 2016 将图表的格式选项集中在以图表元素命名的格式面板中，并按"填充和线条""效果""大小与属性"以及图表元素特定的格式组织起来。单击要设置格式的图表内容，或在"图表工具-格式"选项卡"当前所选内容"组中展开上方文本框的下拉列表，选择图表元素后，单击该组中的"设置所选内容格式"按钮，即可显示格式面板。

6.6.4　数据透视图

数据透视表是一个对数据表（数据源）进行动态汇总的交互式表格，数据透视图则是进行动态汇总的交互式图表。数据透视图结合了数据透视表和普通图表的功能和作用，与普通图表的主要区别在于其数据源是数据透视表而不是普通的单元格区域。此外，对数据透视图同样可以进行编辑、布局、格式设置，方法与对普通图表进行的操作类似。

在数据透视图中，可以利用轴（类别）字段或图例（系列）字段的筛选按钮，动态查看所关心类别的汇总结果。

第7章 PowerPoint 2016 演示文稿制作

PowerPoint 成为人们日常办公、教学等方面的重要组成部分，利用 PowerPoint 2016 不仅可以使用不同的对象展示内容，还可以在演示文稿中添加音频、视频、超链接、动画等对象，从而制作出更加直观、生动的演示文稿。

7.1 PowerPoint 2016 概述

PowerPoint 2016 是 Office 2016 系列套装办公软件的一个重要部分，广泛应用在总结报告、广告宣传、产品演示、职场演讲、工作汇报、培训教学等众多领域。

7.1.1 PowerPoint 2016 简介

作为一款专业的演示文稿制作软件，PowerPoint 2016 新增功能如下：

（1）新增五个图表类型：树状图、旭日图、直方图、箱形图、瀑布图。

（2）屏幕录制：可以选择录制区域、音频以及录制指针，并能将录制的视频插入幻灯片中。

（3）新增彩色和黑色主题色彩，其中，彩色是默认的主题色彩。

（4）设计器：计算机连接网络时，设计器能根据幻灯片的内容自动生成多种多样的设计版面效果。

（5）墨迹书写：可以手绘一些图形及文字，将其转换为形状直接进行形状效果设置。

（6）墨迹公式：手动书写需要的公式，插入幻灯片中。

（7）高清 1080P 视频：PowerPoint 2016 支持将演示文件导出为 1080P 视频。

7.1.2 PowerPoint 2016 的工作环境

1. PowerPoint 2016 的窗口界面

启动 PowerPoint 2016 后，其程序主界面如图 1-7-1 所示，主要由快速访问工具栏、标题栏、"文件"按钮、功能区、幻灯片编辑区、幻灯片窗格、状态栏、滚动条及视图工具栏组成。

2. PowerPoint 2016 的视图模式

PowerPoint 2016 提供了五种视图：普通视图、大纲视图、幻灯片浏览视图、备注页视图和阅读视图。可以在"视图"选项卡"演示文稿视图"组中选择演示文稿显示的视图模式，或单击状态栏右侧的视图按钮进行视图之间的切换。

图 1-7-1　PowerPoint 2016 工作界面

1）普通视图

默认的视图模式，每次显示一张幻灯片，是主要的编辑视图。普通视图包含三个窗格：幻灯片/大纲选项窗格、幻灯片窗格、备注窗格，可以通过拖动窗格分割条位置调整各个窗格的大小。

2）大纲视图

用于查看、编排演示文稿的大纲，主要显示幻灯片文本部分。在大纲视图中，扩展了幻灯片/大纲选项窗格和备注窗格，压缩了幻灯片窗格。

3）幻灯片浏览视图

幻灯片以缩略图的方式排列，以便于查看每张幻灯片的总体结构，在幻灯片之间添加、删除和移动幻灯片的前后位置，查看幻灯片的动画设计、放映设置和幻灯片切换设置，改变幻灯片的版式和设计模板等，但不能编辑单张幻灯片中的具体对象。

4）备注页视图

备注页视图中页面主要包含幻灯片缩略图和备注部分。在此视图模式中，可以编辑和修改备注信息，添加图表、图片、表格等对象，但不能修改幻灯片本身的内容。

5）阅读视图

此视图模式以全窗口方式放映幻灯片，窗口只包含标题栏和状态栏。可以查看设计好的演示文稿的所有演示效果，实现幻灯片的播放。

7.1.3　演示文稿的基本操作

演示文稿每一页称为幻灯片。幻灯片是演示文稿的基本组成单位，一个演示文稿中可以包含多张幻灯片。

1. 新建演示文稿

新建演示文稿包括新建空白演示文稿、根据在线模板新建演示文稿和根据主题新建演示文稿。选择"文件"→"新建"命令，实现新建演示文稿。

2. 保存演示文稿

保存演示文稿包括保存新建的演示文稿、保存已有的演示文稿、另存演示文稿、保存演示文稿到 OneDrive 中。OneDrive 是 PowerPoint 2016 的一个云存储服务，使用 OneDrive 可以实现演示文稿的存储和共享，使用 OneDrive 时，需建立 PowerPoint 账户的电子邮箱和密码，登录后可以直接使用。

3. 打开及关闭演示文稿

打开演示文稿包括打开计算机中保存的演示文稿和打开 OneDrive 中保存的演示文稿。关闭演示文稿的方法与关闭其他 Office 软件中文档的方法类似。

4. 在幻灯片窗格中操作幻灯片

在幻灯片窗格中选择一张幻灯片，右击打开图 1-7-2 所示的幻灯片操作快捷菜单，可实现幻灯片的新建、复制、删除等操作。

（1）新建幻灯片：选择"新建幻灯片"命令，可在所选幻灯片下方新建一张默认版式的幻灯片。

（2）复制幻灯片：单击"复制"按钮复制选中幻灯片，在幻灯片选项卡中选定目标幻灯片后，单击"粘贴选项"中的任一按钮，将被复制的幻灯片按粘贴选项要求粘贴到目标幻灯片之后。

（3）删除幻灯片：选择"删除幻灯片"命令，或按【Delete】键可删除选中的幻灯片。

图 1-7-2　幻灯片操作快捷菜单

7.2　文本的输入与编辑

文本是演示文稿传递信息的主要手段之一，PowerPoint 中可以输入标题、占位符、备注等文本内容，并能编辑和设置文本的字体、段落格式等。

7.2.1　输入文本

可以在幻灯片的文本占位符中输入文本，或者在幻灯片中插入文本框后添加文本，也可以将外部文档中的文本导入幻灯片。对输入的部分及全部文本可以设置格式效果。

1. 在占位符中输入文本

幻灯片中带有虚线或阴影线边缘的框是占位符，如图 1-7-1 所示。在幻灯片自带的占位符中，不仅可以插入标题、正文文本，也可以插入图表、表格和图片等对象。文本占位符中输入的文本通常已预设特定的文字格式。

2. 在文本框中输入文本

先插入文本框，单击"插入"→"文本"→"文本框"下拉按钮，在弹出的下拉列表中选择"横排文本框"或"垂直文本框"命令，在幻灯片中需要插入文本框的位置单击，插入一个文本框，或在需要的位置拖动绘制一个文本框。在单击插入的"横排文本框"内输入文本时，文本横向输入，文本框的大小随所输入汉字的字号和个数而定；而在绘制的"横排文本框"内输入文本时，文本框的宽度固定，高度随输入汉字字号和个数而定。

3. 从外部文档导入文本到幻灯片

可以将外部文档的文本导入占位符和文本框,将光标定位到需插入文本的文本框或占位符,单击"插入"→"文本"→"对象"按钮,打开"插入对象"对话框,选中"由文件创建"单选按钮,单击"浏览"按钮,选择需导入的文档,实现从外部文档导入文本到幻灯片。

4. 设置文本效果格式

选中需要设置效果的内容或整个文本框或占位符,窗口中将增加"绘图工具–格式"选项卡。在此功能区中可以设置文本框或占位符的边框和填充色的搭配效果;文本框或占位符中文本的格式;文本框不同的排列效果、对齐方式及旋转效果等。

7.2.2　添加项目符号或编号

项目符号和编号是放在文本前的符号或编号,用以增强文档的层次结构。

1. 添加项目符号

单击"开始"→"段落"→"项目符号"下拉按钮,图1-7-3所示面板中显示的是PowerPoint内置的项目符号。另外,通过选择图1-7-3中下方的"项目符号和编号"命令打开图1-7-4所示的"项目符号和编号"对话框,通过单击"图片"按钮和"自定义"按钮可将需要的其他图片或符号作为新的项目符号。当添加了新的项目符号再回到图1-7-3所示的基础符号栏时,其中已增加了新选择的图片或符号。

图1-7-3　"项目符号"菜单

图1-7-4　"项目符号和编号"对话框

2. 添加项目编号

单击"开始"→"段落"→"编号"下拉按钮,可在打开的"编号"面板中选择需要添加的项目编号,也可选择"无"命令取消已添加的项目编号;项目编号大小、颜色设置和项目符号类似;在"编号"面板中选择"项目符号和编号"命令时打开图1-7-4中的"项目符号和编号"对话框"编号"选项卡,可在其中"起始编号"数值框内设置幻灯片的起始编号。

7.2.3　设置段落格式

段落格式的设置包括段落对齐方式、段落缩进、间距和文字方向等,它们均可通过单击"开始"选项卡"段落"组中的对话框启动器按钮,在打开的"段落"对话框中实现。

7.3 主题与母版

主题和母版存储了幻灯片的大部分信息，极大地方便了演示文稿的设置。

7.3.1 版式

为了使幻灯片能有效地展现信息，可以根据幻灯片的内容设置幻灯片的版式和大小。

1. 版式设置

幻灯片版式包含了幻灯片上显示的全部内容的格式设置、位置和占位符，展现的是幻灯片上文本、列表、表格、图表、形状等元素的排列方式。PowerPoint 2016 提供了 11 种内置幻灯片版式，如图 1-7-5 所示。用户也可以在幻灯片母版视图下根据需要自定义版式，使幻灯片的内容排版更合理。

选择需更改版式的幻灯片，单击"开始"→"幻灯片"→"版式"按钮，在弹出的下拉列表中选择需要的版式，将所选版式应用于幻灯片。

2. 大小设置

幻灯片大小的设置直接影响着幻灯片的展示效果，为使幻灯片上的所有内容得到有效展现，可以根据需要修改幻灯片的大

图 1-7-5　内置的幻灯片版式

小。PowerPoint 2016 提供了两种幻灯片大小，标准（4∶3）和宽屏（16∶9），默认的大小是宽屏。

7.3.2 主题

主题能为演示文稿中的标题、文字、图表、背景等提供一套完整的格式设置集合。PowerPoint 2016 中提供了各式各样的内置主题样式，不同的主题样式设置了不同的主题颜色、主题文字和主题效果。

1. 应用内置主题

单击"设计"→"主题"→"其他"按钮，展开主题面板，如图 1-7-6 所示，选择其中一种主题样式，为演示文稿应用该主题。PowerPoint 2016 新增了黑色和彩色两种主题色，彩色是默认的主题色。当鼠标指针悬停于某个主题时，显示主题名称。

图 1-7-6　PowerPoint 提供的所有主题

2. 编辑主题

内置主题不能满足要求时，可对主题进行编辑，包括更改主题变体及更改主题颜色、字体、效果。

对于提供了变体功能的主题，在对该主题使用变体功能后可对其中设计的变体如背景颜色、形状样式上的变化进行更改，可在"设计"选项卡"变体"组中选择需要的主题变体。

在"设计"选项卡"变体"组中单击"其他"按钮，弹出图 1-7-7 所示的下拉列表，在其中可分别单击"颜色""字体""效果"或"背景样式"，在其下拉列表中可实现主题颜色、字体、效果、背景样式的更改。

3. 自定义主题

除了可对演示文稿使用内置主题并能随应用编辑主题外，用户还能根据需要自定义主题，并保存自定义主题。

选中需要应用主题的幻灯片，在"设计"选项卡"主题"组中选中一个主题，将该主题应用于所有幻灯片；若右击主题，则弹出图 1-7-8 所示的快捷菜单，可设置主题的应用范围。

图 1-7-7 "变体"组中"其他"按钮

图 1-7-8 "主题"快捷菜单

7.3.3 母版

母版是演示文稿的重要组成部分，是演示文稿中所有幻灯片的页面格式。母版能为幻灯片设置统一的版式和样式，记录幻灯片的布局信息。PowerPoint 2016 包括三种母版：幻灯片母版、讲义母版和备注母版。

1. 幻灯片母版

幻灯片母版存储了有关演示文稿的主题和幻灯片版式的设计信息，如文本和对象的大小，及其在幻灯片中的位置、背景、颜色、主题等。每个演示文稿至少包含一个幻灯片母版，当编辑幻灯片母版时，其中对应的幻灯片效果随之变化，无须在多张幻灯片上输入相同的信息，节省了时间、提高了效率。

2. 讲义母版

单击"视图"→"母版视图"→"讲义母版"按钮，进入讲义母版视图。在"讲义母版"选项卡"页面设置"组中，可选择预览和打印演示文稿的讲义格式，以及对页面进行设置等。

3. 备注母版

单击"视图"→"母版视图"→"备注母版"按钮，进入备注母版视图。在此视图中可编辑母版的各级标题样式和母版的各级文本样式。

7.4 插入对象

可在 PowerPoint 2016 中插入的对象主要有表格、图表、SmartArt 图形、图片、形状、音频、视频等。

7.4.1 插入图表和图形

图表以图形的方式显示表格中数据，插入图表前可先插入表格，图表比表格更有助于直观地分析数据；而 SmartArt 图形能清楚地表达各部分之间的关系。

1. 插入和编辑表格

PowerPoint 2016 的很多固定版式幻灯片中的占位符都包含表格图标，利用该图标插入表格；当版式中不包含表格图标时，可以直接在幻灯片中插入表格，也可以用画笔手动绘制表格。具体操作和 Word 中插入表格的方法类似。

2. 插入和编辑图表

图表是以图形化的形式显示表格中的数据，根据数据及应用的不同选择不同的图表，PowerPoint 2016 提供了十七种类型的图表。

3. 插入 SmartArt 图形

SmartArt 图形常用于直观地显示各部分之间的关系，如附属关系、并列关系等。PowerPoint 2016 提供了八种类型的 SmartArt 图形，每种类型又有多种布局，如图 1-7-9 所示。

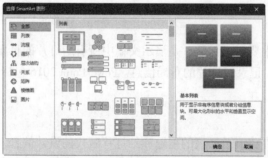

图 1-7-9 "选择 SmartArt 图形"对话框

插入 SmartArt 图形后，先在 SmartArt 图形中输入需要的文本。选中插入的 SmartArt 图形后，PowerPoint 窗口中增加了两个选项卡："SmartArt 工具-设计"和"SmartArt 工具-格式"。SmartArt 图形的编辑均在这两个选项卡中实现。

7.4.2 插入多媒体对象

为了增强演示文稿的播放效果、改善演示文稿放映时的视听效果、丰富演示文稿的表现形式，可以在制作演示文稿的过程中插入多媒体对象。

1. 插入音频

PowerPoint 2016 支持的音频文件格式主要有：ADTS、AIFF、AU、MP3、MPEG-4、Windows 音频文件和 MIDI、Windows Media Audio 文件等。PowerPoint 2016 插入的音频有"PC 上的音频"

和"录制音频"两个来源。单击"插入"→"媒体"→"音频"下拉按钮，在弹出的下拉列表中选择音频的来源，将音频插入幻灯片中，可对音频进行编辑。

2. 插入视频

为了使演示文稿播放时更加生动有趣，用户除了可以在演示文稿中插入音频文件，还可以插入视频文件，并进行编辑。

3. 插入屏幕录制

屏幕录制是 PowerPoint 2016 的一个新功能，使用此功能可录制屏幕正在进行的任何内容并将其插入演示文稿中。

7.4.3　制作图文并茂的演示文稿

幻灯片中除了可插入图表和图形、音频和视频外，还可以插入图标、图片、形状和相册，制作图文并茂的演示文稿，增强演示文稿的演示效果。

1. 插入图片

图片是制作演示文稿时必不可少的元素，幻灯片中合理应用图片可制作出形象生动的演示文稿。幻灯片中可以插入计算机中保存的图片、联机图片和屏幕截图等图片。

单击"插入"→"图像"→"图片"按钮，打开"插入图片"对话框，选择计算机中保存的图片文件后在幻灯片中插入图片；单击"插入"→"图像"→"联机图片"按钮，打开"插入图片"对话框，如图 1-7-10 所示。在"必应图片搜索"搜索框中输入插入图片的关键词，单击"搜索"按钮，开始搜索并在对话框中显示搜索到的相关图片，单击"插入"按钮将联机图

图 1-7-10　"插入图片"对话框

片插入幻灯片中（注：插入联机图片时需先登录用户账号）；单击"插入"→"图像"→"屏幕截图"按钮，打开下拉列表，可在其中选择一个窗口插入，也可在弹出的下拉列表中选择"屏幕剪辑"命令，截取所需图片插入幻灯片。

选中插入的图片后 PowerPoint 窗口中增加"图片工具-格式"选项卡，插入图片的编辑都在其对应的功能区实现。

2. 插入形状

制作幻灯片时，借助形状能实现幻灯片内容的灵活排列。形状可以是 PowerPoint 内置的，也可以是用户根据自己需要绘制的。

单击"插入"→"插图"→"形状"按钮，弹出"形状"面板。在该面板选择需要的形状插入幻灯片。选中插入的图片后 PowerPoint 窗口中增加"绘图工具-格式"选项卡，插入形状的编辑都在此功能区实现。

3. 插入相册

使用相册功能可将批量图片导入演示文稿幻灯片中，制作个性化相册。单击"插入"→"图像"→"相册"下拉按钮，在弹出的下拉列表中选择"新建相册"命令，打开"相册"对话框。

单击"文件/磁盘"按钮打开"插入新图片"对话框，插入图片返回"相册"对话框，在"相册版式"区域，根据需要设置图片版式；在"相册中的图片"区域有图片选中时，可调整图片顺序、亮度、对比度等，单击"创建"按钮即可创建一个新演示文稿。

7.5 超链接和动作

默认放映幻灯片是按幻灯片的顺序放映。超链接和动作可以帮助演示文稿实现幻灯片之间或幻灯片和其他文件之间的交互。PowerPoint 可以使用动作设置、超链接和动作按钮三种方法实现交互功能。

7.5.1 创建超链接

超链接可以实现从一张幻灯片到同一演示文稿的另一张幻灯片，或者从一张幻灯片到不同演示文稿中的另一张幻灯片、电子邮件地址、网页以及文件的交互。在普通视图下，选择需要设置超链接的对象，单击"插入"→"链接"→"超链接"按钮，或右击选择"超链接"命令，打开图 1-7-11 所示的"插入超链接"对话框，在"链接到"栏中可供选择链接的目标位置有：现有文

图 1-7-11 "插入超链接"对话框

件或网页、本文档中的位置、新建文档、电子邮件地址，可选择不同的目标位置实现超链接。

对于已设置了超链接的文本或对象，再次选中文本或对象，使用上述方法插入超链接时，打开"编辑超链接"对话框，或右击选择"编辑超链接"命令，打开"编辑超链接"对话框实现超链接的编辑。另外，在打开的"编辑超链接"对话框中选择"删除超链接"命令，或右击选择"取消超链接"命令，可取消超链接。

7.5.2 创建动作

除了超链接外，添加动作按钮和动作也可以实现幻灯片之间或幻灯片和其他文件之间的交互。选择幻灯片中的一个对象，如文本、图片、形状等，单击"插入"→"链接"→"动作"按钮，打开"操作设置"对话框，可以为所选对象添加一个操作，使演示文稿在放映过程中，单击鼠标或鼠标悬停时该对象时可以完成某个动作。

动作按钮是可以添加到幻灯片中的 PowerPoint 内置形状按钮，是常被用于转到下一张、上一张、最后一张等默认的按钮。单击"插入"→"插图"→"形状"按钮，在弹出的下拉列表中的"动作按钮"区域选择需要的动作按钮。

7.5.3 设计动画效果

动画可以提高演示文稿的趣味性，增强演示文稿的视觉效果，使演示文稿的内容更丰富。在制作演示文稿时，允许用户插入文本、图形、图像、声音和视频等对象，并可为这些对象添加动画效果。添加自定义动画时，既可以为某个对象单独使用某种动画效果，也可以将多种效

果组合在一起。除此之外，还可以根据需要设置幻灯片之间的切换效果。

1. 自定义动画

PowerPoint 2016 提供了四种类型的动画效果："进入"动画、"强调"动画、"退出"动画和动作路径。每种动画效果包含多种相关的动画。

（1）"进入"动画：设置对象从无到有、陆续展现的动画效果。

（2）"强调"动画：设置对象从初始状态到另一个状态，再回到初始状态的动画效果。

（3）"退出"动画：设置对象从有到无、逐渐消失的动画效果。

（4）动作路径：让对象沿特定的轨迹运动的动画效果。除了 PowerPoint 2016 内置的路径，还可以自定义路径，控制对象按照用户自己定义的轨迹运动。

2. 编辑动画

为对象添加动画效果后，还可以设置动画的效果选项、动画的播放顺序和计时等。单击"动画"→"动画"→"效果选项"按钮，在打开的下拉列表单中可以修改每种动画的效果属性。

默认情况下，对象的播放顺序是根据动画添加的先后顺序实现的。为了精确设置、调整多个动画之间的播放效果，可单击"动画"→"高级动画"→"动画窗格"按钮，通过调整这些动画的位置实现动画的播放顺序调整。

3. 幻灯片的切换效果

幻灯片的切换效果是指幻灯片放映时幻灯片之间进行切换的一种特殊显示方式。PowerPoint 提供的幻灯片的切换效果分为：细微型、华丽型和动态内容三类。

选中设置切换效果的幻灯片，单击"切换"→"切换到此幻灯片"→"其他"按钮打开幻灯片切换方案列表，根据需要选择所用的切换方案。

7.6　幻灯片的放映

制作幻灯片的目的就是放映，将设置好的幻灯片以更合理的方式呈现。幻灯片放映就是以全屏方式演示、浏览幻灯片。

7.6.1　放映幻灯片

幻灯片放映是幻灯片设置的最终和重要环节。

1. 放映设置

放映幻灯片之前，可先对幻灯片的放映方式进行设置，如放映类型、排练计时和录制旁白等。

1）放映类型

根据放映环境的不同，PowerPoint 2016 提供了三种放映类型：演讲者放映（全屏幕）、观众自行浏览（窗口）和在展台浏览（全屏幕）。单击"幻灯片放映"→"设置"→"设置幻灯片放映"按钮，打开图 1-7-12

图 1-7-12　"设置放映方式"对话框

所示的"设置放映方式"对话框，在此对话框中设置幻灯片放映的属性。

（1）演讲者放映（全屏幕）：最常见的一种放映方式，是以全屏幕的方式放映演示文稿。在这种方式下，演讲者具有完整的控制权。

（2）观众自行浏览（窗口）：演示文稿以小型窗口的形式播放，窗口是带有导航菜单或按钮的标准窗口。

（3）在展台浏览（全屏幕）：手动切换或通过设置好的排练时间自动切换幻灯片，在每次放映完毕后会自动循环播放。

2）排练计时和录制旁白

用户根据演讲或课程的长短，希望幻灯片按照规定的时间自行播放，可以利用排练计时功能精确地记录每张幻灯片的播放时间，并且还可以录制旁白作为演示文稿的解说。

排练计时是在播放时采用手动换片的方式，PowerPoint 自动记录其播放的时间长度。如果以后播放时选择了使用排练计时，则演示文稿按照记录的时间自行播放。单击"幻灯片放映"→"设置"→"排练计时"按钮，进入幻灯片放映视图，并弹出图 1-7-13 所示的"录制"面板。面板中部是当前幻灯片的放映时间；右侧是整个演示文稿的播放时间；按钮↩用于重新开始录制当前幻灯片；按钮▌▌可以暂停当前排练计时的录制。当放映结束时，将弹出确认对话框，可根据需要决定是否保留排练计时。

图 1-7-13　"录制"面板

可以采用录制幻灯片的功能为演示文稿添加旁白或墨迹标注。单击"幻灯片放映"→"设置"→"录制幻灯片演示"按钮，在弹出的列表中选择"从头开始录制"或"从当前幻灯片开始录制"命令，打开"录制幻灯片演示"对话框，其中包括"幻灯片和动画计时"和"旁白、墨迹和激光笔"两个复选框，可以只选择其中一项或同时选择两项，单击"开始录制"按钮开始录制。

设置了排练计时，或者为演示文稿录制了旁白后，可以根据需要清除。单击"幻灯片放映"→"设置"→"录制幻灯片演示"按钮，在其下拉列表中选择"清除"命令，其子菜单中包括"清除当前幻灯片的计时""清除所有幻灯片的计时""清除当前幻灯片的旁白"和"清除所有幻灯片的旁白"。

2. 放映幻灯片

主要有两种放映幻灯片的方法：从头开始和从当前幻灯片开始。按【F5】键或单击"幻灯片放映"→"开始放映幻灯片"→"从头开始"按钮，可以从头开始放映幻灯片。若要从当前幻灯片开始放映，则可按【Shift+F5】组合键，单击"幻灯片放映"→"开始放映幻灯片"→"从当前幻灯片开始"按钮，或者单击状态栏右侧的幻灯片方式视图按钮🖵。

3. 放映控制

设置放映类型为"演讲者放映"（全屏幕）或"观众自行浏览（窗口）"时，在放映的过程中右击，可以弹出图 1-7-14 所示的放映控制菜单。选择"上一张"和"下一张"进行翻页。另外，按【N】、【Enter】、【PageDown】、【↓】、【丨】键或空格键均可进入下一张幻灯片；按【P】、【PageUp】、【↑】、【←】或【Backspace】键均可退回上一张幻灯片；数字键 n+【Enter】键可定位到第 n 张

图 1-7-14　放映控制菜单

幻灯片。选择菜单中的"屏幕"用于显示黑屏、白屏或切换程序，选择"指针选项"启动"笔"或"荧光笔"在屏幕做标注。

　　需要注意的是，如果幻灯片中有对象动画，进到下一张幻灯片或退回上一张幻灯片的操作都是使动画前进，而不会直接切换幻灯片。当幻灯片上的所有对象动画播放完后才切换到下一张幻灯片。

7.6.2　分节显示幻灯片

　　分节显示能更好地实现幻灯片的分类管理和查看。节和文章中的小标题类似，一节就是一个小标题，幻灯片类似于文章里的内容。通过分节可以使幻灯片按照内容或其他类别进行分组，并可为每节应用不同的版式或主题，从而使演示文稿的结构更加清晰、整体框架思路更加明了。

第8章　Visio 2016 办公绘图软件应用

Visio 是微软公司出品的一款专业的办公绘图软件,借助于丰富的模板、模具和形状等资料,可以帮助用户轻松地完成各类图表的绘制。其应用广泛且操作简便,绘图精美,深受广大用户喜爱,在同类软件中具有较高的美誉。

Visio 2016 与以往版本相比,不仅操作界面有变化,其在数据连接、图形形状和信息管理方面的功能也有增加和改进。Visio 已成为当今较为流行的绘图软件之一。

8.1　Visio 2016 简介

Visio 2016 是 Office 系列办公套件中的一个组成部分,但它是作为单独的应用程序出现的,并没包含在一般的 Office 2016 套件之中。

8.1.1　Visio 2016 的主要版本与功能

Visio 2016 标准版内置了丰富的模具,具有强大的图表绘制功能。丰富的形状和模具可以帮助用户轻松地创建多重用途的图表。除了可适用于所有图表类型的新功能外,Visio 2016 标准版还支持用户通过浏览器共享图表,同时可利用 SharePoint 中的 Visio Services 与未安装 Visio 的用户共享信息。

在标准版的基础上,专业版还拥有经过更新的模板、形状和样式,支持个人和团队创建和共享专业和多用途的图表,具有多用户同时处理一个图表和将图表连接到数据的功能。专业版支持"信息权限管理",可以预防信息泄露。除此之外,还加入了 Office 式体验创新功能,用户可以体验暗色主题、操作说明搜索及图表创建和协作需要等功能。

8.1.2　Visio 2016 的应用范围

Visio 2016 作为微软的商业图表绘制软件,具有操作简单、功能强大、可视化等优点,深受广大用户喜爱。现在已被广泛地应用于软件设计、办公自动化、项目管理、广告、企业管理、建筑、电子、通信及日常生活等众多领域。

8.2　Visio 2016 的工作界面

Visio 2016 与以前的版本相比,工作界面更具美观性和实用性。这种界面改变了以往使用的菜单系统，取而代之的是功能区等，将所有功能都以工具图标的形式在功能区上展示出来，这样更加方便用户使用。其工作界面如图 1-8-1 所示。

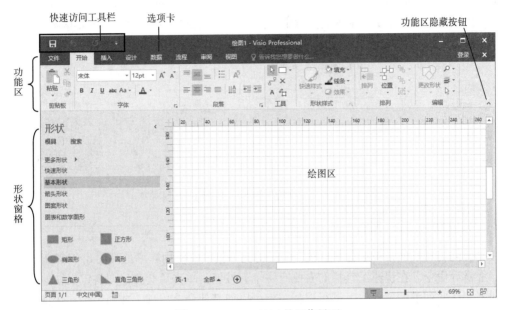

图 1-8-1　Visio 2016 的工作界面

8.2.1　功能区

Visio 2016 以功能区形式取代了传统的菜单命令，功能区内包含多个选项卡，各种操作命令依据功能的不同被置在不同的选项卡内，选项卡内再按使用方式进行分组。这种界面与传统的菜单相比更加直观，使用的命令都以图标形式出现在功能区，使人一目了然。"开始"选项卡上是最常使用的命令，如图 1-8-2 所示，而其他选项卡上的命令则用于特定的目的。

图 1-8-2　Visio 2016 的功能区

功能区所包含的选项卡，除了图 1-8-2 中所展示的以外，还有一种是"上下文关联"的选项卡，当选定特定操作对象时才会动态出现。例如在绘图区内插入一张图片，当选择该图片时，就会出现图 1-8-3 所示的"图片工具"选项卡。

图 1-8-3　上下文关联的选项卡

此外功能区内命令组里还有一些标记具有特定含义。有的命令图标旁边带有"▾"按钮，单击这个标记，会弹出隐藏的其他相关命令列表；还有些组的右下角会有"▣"按钮，也称为对话框启动器按钮，单击会弹出本组命令的对话框，显示出更多丰富的操作命令。另外当将光标置于某个命令图标之上时，稍做停留就会显示出有关该命令图标的提示信息，如图1-8-4所示。

图1-8-4　功能区中的特殊标记与提示信息显示

8.2.2　快速访问工具栏

快速访问工具栏通常位于标题栏内，一般情况下仅放置使用频率最高的几个命令，如保存、撤销、重复等命令。在快速工具栏的右侧有一个▾按钮，单击后会弹出"自定义快速访问工具栏"列表，在此列表的菜单项上进行选择，就可以使其他命令出现（或消失）在快速访问工具栏中；选择最下方的"在功能区下方显示"命令，会将快速访问工具栏放在功能区下方，成为一个独立的工具条，如图1-8-5所示。

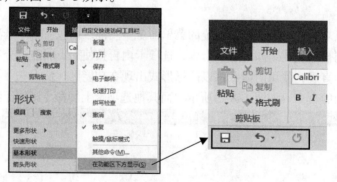

图1-8-5　快速访问工具栏

8.2.3　形状窗格

形状窗格显示的是当前文档中已经打开的所有模具。所有已打开模具的标题栏均堆叠于形状窗格的顶部。单击模具的标题栏，在窗格下方会显示出该模具中的所有形状，如图1-8-6所示。

在每个模具标题栏单击打开后，其顶部（在浅色分割线上方）都有一个"快速形状"区域，这里放置的是本模具组中最常使用的形状。如果要添加或删除这里的快速形状，只要将所需形状拖入或拖出"快速形状"区域即可。通过将形状拖放到不同的位置可以重新排列模具组中各快速形状的位置顺序。

如果打开了多个模具，并且每个模具中都有需要的几个形状，就可以单击形状窗格上方的"快速形状"选项卡，这样当前打开文档中的所有模具的快速形状都将集中显示在一起，如图1-8-7所示。

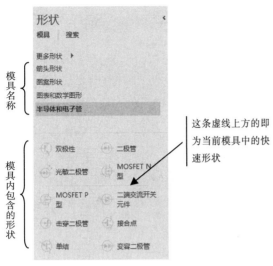

图 1-8-6　形状窗格

图 1-8-7　快速形状

8.2.4　状态栏

状态栏位于 Visio 软件的最下方。状态栏中除了显示当前页数、页码等内容外，还包含了几个非常有用的功能，如录制宏、视图切换、全屏显示、当前绘图区的缩放以及多个工作窗口的切换等，如图 1-8-8 所示。

图 1-8-8　状态栏

在状态栏上右击，会弹出"自定义状态栏"的快捷菜单，在对应项上单击可以设定状态栏上项目的显示与隐藏，如图 1-8-9 所示。

8.2.5　绘图区

绘图区是 Visio 软件中最主要的部分，如图 1-8-10 所示。使用 Visio 进行绘图时，只要从形状窗格内拖动形状到绘图区并放置就完成了最简单的图的绘制。绘图区以一个带有网络的页面形式展现，在这个区域的上方和左侧有标尺栏，用来辅助定位形状的摆放位置；右侧和右下角有滚动条，用来滚动绘图页面以显示更大的绘图区域；左下角为"导航"按钮和"页面切换""新建页面"按钮，即可以通过"导航"按钮在多个不同页面间切换，也可以单击"页面切换"按钮上的页面名称直接切换；单击"新建页面"按钮可以新建一个绘图页面（默认打开 Visio时，只有"页 - 1"一个页面）。对于绘图页面上显示的网格以及绘图区域的标尺、参考线等可以通过"视图"选项卡进行打开或关闭。"视图"选项卡如图 1-8-11 所示。

图 1-8-9　自定义状态栏

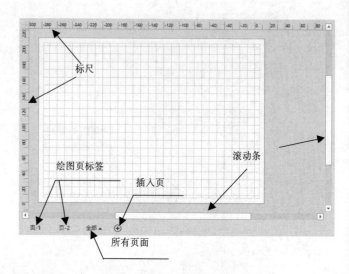

图 1-8-10　绘图区

图 1-8-11　"视图"选项卡

单击"视图"选项卡"显示"组内的对话框启动器按钮，弹出"标尺和网格"对话框，在此对话框内可以进行标尺和网格的具体设定，如图 1-8-12 所示。

在水平标尺上按住鼠标左键并向下拖动，即可得到一条蓝色的水平参考线，同理在垂直标尺上按住左键向左或右拖动，可以得到垂直的参考线。单击参考线，按【Delete】键可以删除参考线。在水平和垂直标尺交汇处按住左键向右下拖动，可以得到参考点。同样参考点也可使用【Delete】键进行删除。在绘图过程中应用参考线和参考点可以为绘图提供极大的便利。

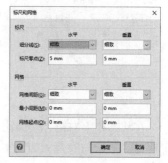

图 1-8-12　"标尺和网格"对话框

8.3　使用 Visio 绘图的几个主要概念

使用 Visio 绘图最大的特点就是可视化、操作简便。大多数图形只要通过对形状的拖放就能完成。下面就 Visio 绘图中涉及的几个主要概念进行简介。

8.3.1　模板

Visio 提供了许多图表模板。每个模板都针对不同的图表和应用范围，集成了绘制该种图表所需要的模具形状以及图表页面、绘图网格设置等。因此，可以说模板中集成了模具形状和特定的图表页面、绘图网格等设置的综合元素。当然有些特殊的图表模板还有特殊功能，这些功能可以出现在功能区的特殊选项卡上。例如，打开"时间线"模板时，功能区上会显示"时间线"选项卡等。

一般来讲，使用 Visio 创建某种图表时，应当首先使用该图表类型（如果没有完全匹配的类型，则选择最接近的类型）的模板进行创建，这样会收到事半功倍的效果。

Visio 2016 提供了很多模板，找到模板及其作用的最简单方法是完整地浏览"模板类别"。当打开 Visio 2016 时，或者是在功能区单击"文件"→"新建"按钮，就可以浏览到系统提供的各类模板，如图 1-8-13，单击任一模板可查看模板的使用说明等，如图 1-8-14 所示。

图 1-8-13　模板类别

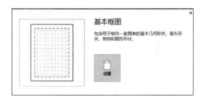

图 1-8-14　模板说明

在某些情况下，当打开 Visio 模板时，还会出现使用向导帮助完成图表的设置。例如，应用"空间规划"模板打开时会显示向导，该向导可以帮助完成设置空间和房间等信息。

8.3.2　模具

Visio 中所谓的模具就是形状的集合。每个模具中的形状都有一些共同点。这些形状可以是创建特定种类图表所需的形状的集合，也可以是同一形状的几个不同的版本。例如，"基本流程图形状"模具中包含就是常见的流程图形状。

模具显示在"形状"窗格中。如果要查看某个模具中的形状，就在这个模具的标题栏上单击，此时该标题栏会显示为蓝色，同时形状窗格的下方显示的形状即是该模具中包含的形状。

模具通常与模板绑定在一起，每个模板打开时都会同时自动打开包含其中的模具，这些模具就是

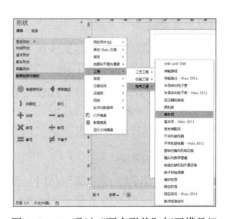

图 1-8-15　通过"更多形状"打开模具组

创建该种类型图表时可能会用到的形状。除此之外也可以根据需要随时打开其他模具，操作方法是在"形状"窗格中，单击"更多形状"，然后选择所需的类别，再单击要使用的模具的名称即可，如图 1-8-15 所示。在绘制图时，除了使用某类模板自身所带具有的模具形状外，也可以增加其他模具里的形状。

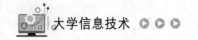

8.3.3 形状和手柄

形状是 Visio 中构成图表的基本组成元素。形状普遍存在于模具之中,绘图时只需从模具中拖至绘图页上释放即可。拖放时原始形状仍保留在模具上,该原始形状称为主控形状,而放置在绘图页上的形状是该主控形状的副本,称之为实例。绘图时可以根据需要将同一形状的任意数量实例拖放至绘图页上。

拖放到绘图页上的实例形状,还可以做进一步的操作,例如,旋转、改变大小、改变格式等。这些操作有可能会涉及形状中的内置功能,利用形状上的各种手柄和箭头可以帮助我们快速应用这些功能。形状上的手柄主要有旋转手柄、连接箭头和选择手柄等,如图 1-8-16 所示。

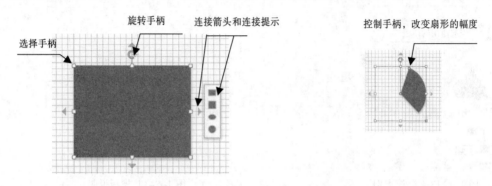

图 1-8-16 形状的可视化线索

1. 旋转手柄

位于实例形状上方的圆形手柄称为旋转手柄。光标移到旋转手柄上,向右或向左拖动即可旋转该形状。

2. 连接箭头

并不是所有的形状都有连接箭头。当光标移动到实例形状上方时,如果该实例形状所在的模具中设定了快速形状,并且在"视图"选项卡中打开了"自动连接"选项,就会在形状四周出现浅蓝色连接箭头。此时将光标移到连接箭头上,会有连接提示出现,连接提示的内容主要是当前形状所在模具中的快速形状。选择了其中一个,就可以绘制出这个选定的形状,并将当前实例形状与这个刚绘制出来的实例形状相互连接起来。

3. 选择手柄

当单击绘图页上的实例形状时,即选中这个实例形状,这个形状的周围会出现选择手柄。利用选择手柄可以更改形状的高度和宽度。单击并拖动形状某一拐角上的选择手柄沿 45° 角拖动可等比例缩放该形状。单击并拖动形状某一侧上的选择手柄可以改变形状的宽或高,这个改变不是等比例的。

4. 控制手柄

有些实例形状被选择时,会同时显示出控制手柄,但并不是所有的形状都有控制手柄。控制手柄的外观颜色是黄色小方块。通过控制手柄可以改变实例形状在某一方面的幅度变化。例如,通过门形状的控制手柄可以改变门的开闭程度等。

Visio 中的形状功能非常强大,它不仅仅是简单的图像或符号,形状中还可以包含数据和特

定行为。当拉伸实例开关、右击实例形状或是移动实例形状上的黄色控制手柄就会看到这些行为。如何才能知道哪些形状具有特殊行为呢？通常的做法就是用右击形状，查看其快捷菜单上是否有特殊命令。

8.3.4　图层

Visio 的图层与 AutoCAD 的图层很相似，都是用来管理形状的。使用图层可以对绘图页上的相关形状进行组织和管理，通过将形状分配到不同的图层，使用户可以有选择地查看、打印、设定、锁定不同类别的形状，以及控制能否与图层上的形状进行对齐或粘附等操作。从这个角度也可以说，图层就是已命名的一类形状。

使用图层绘图的好处很多，尤其是在复杂图的绘制中更是如此。例如绘制办公室布局时，可将墙壁、门和窗户分配到一个图层，而将电源插座分配给另一个图层，家具则分配给再一个图层。这样，当处理电气系统中的形状时，就可以锁定其他图层，而不必担心会误将墙壁或家具重新排列。

8.3.5　页面

Visio 绘图区即为绘图页面区域。Visio 的绘图页面默认显示为一张图纸，图纸下方左下角的选项卡为该绘图页面默认的名称"页-1"，单击页面名称旁边的 ⊕ 按钮，会完成新页面的添加。在绘图页面的名称上右击，在弹出的快捷菜单选择"页面设置"命令，弹出"页面设置"对话框。此外，也可以通过"设计"选项卡"页面设置"组里的按钮完成页面的设置情况。

提示：在"插入"选项卡中的"页"组可以直接选择插入"空白页"或"背景面"。

Visio 中的页面除了前景页之外，还有背景页。一个前景页只能有一个背景页，而一个背景页，可以应用于多个前景面上。背景页通常用来设置绘图的背景水印或者是标题、图框等信息。另外还需要注意的是背景页与前景面在页面大小、页面方向上保持一致。用户可以在背景页内绘制图框、标题等信息，便于绘图文件的管理和使用。

提示：在绘图页面可以看到背景设定的图案与文字信息，但要进行修改，需要切换到背景页进行修改。

 ## 8.4　常用的操作技巧

8.4.1　常用的快捷键

高效地绘图离不开快捷键的使用。Visio 提供了丰富的快捷键，记住常用的快捷键，并灵活使用，能极大地提高绘图效率。Visio 绘图中常用的快捷键见表 1-8-1。

表 1-8-1　Visio 绘图中经常用到的快捷键

快 捷 键	操 作 目 的	快 捷 键	操 作 目 的
Ctrl+Shift+>	增大文本的字号	Shift+F11	打开文本对话框中的段落选项卡
Ctrl+Shift+<	缩小文本的字号	F3	打开"填充"对话框
Ctrl+Shift+ =	快速设定文字上标	Shift+F3	打开"线条"对话框

续表

快捷键	操作目的	快捷键	操作目的
F11	打开文本对话框中的字体选项卡	Ctrl+Z	撤销操作
Ctrl+Y 或 F4	重复操作	Ctrl+Shift+P	切换"格式刷"工具的状态
Shift+F5	页面设置	Ctrl+1	快速切换到指针状态
Ctrl+G 或 Ctrl+Shift+G	组合所选的形状	Ctrl+2	快速切换到"文本"工具状态
Ctrl+Shift+U	取消对所选组合中形状的组合	Ctrl +3	快速切换到"连接线"工具状态
Ctrl+Shift+F	将所选形状置于顶层	Ctrl+Shift+1	快速切换到"连接点"工具
Ctrl+Shift+B	将所选形状置于底层	Ctrl+Shift+4	快速切换到"文本块"工具
Ctrl+L	将所选形状向左旋转	方向键	微移所选形状
Ctrl+R	将所选形状向右旋转	Shift+方向键	一次将所选形状微移一个像素
Ctrl+H	水平翻转所选形状	Ctrl+Enter	将所选主控形状快速插入绘图中
Ctrl+J	垂直翻转所选形状	F2	为所选形状添加文本
F8	为所选形状打开"对齐形状"对话框	Ctrl+鼠标滚轮	动态缩放绘图页面

8.4.2 精确绘图方法

在绘图过程中，如果对图形的精度要求较高，可以借助于 Visio 的精确绘图工具实现精确绘图。Visio 中常用的精确绘图工具主要有标尺、网格、参考线、辅助点、大小和位置窗口以及放大显示比例等。在实际绘图中组合应用这些工具就可以实现精确地绘图。

1. 标尺和网格

标尺是用于测量图形位置和大小最直观的工具。网格是用于设置位置、调节图形大小和对齐图形的工具。这两个工具的设置都是通过"标尺和网格"对话框来实现的。通过"视图"选项卡中"显示"组的"对话框启动器"按钮，可以打开"标尺和网格"对话框。

2. 参考线和辅助点

参考线设置图形位置和对齐图形最常用和方便的工具。将鼠标放置在水平或垂直标尺的边缘，然后按住左键进行拖动，就会出现一条蓝色的水平或垂直的线。参考线停放时会自动对齐水平或垂直的标尺刻度。使用键盘的方向键可以进行参考线的位置微调。绘制形状时，可自动粘附到参考线上，达到精确定位的目的。一个页面内可以有无数线条水平或垂直的参考线，当不需要时，单击该参考线，并按【Delete】键可以将其删除。或者是通过"视图"选项卡"显示"组内取消"参考线"的选定，则不再显示参考线。

辅助点是两条很短的交叉参考线，可以放在绘图页或形状的任何位置。辅助点适用于绘制重叠的图形，运用辅助点可将重叠的图形按中心对齐或按顶点对齐。

在绘图页面将鼠标指针移到水平和垂直标尺交叉处，按住左键进行拖动，就可以产生辅助点。辅助点一般默认会停放在网格的交叉点处。参考线和辅助点如图 1-8-17 所示。

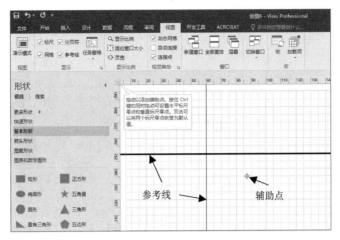

图 1-8-17　参考线和辅助点

3. 大小和位置窗口

在比较复杂的情况下也可以运用"大小和位置窗口"调整图形的大小和位置。通过修改"大小和位置"窗口中的数据值，直接调整图形的大小和位置。

单击"视图"选项卡"显示"组"任务窗格"按钮，在弹出的菜单中选择"大小和位置"命令即可打开此窗口，默认情况下会出现在绘图页的左下方。可以将其拖放至页面的任何位置。这个窗口会根据选择对象的不同而变换显示的内容，如图 1-8-18 所示。

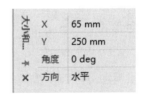

图 1-8-18　大小和位置

• X：表示形状的水平坐标位置。

• Y：表示形状的垂直坐标位置。

• 角度：表示形状的旋转角度。

以上三个属性是大多数形状都具备属性，通过改变数值可以调整形状的位置。

• 宽度、高度：为当前选择形状的宽度和高度值，改变这两个数值可以调整形状的大小。

除以上工具外，还要配合"对齐与粘附"等工具就能实现精确地绘图。

Visio 是一个高效的绘图软件，其操作简单，功能强大，在众多领域都有广泛地应用。学好 Visio 画图关键在于多练多画，熟能生巧，尤其是快捷键和一些常用的工具要记熟用活，才能成倍提高绘图效率。

第9章 音频与视频

信息化社会需要信息技术的支持，多媒体技术是信息技术不断发展的必然产物。同时，多媒体在现实中的应用也已充分证实了它比单一媒体能够更好地表达信息的内涵，更便于人们对信息的理解和处理。

多媒体作为传递信息的载体，其信息主要表现形式有文字、声音、图像、动画、视频等多种形式。

9.1 多媒体技术概述

9.1.1 多媒体定义

1. 媒体

媒体（media）是指信息传递与存储的媒介和载体。它有两层含义：一是存储信息的载体，如磁带、磁盘、光盘等；二是传递信息的载体，如文本、声音、图片、视频、动画等。

2. 多媒体

所谓多媒体（multimedia），是指多种媒体的组合使用。多媒体从字面上理解就是文本、图形、图像、声音、动画和视频等"多种媒体信息的集合"，它是融合了两种以上、具有交互性的信息交流和传播的媒体。

多种媒体有机组合使得有用的信息得以充分地表达、传播和利用。从而能够极大地满足人们对信息的高容量、高质量的需求。

9.1.2 多媒体技术

1. 多媒体技术

多媒体技术是以计算机为操作平台，能够同时获取、处理、编辑、存储、传输、管理和表现两种以上不同类型信息媒体的一门新兴技术。

多媒体技术的特点主要包括：信息媒体的多样化和媒体处理方式的多样化、媒体本身及处理媒体的各种设备的集成性、用户与媒体及设备间的交互性，以及音频视频媒体与时间密切相关的实时性等。

2. **多媒体网络技术**

多媒体网络技术是综合性的技术，它的目标是实现多个多媒体计算机系统的联合应用。目前，在网络上传播多媒体信息，已从传统的下载发展到数据流式传输。

传统的下载传输方式是在播放之前，需要先下载多媒体文件至本地计算机，这样用户等待的时间较长。数据流式传输，即流媒体（streaming media）传输技术，是指媒体服务器向用户计算机的连续、实时传送，并可以同时播放已下载的数据，从而不存在下载延时的问题。

9.1.3　多媒体系统

多媒体系统包括多媒体硬件系统和多媒体软件系统。

1. **多媒体硬件系统**

多媒体硬件系统包括支持多媒体信息的采集、存储、处理、表现等所需要的各种硬件设备，如用于支持多媒体程序运行的带多媒体功能的 CPU、用于实现图像信息处理和显示的显卡、用于声音采集和播放的声卡、用于视频捕捉和显示的视频卡、用于各种多媒体信息存储的光盘驱动器等大容量存储设备，以及相关的各种外围设备，如话筒、音箱、显示器、数码照相机、数码摄像机等。

2. **多媒体软件系统**

多媒体软件系统包括支持各种多媒体设备工作的多媒体系统软件和应用软件。

1）操作系统的多媒体功能

计算机系统中的软、硬件资源需要操作系统来管理，所以要管理好具有多媒体软、硬件资源的计算机，就需要有多媒体功能的操作系统。

操作系统的多媒体功能主要体现在：具有同时处理多种媒体的功能，具有多任务的特点；能控制和管理与多种媒体有关的输入、输出设备；能管理存储大数据量的多媒体信息的海量存储器；能管理大的内存空间，并能通过虚拟内存技术，在物理内存不够的情况下，借助硬盘等外存空间，给多媒体程序和数据的运行和处理，提供更大的内存空间支持。

2）多媒体信息处理

多媒体信息处理主要是指把通过外围设备采集来的多媒体信息，包括文字、图像、声音、动画、影视等，用多媒体处理软件进行加工、编辑、合成、存储，最终形成多媒体作品的过程。

3）多媒体应用软件

多媒体应用软件是利用多媒体加工和集成工具制作的、运行于多媒体计算机上的、具有某些具体功能的软件产品，如辅助教学软件、电子百科全书、游戏软件等。

9.2　音频信息的处理

9.2.1　声音的数字化

1. **认识声音**

声音是携带信息的重要媒体，是一种物理现象，是通过一定介质（如空气、水等）传播的一种连续振动的波，也称为声波。

多媒体技术中有关声音或音频的技术就是研究如何处理这些声波的。

2. 声音信号的数字化

声音是模拟信号，只有转换成数字音频信息才能被计算机所识别、存储和处理。

将模拟的声音信号转变为数字音频信号的过程称为声音信号数字化，这一过程是由声卡中的模拟/数字（A/D）转换功能来完成的。如图 1-9-1 所示，模拟音频信息经过采样、量化、和二进制编码三个阶段，实现 A/D 转换，得到数字音频信息。

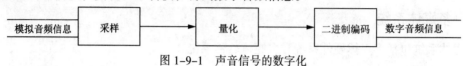

图 1-9-1　声音信号的数字化

3. 波形音频参数

1）采样频率

采样频率是指每秒从模拟声波中采集声音样本的个数，其计量单位为赫兹（Hz）。采样频率越高，声音质量越好，但所占用的存储空间也越大。声音信号的采样如图 1-9-2 所示。

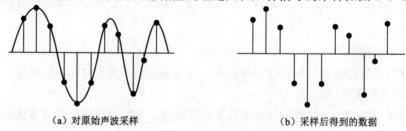

（a）对原始声波采样　　　　　　　（b）采样后得到的数据

图 1-9-2　声音信号的采样

一般采用的标准采样频率有：11.025 kHz、22.05 kHz、44.1 kHz。

2）量化位数

量化位数：将采样数据按大小存储的过程。一般有 8、16、32 位等。量化位数越大，声音分辨率越高，还原时品质越好，声音数据占用的存储空间越大。声音信号的数字化过程如图 1-9-3 所示。

图 1-9-3　声音信号采样后的量化和编码

3）声道数

声道数是数字音频声音质量的另一个因素。一般有单声道、双声道、多声道。

4）存储量计算

数字声音信息的音质高低与其所需要的存储量大小，与上述采样频率、量化位数、声道数三个参数的选取直接相关。

例如：电话的音质主要考虑到能实时听到对方的声音，故采用音质较低、存储量较小的 11.025 kHz 采样频率、8 位量化的单声道音质；而收音机对声音音质的要求比电话稍高，所以采用 22.05 kHz 采样频率、16 位量化的单声道的广播音质；对于用户要求更高的音乐欣赏，则采用 44.1 kHz 采样频率、16 位量化的双声道的立体声 CD 音质，但其存储空间也相对更大。

数字音频占用存储量的计算公式是：

$$存储量 = 采样频率 \times 量化位数 \times 声道数 \times 时间 / 8（B）$$

【例 9-1】试计算采样频率 44.1 kHz，16 位量化，双声道的 CD 音质，一分钟的音频所需要的存储量是多少？

解：利用公式，采样频率 44.1 kHz，16 位量化，双声道的 CD 音质的存储量为：

$$44.1 \times 1\,000 \times 16 \times 2 \times 60/8 = 10\,584\,000（B）$$

9.2.2　常用声音文件格式

（1）WAV 格式：是 Windows 数字音频的标准格式，也是广为流行的一种声音格式。几乎所有的音频编辑软件都支持 WAV 格式。其文件扩展名为 ".wav"。

（2）MP3 文件：MP3 是 MPEG Layer3 的缩写，它是目前很流行的音频文件的压缩（有损）标准。MP3 文件的扩展名为 ".mp3"。

相同长度的音乐文件，用 MP3 格式存储，一般只需要 WAV 文件的 1/10 存储量，但由于是有损压缩，所以其音质次于 CD 格式。

（3）MIDI 格式：MIDI 是乐器数字化接口的缩写。MIDI 文件的内容是能使合成音乐芯片演奏乐曲的代码，其文件扩展名为 ".mid"。

（4）CD 格式：是音质最好的数码音频格式之一。标准 CD 格式采样频率为 44.1 kHz，量化位数为 16 位，双声道。CD 音轨近似无损，声音忠于原声，是音乐欣赏的首选音频格式。

（5）RealAudio 格式：RealAudio 主要适用于网络在线音乐欣赏，Real 文件的格式主要有 RA、RM 和 RMX 等，它们分别代表不同的音质。

（6）WMA（windows media audio）格式：是微软公司开发的，Windows 操作系统中默认的音频编码格式。WMA 的音质强于 MP3，更胜于 RA，在录制时，其音质可调，有时可与 CD 媲美，同时，其压缩率也高于 MP3，一般可达 1:18 左右，支持音频流技术，可用于网络广播。WMA 格式的声音文件扩展名为 ".wma"。

WMA 的另一个优点是提供内置的版权保护技术，可以限制播放时间、播放次数、播放的机器等，这给音乐公司的防盗版提供了一个重要的技术支持。

9.2.3　音频处理

音频处理主要包括录音、剪辑、去除杂音、混音、合成等方面的内容。

音频处理软件有很多，著名的有 Ulead Audio Edit、Creative 的录音大师、Cake Walk 等。GoldWave 是一个集音频播放、录制、编辑、格式转换多功能于一体的数字音乐编辑器。

9.2.4　语音合成与识别

语音是人类进行信息交流的重要的媒介。如果人和计算机之间也能如同人和人之间一样，使用语音自然、便捷地交流，那么人机交互界面也将进一步得到改观，更加人性化。这一目标也使得计算机语音处理技术有了更加广阔的发展空间。

语音处理技术主要包括两方面的内容，一是语音合成技术，二是语音识别技术。

1. 语音合成技术

语音合成，也就是赋予计算机"讲话"能力，使计算机能够用语音输出结果。

计算机输出的经过合成处理的语音应该是可懂、清晰、自然且具有表现力的，这是语音合成技术追求的境界和目标。目前，语音合成技术已走向实用，但要达到理想的境界，还需要不断地科研攻关。

2. 语音识别技术

语音识别，就是赋予计算机"听懂"语音的能力，这样用户输入文字和命令时，就可以用语音替代键盘和鼠标操作了。

目前，语音识别也已走向实用，如 IBM 的中文连续语音识别系统 Via Voice，使用普通话录入信息，并且识别速度高达每分钟 150 个汉字，且识别准确率超过 95%，同样的，要达到理想的语音识别境界，从目前的连续语音识别进入自然话语识别与理解，也还有很多的技术难关需要攻克。

9.3 视频信息的处理

9.3.1 视频的数字化

视频的记录方式可以分为模拟视频信号和数字视频信号两种方式。

模拟视频信号是指其信号在时间和幅度上都是连续的。数字视频信号可由模拟视频信号进行数字化转换得到。

视频的数字化过程同音频相似，在一定的时间内以一定的速度对单帧视频信号进行采样、量化、编码等，实现模数转换、彩色空间变换和编码压缩等。这个过程需要视频捕捉卡和相应的软件支持，再经计算机处理并存储到硬盘等存储器中。

9.3.2 常用视频文件格式

数字视频文件的格式一般取决于视频的压缩标准，一般分成影像格式和流格式两大类。目前，常用的视频文件具体格式主要有 AVI、MPEG、MOV、RM/RMVB、ASF 等。

（1）AVI（audio video interleaved）格式：是一种支持音频/视频交叉存取机制的格式，可使音频和视频交织在一起同步播放。

AVI 格式的优点是兼容性好、调用方便、图像质量好，对计算机等设备要求不高。

（2）MPEG（moving picture experts group）格式：是国际通用的有损压缩标准，现已被所有计算机平台共同支持。MPEG 格式的视频相对于 AVI 文件而言，有更高的压缩率。

（3）ASF（advanced streaming format）格式：是高级流格式，其压缩率和图像质量都很不错，是一个在 Internet 上实时传播多媒体信息的技术标准。

（4）MOV（movie digital video technology）格式：是苹果公司开发的一种音频、视频文件格式，使用 Quick Time Player 播放器播放。

（5）RM（real media）格式：是一种流式视频格式。RMVB 格式是由 RM 格式升级延伸出的新视频格式。RMVB 格式比 RM 格式有着更好的压缩算法，能实现较高压缩率和更好的运动图像的画面质量。

（6）WMV（windows media video）格式：是微软公司开发的可以直接在网上实时观看视频
节目的流式视频数据压缩格式。

9.3.3　视频处理

视频信息的处理包括视频画布的剪辑、合成、叠加、转换、配音等方面的内容。

视频编辑处理软件有很多，常用的主要有 Video For Windows、Adobe Premiere、Quick Time、
Ulead Video Edit 等。

第10章　Photoshop 图像信息处理

图形图像是使用最广泛的一类媒体。它通常携带着丰富的信息，可以使人一目了然。有人统计，人们之间的相互交流，大约有 80%是通过视觉媒体实现的，其中，图形图像占据着主导地位。

本章首先介绍了色彩的基本知识，包括色彩的组成、计算机描述色彩的方法；其次介绍了数字图像的概念及重要参数、数字图像的获取方法、各种文件格式的特点及适用范围、数字图像文件的压缩；最后介绍了图像处理软件对图像进行编辑、处理和美化的基本方法与技巧。

 ## 10.1　色彩的基本知识

1. 色彩的三要素

色彩是通过光被感知的，实际上就是视觉系统对可见光的感知结果。从人的视觉系统来看，色彩可用色调、亮度和饱和度来描述。人眼看到的任一彩色光都是这三个特性的综合效果。所以通常称色调、亮度和饱和度为色彩的三要素。

1）色调

色调是光的波长标志。它反映颜色的种类。光谱色为红、橙、黄、绿、青、蓝、紫等颜色，这些颜色便是光谱色的色调。某一物体的色调是指该物体在日光照射下，所反射的各光谱成分作用于人眼的综合效果。如天空是蓝色的，"蓝色"便是一种色调，与颜色明暗无关。在图形图像处理中要求有固定的颜色感觉，有统一的色调，否则难以表现画面的情调和主题。

2）亮度

亮度用来描述光作用于人眼所引起的视觉明亮程度的感觉，它与被观察物体的发光强度有关。

3）饱和度

饱和度是指彩色光所呈现颜色的深浅或纯洁程度，通常是按各种颜色混入白色光的比例来表示的。如果在光谱中的某一种颜色中加入白光，颜色就会变浅，其饱和度降低了。

2. 三基色

自然界中常见的色光都可以用红、绿、蓝三种颜色以不同的比例混合而成。这三种颜色都不能由其他的颜色合成，因而被称为三基色。

3. 色彩模型

色彩模型是指计算机用于表示、模拟和描述图像色彩的方法。色彩可以由多种不同的方式描述，而每种方法都以"色彩模型"为基础。常用的色彩模型有以下几类：

1）RGB 模型

RGB 模型是指通过红（red）、绿（green）、蓝（blue）三个色彩分量的不同比例，相加混合成需要的任意颜色。描述 RGB 模型的任意一种颜色有 8 位 256 色级。基于这样的 24 位 RGB 模型的色彩空间可以表现 256×256×256 ≈ 1 670 万色，可以在显示屏幕上合成任何所需要的颜色。RGB 模型是 Photoshop 中最常见也是最常用到的一种颜色模型。

2）CMY 模型

计算机屏幕显示彩色图像时采用的是 RGB 模型，而在打印时一般需转换为 CMY 模型。CMY 模型是使用青色（cyan）、品红（magenta）、黄色（yellow）三种基本颜色按一定比例合成色彩的方法。虽然理论上利用 CMY 混合可以制作出所需要的各种色彩，但实际上同量的 CMY 混合后并不能产生真正的黑色或灰色。因此，在印刷时常增加一种真正的黑色（black），这样，CMY 模型又称为 CMYK 模型。

3）HSB 模型

HSB 模型是利用色调（hue）、亮度（brightness）、饱和度（saturation）三个分量来表示颜色的。三个分量的不同取值可以组合成不同的颜色。HSB 模型是模拟人眼感知颜色的方式，比较容易为从事艺术绘画的画家们所理解。利用 HSB 模型描述颜色比较自然，但实际使用却不方便，例如显示时要转换成 RGB 模型，打印时要转换为 CMYK 模型等。

4）LAB 模型

LAB 模型是以两个颜色分量 A 和 B 以及一个亮度分量 L（lightness）来表示的。其中分量 A 的取值来自绿色渐变至红色中间的一切颜色，分量 B 的取值来自蓝色渐变至黄色中间的一切颜色。LAB 模型能表达的色彩空间比 RGB、CMYK 范围更大。

如图 1-10-1 所示是四种不同色彩模型对同一种颜色的描述。

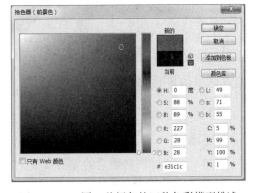

图 1-10-1　同一种颜色的四种色彩模型描述

 10.2　图形图像处理基础

图形图像是人们对现实生活中各种最常见景物和形象的抽象浓缩和真实再现。一幅图可以形象、生动、直观地表现大量的信息，具有文本、声音无法比拟的优势。计算机所能处理的信号都是数字信号，所能处理的图像也都是数字图像，即直接量化的原始图像信号。

10.2.1　数字图像的分类

在计算机中，经常采用两种方法来表达计算机生成的图形图像：一种称为矢量图法（即矢量图形），另一种称为点阵图法（即位图图像）。

1. 矢量图形

矢量图形是用一系列计算机指令来表示一幅画，如点、线、曲线、圆和矩形等。这种方法实际上是用数学方法来描述一幅画，然后变成许多数学表达式，再编程，用计算机语言来表达。例如现在流行的 Flash 动画，它就是矢量图形的一种典型应用。

矢量图形是用指令来描述的，与分辨率无关，因此在放大、缩小和旋转等操作后不会产生失真（见图 1-10-2）。矢量图形是文字（尤其是小字）和线条图形（比如徽标）的最佳选择。

2. 位图图像

一幅复杂的彩色照片，很难用数学方法来描述，这时可以采用点阵图法表示。点阵图法是把一幅彩色图分成许多像素，每个像素用若干个二进制位来指定该像素的颜色、亮度和属性。因此一幅图由许多描述每个像素的数据组成，这些数据通常称为图像数据，把这些数据存储为一个文件，称为图像文件。位图图像与分辨率有关，因此在放大若干倍后，会出现严重的锯齿边缘（见图 1-10-3），缩小后会吃掉部分像素点的内容。

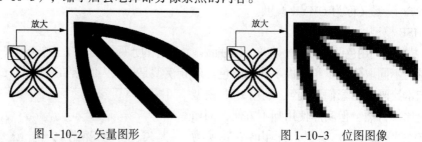

图 1-10-2　矢量图形　　　　　　　　图 1-10-3　位图图像

10.2.2　位图图像的重要参数

采用位图方法进行描述的图像有以下几个重要参数。

1. 分辨率

分辨率是影响图像质量的重要参数，它可以分为显示分辨率和图像分辨率。

显示分辨率是指屏幕上能够显示的像素数目。如 640 像素×480 像素表示屏幕可以显示640 行，480 列，即 307 200 个像素。屏幕能够显示的像素越多，说明显示设备的分辨率越高，显示的图像越细腻。

图像分辨率是指描述一幅图像所使用的像素数目。图像分辨率与显示分辨率是两个不同概念。图像分辨率是组成一幅图像的像素数目，而显示分辨率确定显示图像的区域大小。如果显示屏的分辨率为 640 像素×480 像素，那么一幅 320 像素×240 像素的图像只占显示屏的 1/4；相反，2 400 像素×3 000 像素的图像就无法在这个显示屏上完整显示。

2. 颜色深度

颜色深度是指描述每个像素所使用的二进制位数。对于彩色图像来说，颜色深度决定了该图像可以使用的最大颜色数目。颜色深度取决于数字化时每个像素所占用的位数，也就是用多少位二进制数表示一个像素。例如，颜色深度为 1 位，则图像中每个像素用 1 位二进制数表示，那么它就可以有两种取值，即黑白两种颜色。颜色深度为 8 位，则每个像素可用 8位二进制数表示，有 2^8 种不同取值，即 256 种颜色。颜色深度越大，显示的图像越丰富，画面越自然逼真，但数据量也会随之增加。常见的颜色深度种类有 1 位、4 位、8 位、16 位、24位和 32 位等。

3. 图像数据量

图像数据量即图像文件的大小，是指磁盘上存储整幅图像所占的字节数。

10.2.3　图像的获取与处理

获取图像是图像的数字化过程。在获取图像后可以将它转化为适合人们使用的形式在显示器上表示出来，也可以通过软件对图像进行编辑处理。

1. 图像获取

（1）利用计算机软件创建数字图像。可利用 Windows 自带的绘图工具（画图）、Office 自带的绘图工具来绘制图形，或使用 Photoshop 等图像处理软件来制作图形图像。

（2）利用扫描仪获取图像。扫描仪主要是将印刷在纸上的文字、图像以及普通照相机拍摄的照片等采集到计算机中。

（3）利用摄像机或数码照相机获取图像。利用摄像机或数码照相机，可以把照片甚至实际场景输入计算机产生数字图像。

（4）从屏幕上直接获取图像。对于静止图像可以使用键盘上的【PrintScreen】键抓图，对于屏幕活动图像的获取（如 VCD、AVI 等），可使用软件的抓图功能或抓图工具来获取图像。

（5）购买现成的图像库。现在很多素材资源网站有丰富的素材，诸如风景、人物、实物等各种图形图像。

2. 图像处理

图像处理主要是利用计算机中硬件和各种软件的配置，对采集的图形图像信号进行编辑，包括图像文件格式的转换、色彩的调整、亮度、对比度的变化以及变形、缩放等。

 # 10.3　图像文件格式

对于图形图像，由于记录的内容不同，文件的格式也不相同。在计算机中，不同文件格式用不同文件后缀标识。

1. PSD 文件

PSD（photoshop document）文件是图像处理软件 Photoshop 的专用格式，是唯一能支持全部图像色彩模式的格式，其扩展名为 ".psd"。

2. BMP 文件

BMP（Bitmap）文件格式是一种标准的点阵图像文件格式，其扩展名为 ".bmp"。在 Windows 环境下运行的所有图像处理软件都支持这种格式。

3. GIF 文件

GIF（graphics interchange format）为图像交换格式，其扩展名为 ".gif"。主要特点有：一个文件可以存放多幅图像，若选择适当的浏览器还可以播放 GIF 动画。

4. JPEG 文件

JPEG（joint photographic experts group）图像格式的文件结构和编码方式比较复杂，其扩展名为".jpg"。它采用有损压缩方式去除冗余的图像和彩色数据，能够获得极高压缩率的同时展现十分丰富、生动的图像。

5. TIFF 文件

TIFF（tag image file format）文件的扩展名为".tif"。TIFF 格式具有图形格式复杂、存储信息多的特点，目的是使扫描图像标准化，常应用于印刷。TIFF 格式分为压缩和非压缩两类。

6. PNG 文件

PNG（portable network graphics）是为了适应网络数据传输而设计的一种图像文件格式，一开始便结合了 GIF 和 JPG 两家之长，其扩展名为".png"。

7. WMF 文件

WMF（windows metafile format）是 Microsoft Office 的剪贴画就是采用这一格式，其扩展名为".wmf"。

在 Photoshop 图像处理软件中，可根据不同需要将图像存储为各种类型的图像文件，如图 1-10-4 所示。

图 1-10-4　保存类型

10.4　数字图像文件的压缩

经过数字化处理后，数字图像的数据量非常大。如果不进行数据压缩处理，计算机系统就无法对它进行存储和交换。例如：一幅分辨率为 640 像素 × 480 像素的 24 位真彩色图像，其数据量约为 900 KB，一个 100 MB 的硬盘只能存放 100 幅静止图像画面。因此，需要使用数据压缩技术来减少数字图像的数据量。图像压缩方法繁多，但总体可分为无损压缩和有损压缩两种。

1. 无损压缩

如果压缩文件经解压后，得到的文件与压缩前完全一致，就是无损压缩。无损压缩的基本原理是相同的颜色信息只需保存一次。压缩图像的软件首先会确定图像中哪些区域是相同的，哪些是不同的。包含重复数据的图像（如蓝天）就可以被压缩，只有蓝天的起始点和终结点需要被记录下来。但是蓝色可能还会有不同的深浅，这就需要另外记录。

从本质上看，无损压缩的方法可以删除一些重复数据，大大减少要在磁盘上保存的图像尺寸。但是，无损压缩的方法并不能减少图像的内存占用量，这是因为，当从磁盘上读取图像时，软件又会把丢失的像素用适当的颜色信息填充进来。如果要减少图像占用内存的容量，就必须使用有损压缩方法。人们经常使用的 WinRAR、WinZip 等都是无损压缩软件。

2. 有损压缩

如果压缩文件经解压后，不能得到与压缩前完全一致的文件，就是有损压缩。有损压缩可以减少图像在内存和磁盘中占用的空间。在屏幕上观看图像时，不会发现它对图像的外观产生太大的不利影响。因为人的眼睛对光线比较敏感，光线对景物的作用比颜色的作用更为重要，这就是有损压缩技术的基本依据。

有损压缩的特点是保持颜色的逐渐变化，删除图像中颜色的突然变化。生物学中的大量实验证明，人类大脑会利用与周边最接近的颜色来填补所丢失的颜色。例如，对于蓝色天空背景上的一朵白云，有损压缩的方法就是删除图像中景物边缘的某些颜色部分。当在屏幕上看这幅图时，大脑会利用在景物上看到的颜色填补所丢失的颜色部分。利用有损压缩技术时，有意删除了某些数据，而且被取消的数据也不再能被恢复。

利用有损压缩技术可以大大压缩文件的数据，但是会影响图像质量。如果只是在屏幕上显示经过有损压缩的图像，可能不会对图像质量产生太大影响，至少对于人类眼睛的识别程度来说区别不大。可是，如果使用高分辨率打印机打印一幅经过有损压缩技术处理的图像，那么图像质量就会有明显的受损痕迹。JPEG 格式的图像是经过有损压缩后的文件，这类文件即使再用压缩软件也很难再压缩了。

 # 10.5　图像处理软件 Photoshop CS6

10.5.1　Photoshop CS6 概述

Photoshop CS6 是一款由 Adobe 公司开发并不断推陈出新的图像设计和处理软件，是集图形创作、文字输出、效果合成、特技处理等诸多功能于一体的图像处理工具，被形象地称为"图像处理超级魔术师"。

启动 Photoshop CS6 应用程序，出现图 1-10-5 所示操作界面。熟悉其操作界面、窗口、常用菜单及命令，是运用 Photoshop 处理图像的基础。

1. 菜单栏

菜单栏有主菜单、面板菜单等共十一个菜单。每个菜单有各自相应的命令，Photoshop CS6 中的各种命令都可以在这里找到。

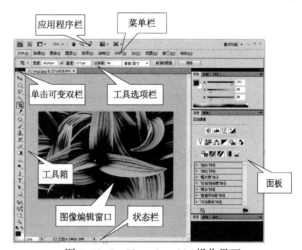

图 1-10-5　Photoshop CS6 操作界面

2. 应用程序栏

应用程序栏就是以前版本的标题栏，在 Photoshop CS6 中，官方定义的名称是应用程序栏，应用程序栏包含工作区切换器、常用视图工具和其他应用程序控件（见图 1-10-6）。

图 1-10-6　应用程序栏

3. 工具箱

Photoshop CS6 工具箱包括了 Photoshop 的所有工具，能够执行数字图像的编辑、设计等操作。工具图标右下角有小三角的，说明此工具有隐藏工具。用鼠标按住此小三角不放，会弹出下拉列表显示隐藏的工具。单击工具箱的顶端可将工具箱调整为双栏显示（见图 1-10-7）。

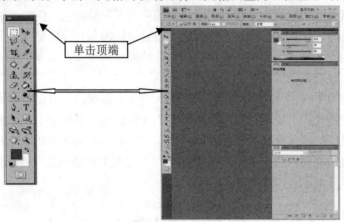

图 1-10-7　Photoshop CS6 工具栏调整

4. 工具选项栏

工具选项栏专门用于设置工具箱中各种工具的参数，大多数工具的选项都显示在选项栏中，当某一工具被选取时，可以通过工具选项栏对该工具进行相应属性的设置。设置的参数不同，得到的图像效果也不同（见图 1-10-8～图 1-10-11）。

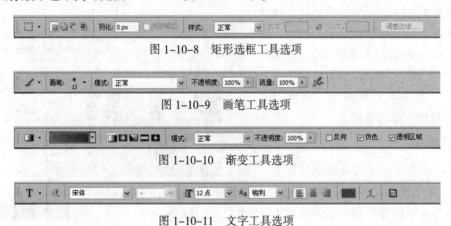

图 1-10-8　矩形选框工具选项

图 1-10-9　画笔工具选项

图 1-10-10　渐变工具选项

图 1-10-11　文字工具选项

5. 各种工具面板

Photoshop CS6 提供了各种不同类型的面板，利用各种面板能对当前编辑的对象、过程、状态、属性等的选项进行调整。如工具面板能够控制各种工具的参数设置，完成颜色选择、图像编辑等操作。面板的常用操作如下：

（1）工具面板可以根据需要在"窗口"菜单中调用或关闭。

（2）拖动面板标签，可以移动面板。如果拖移到的区域不是放置区域，该面板将在工作区中自由浮动。

（3）双击面板选项卡，可将面板、面板组或面板堆叠、最小化或最大化。

（4）移动一个面板到另一个面板的标签处并呈蓝色时，面板会以堆叠状态放置。

（5）选择"窗口"→"工作区"→"基本功能（默认）"命令，可将面板恢复到默认状态。

6. 图像编辑窗口

图像编辑窗口是显示、编辑、处理图像的区域，每幅图像都有自己的图像窗口。在此可以打开多个窗口，同时进行操作。Photoshop CS6 文件是一种选项卡式"文档"窗口，就是多个文件都显示在选项卡中，这样在不同文件间切换将很方便（见图 1-10-12）。也可根据需要在应用程序栏中的排列文档下拉列表中选择需要的文档显示方式（见图 1-10-13）。

图 1-10-12　文档窗口选项卡

图 1-10-13　文档显示方式

7. 状态栏

状态栏用于显示当前打开图像的相关信息，提供当前操作的一些帮助信息。

10.5.2　基本编辑操作

1. 选择工具的使用

在处理图像过程中经常要将图中的某部分选取出来，并进行复制、拼接和剪裁等操作，在 Photoshop CS6 中常用的基本选取工具有选框工具组、套索工具组及魔棒等。

1）选框工具组

使用选框工具组中的选择工具，可以创建矩形、椭圆和长度或高度为 1 像素的行（列）的选区。配合使用【Shift】键可建立正方（圆）形选区（光标点击处为这个矩形选区的一个角点），配合使用【Alt】键可建立从中心扩展的选区（光标点击处为这个选区的中点）。

选框工具的选项如图 1-10-14 所示。

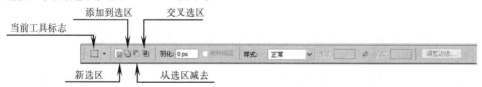

图 1-10-14　选框工具的选项

- 新选区：将选中一个新的、独立的选区。
- 添加到选区：当图像中已经存在一个选区时，会再叠加一个新的选区。
- 从选区减去：当图像中已经存在一个选区时，会从原选区中减去新创建的选区。
- 交叉选区：当图像中已经存在一个选区时，和原选区相交叉部分形成选区。

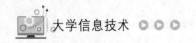

2）套索工具组

如果所选取的图像边缘不规则，可以使用套索工具、多边形套索工具和磁性套索工具绘出需要选择的区域。

3）魔棒

魔棒工具是一个非常神奇的选取工具，利用它可以一次性选择相近颜色区域。当使用魔棒工具单击图像中的某个点时，附近与它颜色相似的区域便自动进入选区。由于其操作方法简单有效，在选择背景色等情况下经常使用。

魔棒工具的选项如图1-10-15所示。

图1-10-15　魔棒工具的选项

（1）容差：用来确定选定像素色彩的差异。范围0～255。数值较低时，选择值精确，选择范围较小；数值越高，选择宽容度越大，选择的范围也更广。

（2）消除锯齿：创建较平滑边缘选区。

（3）连续：勾选"连续"复选框时，只形成相近颜色的连续闭合回路。否则，整个图像中相近颜色的所有像素一起被选择。

（4）对所有图层取样：选择所有可见图层中相近颜色。否则，魔棒工具将只从当前图层中选择相近颜色创建选区。

4）选区调整

选区形成后，可根据需要对选区进行移动、扩大、缩小、羽化、反选、存储、取消等各种操作。

（1）移动：在任何选区工具（新选区）状态下，将鼠标指针放在选区内拖动，则可以移动选区。

（2）扩大、缩小：选择"选择"→"修改"命令下的各子命令可对已存在选区进行各种修改。

（3）羽化：羽化选区能够实现选的边缘模糊效果。羽化半径越大，效果越明显，反之越小。

（4）反选：使当前选中部分成为不选中，而当前没有选中的部分变为选中。

（5）取消选择：当选区创建完后，Photoshop的所有操作都将在选区内进行，因此，当完成选区内编辑时应该及时取消已存在的选区。执行"选择"→"取消选择"命令，或右击，在弹出的快捷菜单中选择"取消选择"命令，或使用【Ctrl+D】组合键均可取消当前的选区。

2. 图层的应用

图层是Photoshop中一个非常重要的工具，图层之间的关系可以理解为一张张相互叠加的透明纸，可根据需要在这张"纸"上添加、删除构成要素或对其中的某一层进行编辑而不影响其他图层。通过控制各个图层的透明度以及图层色彩混合模式能够制作出丰富多彩的图像特效。图层的应用可以通过"图层"菜单或图层面板来实现。

3. 蒙版的使用

蒙版是一种遮盖工具，用以控制图层中的某些区域如何隐藏或显示。通过修改图层蒙版，可以对图层应用各种特殊效果，而不会影响该图层的原有图像。图层蒙版是灰度图，在图层蒙版上，可以用白色、黑色、灰色对相应的图层图像产生隐藏、不隐藏和半隐藏的效果。

（1）白色——不透明。蒙版中的白色将使图像呈不透明显示。

（2）黑色——透明。蒙版中的黑色将使图像呈透明显示。

（3）灰色（256 级灰度）——半透明。蒙版中的不同灰色将使图像呈不同的半透明显示。

蒙版是图像处理中制作图像特殊效果的重要技术。在蒙版的作用下，Photoshop 的各项调整功能真正发挥到极致，得到更多绚丽多姿的图像效果。

如果某选区加载到图层蒙版上，则该选区被保护，其他部分被遮罩，运用此方法，可创建特效文字和图像。

10.5.3　高级编辑操作

1. 色彩调整

如果不满意原始图像的色彩，例如图像偏色、光线不足、失真等，就需要进行色彩的调整。理解和恰当运用 Photoshop 的"色彩调整"，除了可修复图像色彩方面的不足以外，还可以为图像替换颜色，恢复老照片，为黑白图像着色，等等。常用的图像色彩调整命令包括色阶、曲线、亮度|对比度、色相|饱和度等。

选择"图像"→"调整"→"色阶"命令，可以用高光、暗调、中间调三个变量来调整图像的明暗度。在输入色阶区域，拖动左边的黑色"暗调"滑块可以调整图像的暗部色调，拖动中间的灰色"中间调"滑块可以调节图像的中间色调，拖动右边的白色"高光"滑块可以调节图像的亮部色调。在输出色阶区域，拖动黑色滑块将减低暗调，拖动白色滑块将减低高光。

选择"图像"→"调整"→"曲线"命令，通过调整曲线网格中曲线的形状调整图像的整个色调范围。与"色阶"命令不同的是，"曲线"命令不只是使用高光、暗调、中间调三个变量进行调整，而是可以调整 0～255 范围内的任意点，在调整某一区域的同时，可保持其他区域上的效果不受影响。如图 10-29 所示为使用"曲线"命令调整图像的效果。

选择"图像"→"调整"→"亮度|对比度"命令，可以调整图像的亮度和对比度，但是只能简单、直观地对图像做较粗略的调整。

选择"图像"→"调整"→"曝光度"命令，可以调整曝光度不足的图像文件，曝光度对话框中的"曝光度"主要用来调整色调范围的高光端、"位移"主要调整色调范围的中间调。

在 Photoshop 的"图像"→"调整"命令的下拉菜单中，还提供了其他的一系列命令，可用来帮助调整图像色调和色彩平衡。

2. 滤镜

滤镜是一种植入 Photoshop 的功能模块，它是 Photoshop 中最奇妙的部分。掌握好滤镜的使用技巧，能够创建出各种精彩绝伦的艺术效果和神奇画面，在图像处理过程中灵活运用滤镜功能，还可以达到掩盖缺陷和锦上添花的效果。Photoshop 滤镜可以分为两种：Photoshop 自身附带的滤镜称为内置滤镜；通过安装引入第三方厂商开发的滤镜称为外挂滤镜。这里主要介绍一些常用的内置滤镜。

1）像素化滤镜

像素化滤镜可以将图像先分解成许多小块，然后进行重组，因此处理过的图像外观如同许多碎片拼凑而成的。其中"彩块化"滤镜通过分组和改变示例像素成相近的有色像素块，将图像的光滑边缘处理出许多锯齿。产生手绘效果；"彩色半调"滤镜将图像分格，然后向方格中填入像素，以圆点代替方块。处理后的图像看上去就像是铜版画；"碎片"滤镜自动拷贝图像，然后以半透明的显示方式错开粘贴 4 次，产生的效果就像图像中的像素在震动；"马赛克"滤镜将图像分解成许多规则排列的小方块，其原理是使一个单元内的所有像素颜色统一，产生马赛克效果。图 1-10-16 是选择"滤镜"→"像素化"→"彩色半调"命令产生的处理效果。

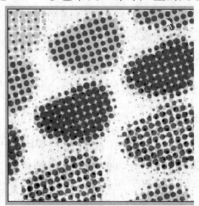

图 1-10-16　"像素化"→"彩色半调"命令的处理效果

2）扭曲滤镜

扭曲滤镜的主要功能是将图像或选区进行各种各样的扭曲变形，从而产生三维或其他变形效果。如水滴形成的波纹及水面的漩涡效果，都可以用此滤镜来处理。

3）杂色滤镜

杂色滤镜可以增加或去除图像中的杂点，在处理扫描图像时非常有用。其中"去斑"滤镜能除去与整体图像不太协调的斑点。"添加杂色"滤镜能向图像中添加一些干扰像素，像素混合时产生一种漫射的效果，增加图像的图案感。它可以掩饰图像的人工修改痕迹。

4）模糊滤镜

对于图像中的特定线条和遮蔽区域，平衡其清晰边缘附近的像素，可使图像变得柔和。

5）渲染滤镜

渲染滤镜主要在图像中产生一种照明效果和不同光源效果。其中"云彩"滤镜利用选区在前景色和背景色之间的随机像素值，在图像上产生云彩状的效果，产生烟雾缥缈的景象；"镜头光晕"滤镜模拟光线照射在镜头上的效果，产生折射纹理，如同摄像机镜头的炫光效果。

6）纹理滤镜

为图像创造某种特殊的纹理或材质效果，增加组织结构的外观。其中"染色玻璃"滤镜能使图像产生不规则的彩色玻璃格子效果，格子内的色彩为当前像素的颜色。"颗粒"滤镜可为图像增加许多颗粒纹理。"龟裂缝"滤镜能使图像产生凹凸的裂纹。

7）风格化滤镜

风格化滤镜通过置换像素并查找和增加图像中的对比度，在选区上产生如同印象派或其他画派的作画风格。其中"照亮边缘"滤镜搜索图像边缘，并加强其过渡像素，产生发光效果。"风"滤镜通过在图像中增加一些小的水平线而产生风吹的效果。该滤镜只在水平方向起作用，若想得到其他方向的风吹效果，需要将图像旋转后再应用风滤镜。

第11章　动画应用

随着多媒体信息技术的飞速发展与广泛应用，视觉表现艺术承担着越来越重要的作用。基于矢量的具有交互性的图形编辑和二维动画制作软件以其强大的动画制作功能和超凡的视听表现力成为应用相当广泛的平台之一，学习与掌握应用动画设计软件显得尤为重要。

11.1　动画基本原理

动画即活动的画面，是通过把一系列连续变化的单个画面以一定的速率放映的形式，使画面中的对象随着时间的推移而产生运动或改变，使本来没有生命的形象活动起来，从而产生动态视觉的技术和艺术。动画与运动是分不开的，可以说运动是动画的本质，动画是运动的艺术。

作为将静止的画面变为动态的艺术，动画的形成所依托的是人类视觉中所具有的"视像暂留"特性。人的眼睛在观察景物时，当看到的影像消失后，人眼仍能继续保留其影像 0.1~0.4 s 的图像，形成残留的视觉"后像"，如果前后两个视像之间的时间间隔不超过 0.1~0.4 s，那么前一个视像尚未消失，而后一个视像已经产生，并与前一个视像融合在一起，就会形成视觉暂留现象。电影、电视、动画技术正是利用人眼的这一视觉惰性，在前一幅画面还没有消失前继续播放出后一幅画面，一系列静态画面就会因视觉暂留作用而给观看者造成一种连续的视觉印象，一组活动的画面就会产生逼真的动感，造成一种流畅的视觉变化效果。

11.2　Animate CC 软件

Flash 动画是网页设计中应用最广泛的动画格式，随着 Internet 的发展，Animate CC 已经成为广大计算机用户设计小游戏、发布产品以及编制解析课件的首选软件。Animate CC 是由 Adobe Flash Professional CC 更名得来的，它在支持 Flash SWF 文件的基础上，新增了 HTML5 创作工具，为网页开发者提供更适应现有网页应用的音频、图片、视频、动画等创作支持。

与其他同类型的软件相比，Animate CC 2018 拥有更为领先的动画工具集，在这里用户可以建立具有创新性和沉浸式的网站，为桌面端创建独立的应用程序，还可以创建能在 Android 或 iOS 等移动设备上运行的移动应用。

11.3 Animate CC 文档类型

Adobe Animate CC 是一个动画和多媒体制作工具，可为多种平台和播放技术创建媒体。动画既可以在支持 FlashPlayer 的浏览器中播放，也可以在支持 HTML5 和 JavaScript 的浏览器中播放。动画也可以作为高清视频导出并上传到网上，还可以在移动设备上作为 App 播放。

用户应该首先确定播放或运行时的环境，以便选择合适的文档类型。Adobe Animate CC 支持的文档类型有以下几种：

HTML5 Canvas：选择 HTML5 Canvas 可以创建在使用 HTML5 和 JavaScript 的现代浏览器中播放的动画素材。可以在 Animate CC 内插入 JavaScript 或者将其添加到最终的发布文件中，从而增加交互性。

WebGL：WebGL 文档不支持文本，因此纯动画素材可以选择 WebGL，以充分利用硬件图形加速功能。

ActionScript 3.0：选择 ActionScript 3.0 可以创建在桌面浏览器的 Flash Player 中播放的动画和交互性。

AIR for Desktop：选择 AIR for Desktop 可以创建在 Windows 或者 Mac 桌面上以应用程序播放的动画和交互性，而且无须浏览器。可以使用 ActionScript 3.0 在 AIR 文档中添加交互性。

AIR for Android 或 AIR for iOS：选择 AIR for Android 或 AIR for iOS 可以为 Android 或 Apple 移动设备发布一个 App。可以使用 ActionScript 3.0 为移动 App 添加交互性。

选择"文件"→"转换为"命令，在打开的子菜单中进行选择，可以将一种文档类型切换到另一种文档类型。但是，某些功能和特性可能会在转换中丢失。

11.4 Animate CC 2018 软件操作

11.4.1 Animate CC 2018 工作界面

Animate CC 2018 的工作区包括位于屏幕顶部的命令菜单以及用于在影片中编辑和添加元素的多种工具和面板。可以在 Animate 中为动画创建所有的对象，也可以导入 Adobe Illustrator、Adobe Photoshop、Adobe After Effects 及其他兼容的应用程序中创建的元素。图 1-11-1 所示为 Animate CC 2018 的操作界面。

1. 舞台

Animate 中的舞台是在播放动画时，用户观看动画的区域，包括出现在屏幕上的文本、图像和视频。为了让用户看到或者看不到元素，就需要把元素移入或移出舞台。默认情况下，舞台周围的灰色区域用来放置不被用户看到的元素。若只想查看舞台上的内容，可以单击"剪切掉舞台外面的内容"按钮来裁剪舞台区域之外的图形元素，来查看用户观看最终项目的方式。

要缩放舞台，使之能够完全放在应用程序窗口中，可选择"视图"→"缩放比率"→"符合窗口大小"命令。也可以从舞台上方的菜单中选择不同的缩放比率视图选项。

图 1-11-1　Animate CC 2018 的操作界面

2. 工具箱

工具箱是 Animate 中重要的工具组合，它包含选取工具、绘图和文字工具、绘图和编辑工具、导航工具以及其他工具选项，如图 1-11-2 所示。

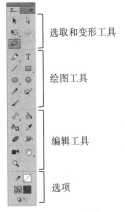

图 1-11-2　工具箱

3. 属性面板

通过"属性"面板可以快速访问最可能需要的属性。"属性"面板中显示的内容取决于选取的内容，如图 1-11-3 所示。

图 1-11-3　"属性"面板

4. 时间轴面板

时间轴位于舞台的下方。像电影一样，Animate 文档以帧为单位度量时间。在动画播放时，播放头（红色垂直线）通过时间轴中的帧向前移动。在时间轴上，不仅可以针对不同的帧更改舞台上的内容，还可以在特定的时间在舞台上显示帧的内容。帧的编号以及时间（单位为秒）将总是显示在时间轴的上方。

在时间轴的底部，Animate 会指示所选的帧编号、当前帧速率（每秒播放多少帧），以及迄今为止在动画中所流逝的时间，如图 1-11-4 所示。

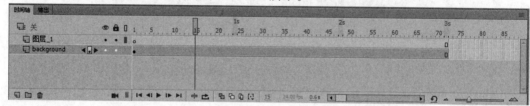

图 1-11-4　时间轴面板

时间轴还包含图层，它有助于在文档中组织作品，当前项目中含有两个图层。用户可以把图层看作彼此相互堆叠的多个电影胶片，每个图层都包含一幅出现在舞台上的不同图像，可以在一个图层上绘制和编辑对象，而不会影响另一个图层上的对象。图层按它们互相重叠的顺序堆叠在一起，使得位于时间轴底部图层上的对象在舞台上显示时也将出现在底部。单击图层选项图标下方的每个图层的圆点，可以隐藏、锁定或只显示图层内容轮廓。双击图层名称，可以对图层重命名，如图 1-11-5 所示。

图 1-11-5　时间轴中的图层

11.4.2　绘制网页动画图形

Animate 中的每一个图形都始于一种形状。形状由两个部分组成：填充和描边。填充和描边的功能是彼此独立的，因此可以修改或删除其中一个，而不会影响到另一个。

Animate 包括多种绘图工具，它们在不同的绘图模式下工作。许多创建工作都开始于像矩形和椭圆这样的简单形状，因此能够熟练地绘制、修改形状的外观以及应用填充和描边是很重要的。

1. 使用矩形工具

使用矩形工具 ▢ 可以绘制出正方形、矩形和圆角矩形。如果结合选择工具 ▶、部分选取工具 ▷ 及任意变形工具 ▦，对矩形进行变形，可以绘制出十分漂亮又具有创意的图形。

选取工具箱中的矩形工具 ▢，在"属性"面板中设置矩形的笔触颜色、填充颜色以及笔触样式后，在舞台中单击并拖动鼠标，即可绘制矩形对象。

选取矩形工具 ▢ 后，在工具箱的底部有对象绘制 ◉、贴紧至对象 ◫ 两个选项按钮，它们分别对应了对象绘制模式和合并绘制模式。对象绘制◙是在叠加时不会自动合并在一起的单独的图形对象，这样在分离或重新排列形状的外观时，会使形状重叠而不会改变它们的外观。贴紧至对象◙会强制让用户在舞台上绘制的形状相互贴紧，确保形状的线条和角相互连接，使得多种形状看起来就像是单个形状一样。如果移动或删除已经与另一种形状合并的形状，合并的部分就会永久删除。

2. 使用椭圆工具

使用椭圆工具◉可以绘制椭圆或正圆。选取工具箱中的椭圆工具◉，在"属性"面板中设置椭圆的笔触颜色、填充颜色以及笔触样式后，在舞台中单击并拖动鼠标，即可绘制椭圆对象。矩形工具和椭圆工具结合使用，可以绘制出不同的图形。

11.4.3 编辑网页动画图形

要编辑对象，首先要能选择对象的不同部分，然后再使用可编辑图形的工具来修改这些基本形状，从而创建出各种精美的图形。下面主要介绍选择工具、部分选取工具、任意变形工具、套索工具的使用方法。

1. 选择工具

使用选择工具▣可以选择整个对象或者对象的一部分。方法是首先选取工具箱中的选择工具▣，然后将鼠标指针移动至舞台中相应图形上，单击即可选择该图形；或者选取工具箱中的选择工具▣，后，在舞台上围绕所选图形拖动选择工具，就可以将图形全部选中。

使用选择工具▣还可以推、拉线条和角，从而更改任何形状的整体轮廓。这是处理形状时快速、直观的方法。方法是首先选取工具箱中的选择工具▣，然后移动鼠标指针至需要变形的图形（直线、角）附近后，鼠标光标附近将出现一条曲线或者直角符号，表示可以更改图形的曲率或角度，最后拖动鼠标即可完成变形处理。图 1-11-6 是利用选择工具对圆柱形进行的变形处理后的效果。

2. 部分选取工具▣

部分选取▣工具允许选择对象中特定的点或线。方法是首先选取工具箱中的部分选取工具▣；然后将鼠标指针移动至舞台中相应点或线上，单击即可选择该图形。

3. 任意变形工具▣

利用任意变形工具▣，可以更改对象的比例、旋转或斜度（倾斜的方式），或通过在边框周围拖动控制点来扭曲对象。方法是首先选取工具箱中的任意变形工具▣；然后在舞台上围绕图形拖动鼠标指针来选取它，这时图形上将出现变形手柄；最后单击变形手柄，即可改变图形的形状。图 1-11-7 是利用任意变形工具对图 1-11-6 变形处理后的效果。

图 1-11-6 选择工具处理后的效果图

图 1-11-7 任意变形工具处理后的效果图

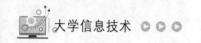

4. 套索类选择工具

套索工具 🔾 可以选择不规则图形的任意部分；多边形工具 🔽 适合选择有规则的区域；魔术棒 🔨 用来选择相同色块区域。方法是首先选取工具箱中的套索工具 🔾；然后将鼠标指针移动至舞台中，单击并拖动至合适位置后释放鼠标左键，即可选中图形中需要的范围。

11.4.4 创建网页文本对象

文本是动画创作不可缺少的组成元素，它可以辅助影片表述内容，合理和正确地用好文本可以使所创建的作品达到引人入胜的效果。对于不同的文档类型，有很多选项可用于文本。对于 HTML5Canvas 文档，可以使用静态文本或动态文本。

1. 静态文本

静态文本将使用计算机上的字体来进行简单的文本显示，静态文本在发布的动画中是无法修改的。当在舞台上创建静态文本并发布到 HTML5 项目时，Animate 会自动将字体转换为轮廓。这意味着用户不必担心观众端是否拥有所需的字体，但是缺点是太多的文本会增加文件大小。

在 Animate 中确定需要创建文本的页面，选取工具箱中的文本工具 T，在"属性"面板中设置字体、大小、颜色等信息，在文本类型列表框中选择"静态文本"选项，其他参数为默认值。移动鼠标指针至舞台上，当其呈 形状时，单击确认插入点，输入相应文本，然后在舞台任意位置单击，确认输入的文字，即可完成静态文本的创建。

2. 动态文本

动态文本的内容是可以变化的。动态文本的内容可以在影片制作过程中输入，也可以在影片播放过程中设置动态变化，通常的做法是使用 ActionScript 对动态文本的内容进行控制，这样可以大大增强影片的灵活性。

要创建动态文本，首先选取工具箱中的文本工具 T，然后在"属性"面板的文本类型列表框中选择"动态文本"选项，最后在舞台上拉出一个固定大小的文本框，在舞台上输入文本即可。

11.4.5 创建网页元件对象

元件（symbol）是 Animate 动画中一个非常重要的概念，它是可以用于特效、动画或交互性的可重用的资源，每个元件都可以有自己的时间轴、场景和完整的图层。对于许多动画来说，元件可以减小文件尺寸，缩短下载时间，是因为它们可以重复使用。用户在项目中无限次地使用一个元件，但是 Animate 只会把它的数据存储一次。

1. 元件类型

用户可以把元件看作容器，它可以包含 JPEG 图像、导入的 Illustrator 图画或在 Animate 中创建的图画。在任何时候，都可以进入元件内部并编辑，这意味着可以编辑并替换其内容。当修改了某个元件后，使用此元件的其他对象随之更新，避免了逐一更改的麻烦。Animate 中的三种元件都用于特定的目的，可以通过在"库"面板中查看元件旁边的图标，辨别它是影片剪辑（🎬）、按钮（🖲），还是图形（🅰）。

1）影片剪辑元件

影片剪辑元件是最强大、最通用的元件之一。在创建动画时，通常将使用影片剪辑元件。可以对影片剪辑实例应用滤镜、颜色设置和混合模式，利用特效增强其外观。

影片剪辑元件可以包含它们自己独立的时间轴，可以在影片剪辑元件内包含一个动画，就像可以在主时间轴上包含一个动画那样容易，这使得制作非常复杂的动画成为可能。

2）按钮元件

按钮元件用于交互性。按钮元件有自己的时间轴，包含四个独特的关键帧，分别是"弹起""指针经过""按下"和"单击"四种状态。在每种状态下，都可以包含其他元件或声音等。除了最后一个状态外，其他三个状态中所包含的内容在影片播放时都可见或可听到，最后一种状态是确定激发按钮的范围。可以对按钮应用滤镜、混合模式和颜色设置，不过按钮需要代码来使它们工作。

3）图形元件

图形元件是最基本的元件类型。它主要用来制作动画中的静态图形，通常会使用它来创建更加复杂的影片剪辑元件。图形元件不支持交互性，没有独立可用的时间轴，无法为图形元件应用滤镜或者混合模式。

但是，当想要在多个版本的图形之间轻松切换时，图形元件就相当有用。例如，当需要将嘴唇形状与声音进行同步时，通过在图形元件的各个关键帧中放置所有不同的嘴部形状，可以轻松地同步语音。图形元件还用于将图形元件内的动画与主时间轴进行同步。

2. 创建元件

在启动 Animate 时，系统会自动创建一个附属于动画文件的元件库。当创建新的元件时，系统会自动将所创建的元件添加到该库中。除此之外，还可以使用系统提供的元件，以及附属于其他动画的元件。创建元件主要有两种方法：

（1）在舞台上不选择任何内容，只要在菜单中选择"插入"→"新建元件"命令，Animate 将进入元件编辑模式，在此可以绘制元件或导入元件的图形。

（2）选择舞台上的现有图形，然后将其转换为元件。无论选择了什么，都将自动放置在新元件内。

3. 编辑元件

Animate 提供了三种方式编辑元件：在当前位置编辑、在新窗口中编辑和在编辑元件窗口中编辑。编辑元件时，Animate 将更新文档中该元件的所有实例，以反映编辑结果。

1）在当前位置编辑

在舞台上直接编辑元件，舞台上的其他对象以灰度显示，表示与当前元件的区别。被编辑元件的名称将显示在舞台顶端的标题栏中，位于当前场景名称的右侧。

双击舞台上的元件实例，或在舞台上的元件实例上右击，在弹出的快捷菜单中选择"在当前位置编辑"命令，根据需要编辑元件。完成后要退出当前编辑模式，可单击位于舞台顶端标题栏左侧的"后退"按钮 ←，或单击场景名称即可。

2）在新窗口中编辑

在舞台上的元件实例上右击，在弹出的快捷菜单中选择"在新窗口中编辑"命令。用户根据需要编辑元件后，要退出新窗口返回场景工作区时，可单击右上角的"关闭"按钮。

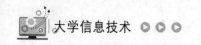

3）在编辑元件窗口中编辑

选择"窗口"→"库"命令，展开"库"面板，双击"名称"列表框中相应元件前面的图标，即可在编辑元件窗口中打开该元件，单击位于舞台顶端标题栏左侧的"后退"按钮 ←，即可退出编辑元件窗口，返回场景工作区。

11.4.6　制作网页动画特效

在 Animate 中可以制作很多种类的动画，其中逐帧动画、形状渐变动画等是最简单、最基本和最常用的动画。下面主要介绍制作网页动画特效的方法。

1. 逐帧动画

逐帧动画是通过在每个关键帧之间进行增量变化，来创建移动的效果。逐帧动画的每一帧都会更改舞台中的内容，它最适合于图像在每一帧中都不断变化且在舞台上移动的复杂动画。逐帧动画在 Animate 中类似于传统的手绘动画，每一个绘图都是在一张单独的纸张上完成的。

逐帧动画的每一帧都是关键帧，Animate 不得不为每个关键帧存储各自的内容，所以逐帧动画会显著增加文件的大小。

2. 形状渐变动画

形状渐变动画（也称形状补间动画）是指通过在时间轴上的某个帧中绘制一个对象，在另一个帧中修改该对象或重新绘制其他对象，然后由 Animate 计算出两帧之间的差别并插入过渡帧，从而创建出形状渐变动画的效果。

在时间轴面板中需要创建形状动画的帧上右击，在弹出的快捷菜单中选择"创建补间形状"命令，即可创建补间形状动画。

3. 动作渐变动画

要制作动作渐变动画，首先需要创建好两个关键帧的状态，然后在关键帧之间创建动作关系。动作渐变效果主要依靠 Animate 的传统补间动画功能来完成。补间范围是时间轴中的一组帧，其中的某个对象具有一个或多个随时间变化的属性。渐变动画的过程很连贯，且制作过程也比较简单，只需要在动画的第 1 帧和最后 1 帧中创建动画对象即可。

在时间轴面板中需要创建动作渐变的帧上右击，在弹出的快捷菜单中选择"创建传统补间"命令。即可创建动作渐变动画。

4. 遮罩层动画

遮罩是一种选择性地隐藏和显示图层内容的方法。遮罩可以对观众观看的内容进行控制。遮罩动画是指设置相应图形为遮罩对象，通过运动的方式显示遮罩对象下的图像效果。在 Animate 中，遮罩所在的图层要放置在需要被遮罩的内容所在图层的上方。

第12章 网页设计基础

网页设计（web design）是根据企业希望向浏览者传递的信息（包括产品、服务、理念、文化）进行网站功能策划及页面设计美化工作。精美的网页设计，对于提升企业的互联网品牌形象至关重要。

 ## 12.1 网站的规划

12.1.1 网站的基本概念

网站是由网页组成的，网站和网页的关系就像家庭与家庭成员的关系一样。但是网站往往要复杂一些。

另外，网站除了一般的网页之外，往往还有一些其他的东西。例如数据库，以"淘宝"为例，网站需要保存客户的用户名、密码以及交易信息，这都需要数据库。总而言之，网站要比网页复杂，一个好的网站需要精心规划和设计。

12.1.2 静态网站与动态网站

根据数据的更新方式，有静态网站和动态网站之分，如图 1-12-1、图 1-12-2 所示。

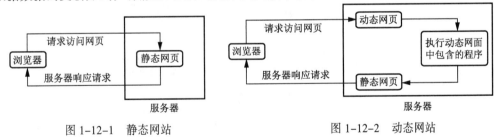

图 1-12-1 静态网站　　　　　　　图 1-12-2 动态网站

1. 静态网站

如果数据不多，内容比较固定，更新不频繁，可以采用静态网站。本章主要研究静态网站的制作。

2. 动态网站

所谓"动态"不是指网页上简单的 GIF 或 Flash 动画，与滚动字幕等视觉上的"动态效果"没有直接关系。动态网站的特点如下：

（1）交互性：网页会根据用户的要求和选择而动态地改变和响应，浏览器作为客户端，成为一个动态交流的桥梁。动态网页的交互性也是今后 Web 发展的潮流。

（2）自动更新：即无须手动更新 HTML 文档，便会自动生成新页面，可以大大节省工作量。

（3）因时因人而变：即当不同时间、不同用户访问同一网址时会出现不同页面。

（4）此外动态网页是与静态网页相对应的，也就是说，网页 URL 后缀的常见形式是.asp、.aspx、.jsp、.php、.perl、.cgi 等。

（5）使用网页脚本语言，比如 php、asp、asp.net、jsp 等，通过脚本将网站内容动态存储到数据库，用户访问网站时通过读取数据库来动态生成网页。

12.1.3 网站开发流程

为了加快网站建设的速度和减少失误，应该采用一定的制作流程来策划、设计、制作和发布网站。通过使用制作流程确定制作步骤，以确保每一步顺利完成。步骤的实际数目和名称因人而异，但是总体制作流程如图 1-12-3 所示。

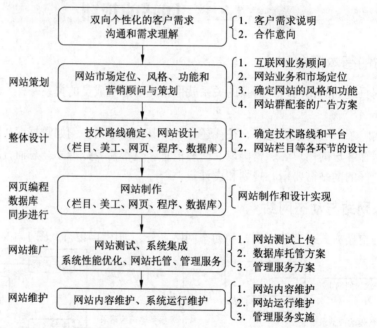

图 1-12-3　网站制作流程图

目前的网站按其功能分类，主要有门户网站、职能网站、专业网站和个人网站。现在的个人网站，按其最初建设的初衷可以分为三类：

第一类个人网站是按照个人爱好设置的，内容是个人自我展示，如个人 QQ 空间。

第二类个人网站是由两三个人组成的某某工作室，像亮亮工作室、丁香鱼工作室等。

第三类个人网站的发展力求商业化，如走进中关村等。

12.1.4 网站的总体规划与设计

在设计之前，需先画出网站结构图，其中包括网站栏目、结构层次、链接内容。首页中的各功能按钮、内容要点、友情链接等都要体现出来，一定要切题，并突出重点，同时在首页上应把大段的文字换成标题性的、吸引人的文字，将单项内容交给分支页面去表达，这样才显得页面精练。也就是说，首先要让访问者一眼就能了解这个网站提供什么信息，使访问者有一个基本的认识，并且有继续看下去的兴趣。并且要细心周全，不要遗漏内容，还要为扩容留出空间。分支页面内容要相对独立，切忌重复，导航功能要好。网页文件命名开头不能使用运算符、中文字等，分支页面的文件存放于自己单独的文件夹中，图形文件存放于单独的图形文件夹中，汉语拼音、英文缩写、英文原义均可用来命名网页文件。在使用英文字母时，同时要区分文件的大小写，建议在构建的站点中，全部使用小写的文件名称。

总体规划中涉及的主要内容包括：

（1）确定网站主题。

（2）确定网页结构。

（3）确定网页的信息组织和管理方式。

（4）确定信息的存储方法。

（5）文档版本的控制。

（6）确保结构的完整性和一致性。

 ## 12.2　网页设计概述

1. 网页的基本概念

网页（homepage）由文字、图像、动画、表格、视频等元素组成，访问网站时看到的第一张网页称为网站的首页。网页是用 HTML（超文本标识语言）或者其他语言编写的，通过 IE 浏览器编译后供用户获取信息的页面，又称为 Web 页。

2. 网页设计原则

一个优秀的页面应考虑内容、速度和页面美感三因素，可归结为：统一、协调、均衡和强调。

3. 网页的构成元素

（1）文本：是网页的主要部分。

（2）图像：主要是 JPG 和 GIF 格式。

① Logo：网站的形象，放在网页的左上方。

② Banner：用于宣传网站内某个栏目或活动的广告，动画形式。

③ 网页的背景：改变或统一网页的整体背景。

④ 其他应用。

（3）动画：网页上最活跃的元素，主要有 GIF 和 SWF 格式。

（4）超链接：网站的灵魂，实现跳转。

（5）导航栏：一组超链接，可方便地浏览整个站点，可以是文本或者按钮。

（6）表单：用来收集站点访问者信息的域集，是人机交互的有力工具。

（7）框架：网页的组织形式，在一个窗口中浏览多项内容。

（8）表格：网页排版的灵魂，精确定位元素。

（9）其他：日期、计数器、音频、视频和网页特效等。

4．常用的网页制作工具

常用的网页制作工具有文本编辑器——记事本和 Dreamweaver CS5。

Dreamweaver CS5 是 Macromedia 公司开发的一款专业 HTML 编辑器，用于 Web 站点、Web 页和 Web 应用程序的设计、编码和开发。Dreamweaver 支持静态和动态网页的开发，相对复杂和专业一些，是目前使用最多的网页设计软件。

下面介绍用 Html 语言制作简单的网页的办法。

1）制作第一个网页

【例 12-1】打开记事本，输入文字并保存，设置文件名为"例 1"，扩展名为".htm"，如图 1-12-4 所示。然后双击打开这个"例 1.htm"文件，将会看到自己制作的第一个网页，如图 1-12-5 所示。

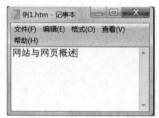
图 1-12-4　在记事本中编辑网页

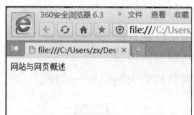
图 1-12-5　在 IE 中浏览效果

接下来，在记事本中改写成"<b>网站与网页概述</b>"，保存。双击浏览，发现字体加粗了。这里的 <b></b> 就是 HTML 语言。继续输入 <font color='#ff0000'><b>网页设计语言</b></font>，保存，如图 1-12-6 所示。再查看效果，"网页设计语言"在 IE 中显示为红色的粗体，如图 1-12-7 所示。

2）其他常用网页设计语言

扩展的功能语言，如 JavaScript（这个语言可以帮助制作网页的各种特效）。

内部程序语言，如 ASP、PHP、JSP、VB.NET 等。

使用数据库，如 Access、SQL Sever、MySQL 等。

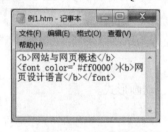
图 1-12-6　文本格式

图 1-12-7　浏览器效果

3）网页设计语言的选用

使用何种网页设计语言通常取决于网站的属性，例如：一般性的网站使用 ASP 制作，速度较快；保密性安全性要求高的使用 JSP 制作，比如各个银行网站大多都是 JSP 的页面；对流量有较高要求的网站，可以使用 PHP 制作，因为 PHP 与 MySQL 数据库搭配，效率高、CPU 占用率最低。下面重点学习 HTML 语言。

4）HTML 语言

HTML 语言即 Hyperlink Markup Language，超文本标识语言。

（1）HTML 的基本格式。

标识格式：<标记>指定内容</标记>

基本结构：

```
<html>                                  <!–网页开始　–>
   <head>                               <!–头部开始　–>
     <title>页头标题</title>
    ……
   </head>                              <!–头部结束　–>
   <body>                               <!–主体开始　–>
     ……
   </body>                              <!–主体结束　–>
</html>                                 <!–网页结束　–>
```

（2）表格的标记格式。

```
<table>                                 <!–表格开始　–>
   <tr>                                 <!–一行开始　–>
    <td>列名 1</td>                     <!–一列开始到结束　–>
       ……
    <td>列名 n</td>
   </tr>                                <!–一行结束　–>
</table>                                <!–表格结束　–>
```

【例 12-2】我的课表，如图 1-12-8 所示。

图 1-12-8　我的课表

代码如下：

```
<html>
<head>
<title>表格示例</title>
<style type="text/css">
body {  background-image:  url("02.gif"); }
.STYLE3 {font-family:  "隶书"; font-size:  24px; color:  #0000FF; }
</style></head>
<body>
<p align="left"> 我的课表</p>
<table width="350" border="2" cellpadding="2" cellspacing="1"
 background=" 01.jpg">
  <tr>
<td><div align="center" class="STYLE3"></div></td>
```

```
    <td><div align="center" class="STYLE3">课程名字</div></td>
  </tr>
  <tr>
    <td><div align="center" class="STYLE3">星期一</div></td>
    <td><div align="center" class="STYLE3">计算机应用基础
          </div></td>
  </tr>
  <tr>
    ……
  </tr>
</table>                        <!—表格定义结束 ->
</body>                         <!—主体结束   ->
</html>                         <!—文档结束   ->
```

③ 超链接的格式。

```
<a  href="超链接对象">超级链说明文字</a>
```

12.3 Dreamweaver CS5 工作环境

初步了解了网站的规划以及网页设计的基本知识后，就可以使用网页制作软件来创建网站中的网页了。Dreamweaver 是一种可视化的网页设计和网站管理工具，它支持静态与动态技术，并且支持可视化操作。下面以 Dreamweaver CS5 来介绍其工作环境。

1. 工作区布局

首次启用 Dreamweaver 时，会弹出如图 1-12-9 所示的"工作区设置"对话框。在该对话框中提供了两种布局风格：一种是"设计器"布局，该布局是一个使用 MDI（多文档界面）的集成工作区，其中全部"文档"窗口和面板被集成在一个更大的应用程序窗口中，面板组停靠在右侧，建议初学者使用此布局；另外一种是"编码器"布局，该布局也是一个集成工作区，但是面板组停靠在左侧，布局类似于 HomeSite 所用的布局，而且"文档"窗口在默认情况下显示"代码"视图，建议 HomeSite 用户以及手工编码人员使用这种布局。

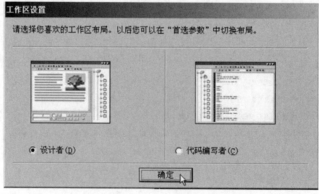

图 1-12-9 "工作区设置"对话框

2. 文档窗口

在"工作区设置"对话框启用"设计器"工作模式，单击"确定"按钮，即可打开 Dreamweaver。

在打开的文档窗口中，其中最醒目的是居于窗口中央的"起始页"对话框，如图 1–12–10 所示。

该对话框的中间有三个栏目，分别是"打开最近项目""创建新项目"和"从范例创建"。在这三个栏目中单击任意一个栏目中的文字和图标，即可打开相应的窗口。在该对话框的下方有三行文字，它们是 Dreamweaver 的在线帮助链接。如果在下次启动 Dreamweaver 时不希望显示此对话框，则可以选中该对话框最下面的"不再显示此对话框"复选框。

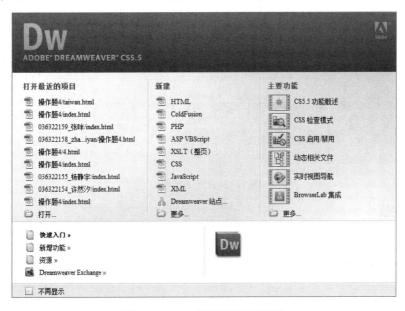

图 1–12–10　"起始页"对话框

温馨提示：要设置是否在启动 Dreamweaver 时显示此对话框，还可以选择"编辑"菜单的"首选参数"命令，并打开"常规"选项卡，在"文档选项"后取消"显示起始页"复选框的勾选。

在"起始页"对话框的"创建新项目"栏中，选择"打开"选项，选择一个网页文件，此时的 Dreamweaver 窗口如图 1–12–11 所示，其中各部分的功能如下：

（1）"插入"工具栏：包含用于将各种类型的对象（图像、表格和层）插入文档中的按钮。每个对象都是一段 HTML 代码，允许用户在插入时设置不同的属性。

（2）"文档"工具栏：包含按钮和弹出式菜单，提供各种"文档"窗口视图、各种查看选项和一些常用操作。

（3）页面编辑窗口：用于显示当前创建和编辑的文档，可以在此设置和编排页面内的所有对象，如文字、图像、表格等。

（4）面板组：组合在一个标题下面的相关面板集合，包括代码面板、文件面板、资源面板等。在"窗口"菜单中，可以选择相应的命令显示或隐藏面板。

（5）"文件"面板：帮助用户管理自己的文件和文件夹，包括 Dreamweaver 站点的一部分和远程服务器，同时还可以访问本地磁盘上的全部文件，类似于 Windows 中的资源管理器。

（6）"属性"面板：用于查看和更改所选对象或文本的各种属性，每种对象都具有不同的属性。在"编码器"工作区布局中，"属性"面板默认是折叠的。

（7）标签编辑窗口：位于"文档"窗口底部的状态栏中，用于显示环绕当前选定内容的标签的层次结构。单击该层次结构中的任何标签，可以选择该标签及其全部内容。

图 1-12-11　文档窗口

3. 工具栏面板

Dreamweaver 中包含四种工具栏：插入、样式呈现、文档和标准。其中的"样式呈现"工具栏是 Dreamweaver CS5 的新增工具栏。如果要将这些工具栏显示在文档窗口中，可以选择"查看"→"工具栏"命令。

其中，"插入"工具栏是最常用的工具栏之一，其按钮与"插入"菜单中的命令相对应。使用上面的按钮，可以方便、快捷地在网页中插入图像、表格、字符、动画等。"插入"工具栏包含了八个选项卡。

4. 面板基本操作

在 Dreamweaver 中，几乎所有操作都可以在工具栏或者面板中完成。在"设计器"布局的状态下，文档窗口右侧的界面中包含所有常用面板，如"文件"面板、"CSS 样式"面板、"资源"面板等。它的实际运用将在以后的章节中讲到，现在介绍面板的基本操作。

面板组是分布在某个标题下面的相关面板集合，这些面板功能强大，而且能够任意组合。如果要展开一个面板组，可以双击面板组名称，如图 1-12-12 所示。如果要使"文档"窗口扩大，可以将面板组折叠为图表，单击面板组右上角的双箭头按钮即可，如图 1-12-13 所示。

图 1-12-12　面板组

图 1-12-13　面板组折叠为图标

如果要将某个面板分离成浮动面板，首先应将鼠标指针指向面板名称，按下左键拖动即可得到浮动的面板。将 CSS 样式面板分离成浮动面板，如图 1-12-14 所示。

温馨提示：单击面板组标题栏右侧的按钮图，在弹出的下拉菜单中，可以对该面板进行重新组合、重新命名以及关闭该面板等操作，如图 1-12-15 所示。

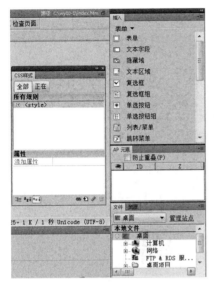

图 1-12-14　分离面板组　　　　　　　　图 1-12-15　执行命令

Dreamweaver 可以制作简单静态网页、网页表单、框架网页、动态网页等多种类型的网页页面，大家可以通过上机实验来体会 Dreamweaver 的强大功能。

实验篇

实验 1　Windows 的基本操作

一、实验目的

（1）掌握 Windows 10 的基本操作。

（2）掌握桌面主题及"开始"菜单的组织。

（3）掌握文件和文件夹的管理。

（4）掌握压缩存储和解压缩。

二、实验环境

中文 Windows 10 操作系统。

三、实验范例

1. 桌面个性化设置

设置桌面背景为场景中的任意一张照片，位置为填充；设置屏幕保护程序为公用图片中所有示例图片的随机播放，播放时间为"中速"，屏幕保护等待时间为 5 min，并在恢复时显示登录屏幕；将桌面上文本、应用等项目的文字大小设置为 125%，增大字体。

【操作步骤】

（1）在桌面空白处右击，弹出快捷菜单，选择"个性化"命令，在"个性化"窗口中单击下方的"背景"标签。在窗口"背景"一栏选择"图片"，在打开的图片列表中选择第二张风景照片，图片下方的"选择契合度"选择"填充"选项，如图 2-1-1 所示。

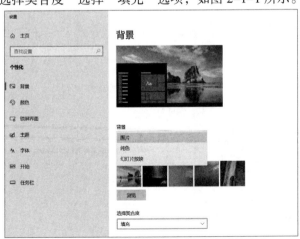

图 2-1-1　桌面个性化背景设置

（2）在"个性化"窗口中单击下方的"锁屏界面"标签。单击窗口最下方的"屏幕保护程序设置"超链接，弹出图 2-1-2 所示的"屏幕保护程序设置"对话框，将"屏幕保护程序"设置为"3D 文字"，单击"设置"按钮，弹出图 2-1-3 所示的"3D 文字设置"对话框，选中"自定义文字"单选按钮，在文本框中输入文字"欢迎来到 Windows 10 世界！"，将旋转速度设置为中速，其他选项可自主修改观察效果，单击"确定"按钮返回图 2-1-2 所示界面，将"等待"时间设置为 5 分钟，并选中"在恢复时显示登录屏幕"复选框，单击"预览"按钮可查看修改后的效果。

图 2-1-2 "屏幕保护程序设置"对话框

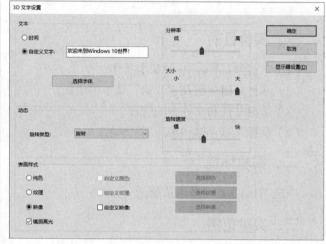

图 2-1-3 "3D 文字设置"对话框

（3）在桌面空白处右击，在弹出的快捷菜单中选择"显示设置"命令，单击左侧"屏幕"标签，打开如图 2-1-4 所示窗口，将"更改文本、应用等项目的大小"设置为 125%（或其他合适的大小），适当调整字体大小。

图 2-1-4 更改文本、应用等项目的大小

2. 设置任务栏以及"开始"菜单

将任务栏外观设置为"自动隐藏任务栏"，并将任务栏按钮设置为"从不合并"；将任务栏分别移动到屏幕的左、上和右边缘，最后移回屏幕下方；将任务栏高度设置为 3 行，再还原为一行；将"录音机"添加到"固定项目列表"上；并个性化选择哪些文件夹显示在"开始"菜单上。

【操作步骤】

（1）在桌面下方任务栏的空白处右击，弹出快捷菜单，选择"任务栏设置"命令，在弹出的图 2-1-5 所示的窗口中，将第二个选项"在桌面模式下自动隐藏任务栏"设置为"开"。设置该项后任务栏的显示效果为默认不显示任务栏，当鼠标指针移动至任务栏所在的位置时，系统立即显示任务栏；当鼠标指针离开时任务栏会自动隐藏。将下方"合并任务栏按钮"设置为"从不"，设置后的效果为无论打开多少个窗口，窗口不会折叠成一个按钮。随着打开的程序和窗口越来越多，按钮的尺寸会逐渐变小并最终在任务栏中滚动。

（2）在图 2-1-5 所示窗口中，将第一个选项"锁定任务栏"设置为"关"。此时，鼠标指针移到任务栏空白处，按下鼠标左键不放，可将任务栏拖动到其他位置。将鼠标指针移至任务栏顶部边缘，鼠标指针变为上下箭头，即可调整任务栏高度。用同样方法将任务栏高度拉回 1 行。

（3）在"开始"菜单的推荐程序"录音机"选项上右击，弹出图 2-1-6 所示快捷菜单，选择"固定到「开始」屏幕"命令，这样"开始"菜单上就有"录音机"这个固定选项了。

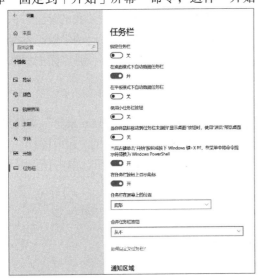

图 2-1-5　任务栏设置

图 2-1-6　"录音机"右键快捷菜单

（4）在任务栏空白处右击，弹出快捷菜单，选择"任务栏设置"命令，弹出"设置"窗口，单击左侧"开始"标签，单击"选择哪些文件夹显示在'开始'菜单上"超链接，弹出图 2-1-7 所示窗口，将"文件资源管理器""设置""文档""下载"等选项设置为"开"，将选中的项目显示在"开始"菜单上。

图 2-1-7 "设置"窗口

3. 文件和文件夹的管理

先后选用"超大图标""大图标""中图标""小图标""列表""详细信息""平铺"和"内容"等模式显示"实验6素材"文件夹中的内容；选择"实验6素材"文件夹中所有的JPG文件，复制到"此电脑\图片"文件夹中；在本地磁盘 D:\下创建一个新的文件夹，文件夹名称为自己的学号姓名（如：9902张三），再在此文件夹中新建一个名称为"我的笔记"的文件夹，并在"我的笔记"文件夹中新建一个文本文件 test.txt，文件内容为自己的学院、学号和姓名；将"图片\本机照片"文件夹的属性设置为只读，将其中的 fl2_flower 图片标记添加为"花"；删除"插花"文件，再恢复该文件。

【操作步骤】

（1）双击桌面上的"计算机应用基础实验素材"文件夹，选择打开"实验6素材"文件夹，在窗口菜单栏位置处单击"查看"选项卡，下方工具栏显示出图 2-1-8 所示的"超大图标""大图标""中图标""小图标""列表""详细信息""平铺"和"内容"模式按钮，单击任何一个，观察几种视图查看方式的差别。

图 2-1-8 视图选项

（2）单击"详细信息"按钮，选择"查看"→"当前视图"→"排序方式"→"类型"选项，文件将按类型排序，选中所有的 JPG 文件，右击，在弹出的快捷菜单中选择"复制"命令，回到桌面，双击"此电脑"图标，在打开的窗口左侧"快速访问"栏单击"图片"标签，单击"粘贴"按钮（或按【Ctrl+C】组合键），将所有图片文件复制到"图片"文件夹中，选中 fl2_flower 图片，右击弹出快捷菜单，选择"属性"命令，在弹出的对话框的"详细信息"选项卡中将"标记"选项设置为"花"，如图 2-1-9 所示。

　　返回"图片"文件夹，右击"本机照片"文件夹，在弹出的快捷菜单中选择"属性"命令，在弹出的对话框中选中"只读"复选框，如图 2-1-10 所示。

图 2-1-9　设置"详细信息"　　　　　　　　图 2-1-10　"只读"复选框

　　（3）打开"图片"文件夹，选中"插花"图片，按【Delete】键将其删除（或者选择右键快捷菜单中的"删除"命令完成）。删除的文件或文件夹会临时存放在"回收站"中，双击桌面上的"回收站"图标，在打开的窗口中选中要还原的"示例图片"文件夹"插花"图片，单击工具栏上的"还原选定的项目"按钮（或者选择右键快捷菜单中的"还原"命令），就可以找回被删除的文件或文件夹。

　　（4）双击桌面上的"此电脑"图标，在打开的窗口中双击"本地磁盘(D)"，打开 D 盘，单击工具栏上的"新建文件夹"按钮，选中这个新建的文件夹，右击，在弹出的快捷菜单中选择"重命名"命令，将文件夹名字改为自己的学号姓名。打开此文件夹，按同样的方法新建一个"我的笔记"的文件夹。打开"我的笔记"文件夹，在空白处右击弹出快捷菜单，选择"文件"→"新建"→"文本文档"命令，创建一个名为"新建文本文档.txt"的空文本文档，将文件名改为"test"。双击打开文档，按要求输入文本内容（自己的学院、学号和姓名），保存后关闭。

4. 屏幕截图

　　将当前整个屏幕画面保存到 D 盘下自己学号姓名命名的文件夹中，命名为"我的屏幕.jpg"；将 Windows 10 的"图片"主窗口画面复制到 Word 文档中。

　　【操作步骤】

　　（1）选择"开始"→"截图和草图"命令，在打开的"截图和草图"窗口中单击"新建"按钮，在图 2-1-11 所示的"截图工具"窗口中单击"全屏幕截图"按钮（或者按【PrintScreen】键），将整个屏幕复制到剪贴板中，

图 2-1-11　"新建"列表"截图和草图"

单击右上角的"另存为"图标，在弹出的"另存为"对话框中设置"文件名"为"我的屏幕"，在"保存类型"下拉列表中选择 JPG 格式，将其保存在 D 盘下自己学号姓名命名的文件夹中，如图 2-1-12 所示。

如果找不到"截图和草图"命令，可以在搜索框里输入"截图工具"，在如图 2-1-13 所示的"截图工具"窗口中，选择"全屏幕截图"命令（或者按【PrintScreen】键），将整个屏幕复制到剪贴板中，运行"画图"应用程序，选择"剪贴板"的"粘贴"按钮，将剪贴板内的屏幕图像粘贴到画图工作区。单击左上角"保存"按钮，在弹出的"另存为"对话框中设置"文件名"为"我的屏幕"，在"保存类型"下拉列表中选择 JPEG 格式，将其保存在 D 盘下自己学号姓名命名的文件夹中。

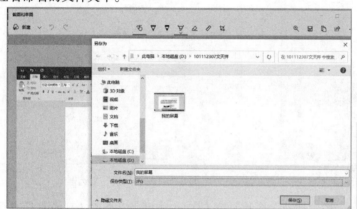

图 2-1-12　保存截屏文件

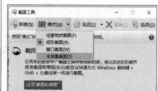

图 2-1-13　"截图工具"

（2）选择"开始"→"图片"命令，打开"图片"主窗口。选择"开始"→"截图和草图"命令，在打开的窗口中单击"新建"按钮，在图 2-1-11 所示的"截图工具"窗口中，选择"窗口截图"（或者按【Alt+PrintScreen】组合键），将当前活动窗口复制到剪贴板。运行 Word 程序，在 Word 窗口单击"开始"→"剪贴板"→"粘贴"按钮，将"图片"主窗口的截图复制到 Word 中，将其保存在 D 盘下自己学号姓名命名的文件夹中。

"截图和草图"中除了全屏幕截图（【PrintScreen】键）和活动窗口截屏（【Alt+PrintScreen】组合键）外，还有任意形状截屏和矩形截图，同学们可以尝试各操作一次，做一下比较。

5. 创建桌面快捷方式

要求在 D 盘下以自己学号姓名命名的文件夹中创建一个指向"计算器"程序（calc.exe），文件名为"JSQ"的快捷方式。

【操作步骤】

（1）先找到所使用计算机中"计算器"程序所在的位置，一般为"C:\Windows\System32\calc.exe"。在 D 盘下自己学号姓名命名的文件夹空白处右击，在弹出的快捷菜单中选择"新建"→"快捷方式"命令。

（2）在弹出的对话框中的"请键入对象的位置"文本框中输入（或单击"浏览"按钮，在弹出的对话框中进行选择）"C:\Windows\System32\calc.exe"，如图 2-1-14 所示，单击"下一步"按钮继续。在"键入该快捷方式的名称"文本框中，输入"JSQ"，单击"完成"按钮。

图 2-1-14　创建快捷方式

6. 应用 WinRAR 压缩和解压文件

将 D 盘下自己学号姓名命名的文件夹压缩为相同名称的 RAR 文件，如"9902 张三.rar"，存放在 D 盘下，然后把其中的"我的笔记"文件夹解压到 D 盘下，形成"D:\我的笔记"。最后提交"学号+姓名.rar"文件。

【操作步骤】

（1）选择"D:\"为当前文件夹，在自己学号姓名命名的文件夹上右击，在弹出的快捷菜单中选择"添加到压缩文件…"，在弹出的对话框中单击"确定"按钮，如图 2-1-15 所示。

（2）开始压缩。压缩期间，将会显示压缩进程。压缩文件将会在指定的地方创建，并自动被当成选定的文件。

（3）双击"9902 张三.rar"，压缩文件在 WinRAR 程序窗口打开，可以使用工具按钮或命令菜单来压缩和解压文件。

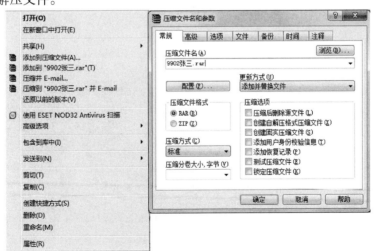

图 2-1-15　选择"添加到压缩文件…"弹出对话框

（4）选择要解压的文件夹后，单击"解压到"按钮，在弹出的对话框中输入目标文件夹（默认为新建一个以文件名命名的文件夹）。单击"确定"按钮开始解压。

（5）提交"学号+姓名.rar"文件。

四、实验内容

（1）将"画图"程序添加到"开始"菜单的"固定项目列表"上。

（2）在 D 盘上建立以"学号+姓名 1"为名的文件夹（如 01108101 刘琳 1）和其子文件夹 sub1，然后执行下列操作：

① 在 C:\Windows 中任选 2 个 txt 文本文件，将它们复制到"学号+姓名 1"文件夹中；

② 将"学号+姓名 1"文件夹中的一个文件移到其子文件夹 sub1 中；

③ 在 sub1 文件夹中建立名为"test.txt"的空文本文档；

④ 删除文件夹 sub1，然后再将其恢复。

（3）搜索 C:\Windows\System32 文件夹及其子文件夹下所有文件名第一个字母为 s、文件长度小于 10 KB 且扩展名为 exe 的文件，并将它们复制到 sub1 文件夹中。

（4）用不同的方法，在桌面上创建"计算器""画图"和"剪贴板"三个程序的快捷方式，它们的应用程序分别为：calc.exe、mspaint.exe 和 clip.exe。将三个快捷方式复制到 sub1 文件夹中。

（5）在"开始"菜单的"所有程序"子菜单中添加名为"书写器"的快捷方式，应用程序为 write.exe。

（6）在桌面创建"计算器"快捷方式，然后利用快捷方式打开计算器，选用"标准型"，将"计算器"窗口截图复制到剪贴板。

（7）将上题的"标准型"计算器窗口截屏，通过"画图"程序以 JPG 格式，用文件名 jsq.jpg 存入 sub1 文件夹中。

（8）将 D 盘中的"学号+姓名 1"的文件夹压缩为"学号+姓名 1.rar"文件，存放在 D 盘下，然后把其中的 sub1 文件夹解压到 D 盘下，形成"D:\sub1"。

（9）提交"学号+姓名 1.rar"文件。

实验 2　Word 的基本操作

一、实验目的

（1）熟悉文字的输入及格式设置。
（2）掌握段落的拆分、移动和复制以及段落格式设置等操作。
（3）掌握边框与底纹、项目符号和编号的设置。
（4）熟悉格式、特殊字符的查找和替换。
（5）熟悉页眉、页脚及页码的设置。
（6）掌握分栏、首字下沉设置。
（7）熟悉插入艺术字体、图片等对象的操作方法。
（8）熟悉多级标题及目录的设置。

二、实验环境

（1）中文 Windows 10 操作系统。
（2）中文 Word 2016 应用软件。

三、实验范例

1. 操作题 1

某高校为了使学生更好地进行职场定位和职业准备，提高就业能力，该校学工处将于 2021 年 10 月 9 号（星期五）19:30～21:30 在校国际会议中心举办题为"领慧讲堂——大学生人生规划"就业讲座，特别邀请资深媒体人、著名艺术评论家赵某担任演讲嘉宾。

请根据上述活动的描述，利用 Microsoft Word 2016 制作一份宣传海报（宣传海报的样式请参考"Fl1-海报参考样式.docx"文件），要求如下：

（1）调整文档版面，要求页面高度为 35 厘米，页面宽度为 27 厘米，页边距（上、下）为 5 厘米，页边距（左、右）为 3 厘米，并将素材文件夹下的图片"Fl1-海报背景图片.jpg"设置为海报背景。

【操作步骤】

打开"\范例 1 素材\fl1.docx"文件，单击 Word 窗口中菜单栏中的"布局"→"页面设置"组右下角的对话框启动器按钮，弹出"页面设置"对话框，如图 2-2-1 所示，在"纸张"选项卡中设置页面宽度及高度。

选择"设计"→"页面背景"→"页面颜色"→"填充效果"命令，在弹出的对话框中选择"图片"选项卡，如图 2-2-2 所示，单击"选择图片"按钮，在弹出的"选择图片"对话框

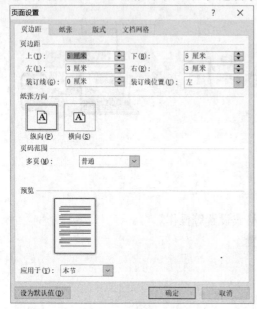大学信息技术

中选中素材图片"fl1-海报背景图片",连续单击"确定"按钮,如图 2-2-3 所示。

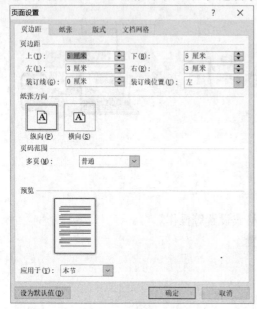

图 2-2-1 "页面设置"对话框

图 2-2-2 "填充效果"对话框

图 2-2-3 选中背景图片

(2)根据"Fl1-海报参考样式.docx"文件,调整海报内容文字的字号、字体和颜色。

【操作步骤】

选中文本"领慧讲堂就业讲座",在"开始"选项卡"字体"组中设置字体为初号、微软雅黑,字体颜色为红色;选中文本"报告题目""报告人"等,设置字体为二号、黑体,字体颜色为蓝色;选中"大学生人生规划""校学工处"等,设置字体为宋体、小二号、白色;选中"欢迎大家踊跃参加",设置字体为华文行楷、小初,字体颜色为白色。

选中"领慧讲堂就业讲座"这一行,在"开始"→"段落"组中单击"居中"选项,将"欢迎大家踊跃参加"改为居中,将"主办:校学生处"设置为文本右对齐。

（3）根据页面布局需要，调整海报内容中"报告题目""报告人""报告日期""报告时间""报告地点"信息的段落间距为 3.5 倍行距。在"报告人："位置后面输入报告人姓名（赵某）。

【操作步骤】

选中"报告题目""报告人""报告日期""报告时间""报告地点"这些段落，单击"开始"选项卡"段落"组右下角的对话框启动器按钮，在弹出的"段落"对话框的"缩进和间距"选项卡中设置行距为多倍行距，修改为 3.5 倍；将光标定位在"报告人"后面，输入"赵某"，字体颜色设置为白色，如图 2-2-4 所示。

（4）在"主办：校学工处"位置后另起一页，并设置第 2 页的页面纸张大小为 A4，纸张方向设置为"横向"，页边距为"普通"。

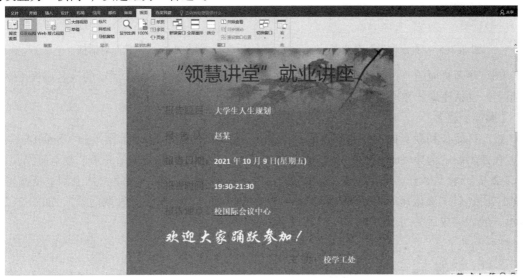

图 2-2-4　设置多倍行间距

【操作步骤】

将光标放在"主办：校学工处"的后面，单击"插入"→"页面"→"分页"按钮；选择"布局"→"页面设置"→"纸张大小"→"其他页面大小"命令，在弹出的"页面设置"对话框中选择"纸张大小"为"A4"，"应用于"选择"插入点之后"，如图 2-2-5 所示。在"页边距"选项卡中选择"纸张方向"为"横向"，单击"确定"按钮返回。选择"布局"→"页面设置"→"页边距"→"普通"选项将页边距设置为"普通"。

（5）在新页面中输入"日程安排"，并在该段落下增加本次活动的日程安排表（请参考"Fl1-活动日程安排.xlsx"文件），要求表格内容引用 Excel 文件中的内容。如果 Excel 文件中的内容发生变化，Word 文档中的日程安排信息也会随之发生变化。

【操作步骤】

光标定位到新页面的"日程安排"段落下，选择"插入"→"文本"→"对象"→"由文件创建"→"浏览"命令，在弹出的"浏览"对话框中找到"fl1-活动日程安排.xlsx"文件，并单击"插入"按钮返回，选中"链接到文件"复选框，单击"确定"按钮，如图 2-2-6 所示。这样就能做到：Excel 文件中的内容发生变化时，Word 文档中日程安排信息也随发生变化。

图 2-2-5　"页面设置"对话框

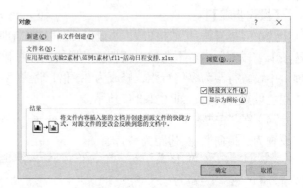

图 2-2-6　"对象"对话框

（6）在新页面的"报名流程"段落下，利用 SmartArt 图形制作本次活动的报名流程（学工处报名、确认座席、领取资料、领取门票）。

【操作步骤】

将光标定位到新页面的"报名流程"段落下，单击"插入"→"插图"→"SmartArt"按钮，在弹出的"选择 SmartArt 图形"对话框中选择"流程"标签中的第一个"基本流程"，如图 2-2-7 所示，单击"确定"按钮，在弹出窗口的实心黑点后输入文字，从上到下依次输入"学工处报名""确认座席""领取资料"，按【Enter】键，继续输入"领取门票"，如图 2-2-8 所示，输入完成后关闭。

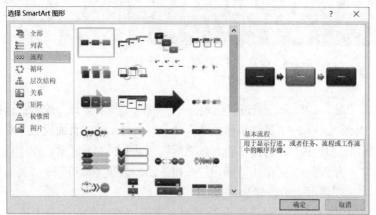

图 2-2-7　"选择 SmartArt 图形"对话框

图 2-2-8　输入文字

（7）设置"报告人介绍"段落下的文字，将文字颜色修改为白色，设置首行缩进为 2 字符，首字下沉三行。

【操作步骤】

选中"报告人介绍"段落下的文字，在"开始"选项卡"字体"组中设置字体颜色为白色；单击"开始"选项卡"段落"组右下角的对话框启动器按钮，在弹出的"段落"对话框中选择"缩进和间距"选项卡，选择"缩进"→"特殊格式"中的"首行缩进"，度量值为 2 字符，单击"确定"按钮返回；选择"插入"→"文本"→"首字下沉"→"首字下沉选项"命令，如图 2-2-9 所示。在弹出的对话框中单击"下沉"按钮，"下沉行数"设置为"3"。

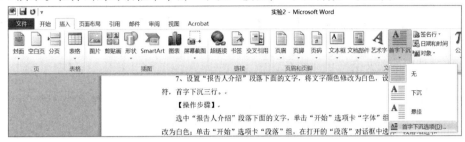

图 2-2-9　设置首字下沉

（8）在文末插入一张联机图片（computer），并设置"图片样式"为"金属椭圆"，将该照片调整到适当位置，不要遮挡文档中的文字内容。

【操作步骤】

光标定位到文末，单击"插入"→"插图"→"联机图片"按钮，在打开的窗格的"必应图像搜索"文本框里输入"computer"，如图 2-2-10 所示，单击"搜索"按钮，找到与样张相符的图片，单击该图片插入。

选中该图片，在"图片工具-格式"→"图片样式"组中单击第三个"金属框架"样式。

选中该图片，右击，在弹出的快捷菜单中

图 2-2-10　搜索图片

选择"大小和位置"命令，在弹出的对话框中选择"大小"选项卡，设置"高度"选项组中的"绝对值"为"3 厘米"；选择"文字环绕"选项卡，选择"环绕方式"为"四周型"，如图 2-2-11所示，然后把图片拖到合适的位置。

图 2-2-11　设置"大小"和"文字环绕"

保存本次活动的宣传海报设计为 haibao.docx，并上传文件。

2. 操作题 2

文档"fl2.docx"是一篇从互联网上获取的文字资料，请打开该文档并按下列要求进行排版及保存操作。

（1）将文档中的西文空格全部删除。

【操作步骤】

打开"\范例 2 素材\fl2.docx"文件，选中任意一个西文空格，按住【Ctrl+C】组合键复制；单击"开始"→"编辑"→"替换"按钮，在弹出的"查找和替换"对话框的"查找内容"文本框里按【Ctrl+V】组合键进行粘贴（或者直接切换到西文输入法，输入一个西文空格），"替换为"文本框里什么也不用输入，如图 2-2-12 所示，单击"全部替换"按钮完成操作。

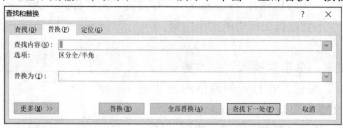

图 2-2-12 "查找和替换"对话框

（2）将纸张大小设置为 16 开，上边距设置为 3.2 厘米，下边距设置为 3 厘米，左右页边距均设置为 2.5 厘米。

【操作步骤】

单击"布局"→"页面设置"右下角的对话框启动器按钮，在弹出的对话框的"纸张"选项卡中，将"纸张大小"更改为 16 开（18.4×26 厘米），如图 2-2-13 所示；再选中"页边距"选项卡，将上边距设置为 3.2 厘米，下边距设置为 3 厘米，左、右页边距均设置为 2.5 厘米，如图 2-2-14 所示。

 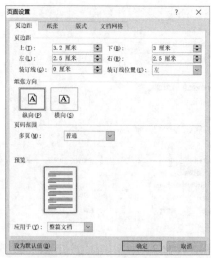

图 2-2-13 设置纸张大小为 16 开　　　　图 2-2-14 设置页边距

（3）利用素材前三行内容为文档制作一个封面页，令其独占一页（参考 fl2 样张.docx 文件）。

【操作步骤】

选择"插入"→"页"→"封面"，在下拉列表中选择"运动型"封面；依次复制前三行每一行的文字内容，填入相应的文本框；文本框中的字体可以依个人喜好进行任意设置，效果如图 2-2-15 所示。

图 2-2-15　封面效果

（4）将标题"（三）咨询情况"下用蓝色标出的段落部分转换为表格，为表格套用一种表格样式使其更加美观。基于该表格数据，在表格下方插入一个饼图，用于反映各种咨询形式所占比例，要求在饼图中仅显示百分比。

【操作步骤】

选中该蓝色字体部分，选择"插入"→"表格"→"表格"→"文本转换成表格"命令，在弹出的对话框中单击"确定"按钮；保持表格选中状态，选择"表格工具-设计"→"表格样式"→"无格式表格 3"选项。

光标定位到下一行，单击"插入"→"插图"→"图表"按钮，在弹出的"插入图表"对话框选择"饼图"标签下的"饼图"，单击"确定"按钮。

选中表格第一列所有内容（从"咨询形式"到"网上咨询"），复制粘贴到自动弹出的 Excel 文件的 A1 到 A4 单元格中，选中表格第二列所有内容（从"所占比例"到"12.89"），复制粘贴到自动弹出的 Excel 文件的 B1 到 B4 单元格中，将所占比例复制粘贴到 B1 到 B4 单元格中。选中第 5 行，右击，在弹出的快捷菜单中选择"删除"命令，把第 5 行数据及表格删除，更改表格范围，关闭 Excel 表格。

单击选中饼图，右击，在弹出的快捷菜单中选择"添加数据标签"命令，然后再右击饼图，在弹出的快捷菜单中选择"设置数据标签格式"命令，在弹出的任务窗格中取消选中"值"复选框，选中"百分比"复选框，如图 2-2-16 所示。

（5）将文档中以"一、""二、""三、"……开头的段落设为"标题 1"样式；以"（一）""（二）"……开头的段落设为"标题 2"样式；以"1""2"……开头的段落设为"标题 3"样式。

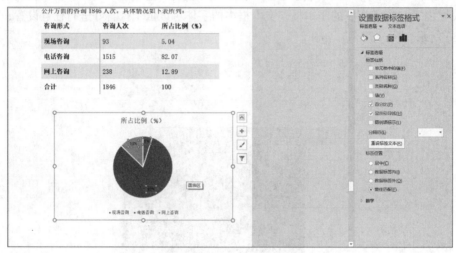

图 2-2-16　设置为百分比

【操作步骤】

选中段落"一、概述"，选择"开始"→"样式"→"标题 1"样式，双击"开始"→"剪贴板"→"格式刷"按钮，复制该格式，对所有"二""三"等开头的段落进行单击，完成所有标题 1 的格式设置操作后，单击"开始"→"剪贴板"→"格式刷"按钮取消格式复制。

选中段落"（一）人员配备"，选择"开始"→"样式"→"标题 2"样式，双击"格式刷"按钮，复制该格式，对所有"（二）""（三）"等开头的段落进行单击，完成所有标题 2 的格式设置操作后，单击"格式刷"按钮取消格式复制。

选中段落"1、修订与完善制度"，采用同类方法，设置所有标题 3 样式。

（6）为正文第 2 段中用红色标出的文字"统计局队政府网站"添加超链接，链接地址为"http://tjj.beijing.gov.cn/"。同时在"统计局队政府网站"后添加脚注，内容为"http://tjj.beijing.gov.cn/"。

【操作步骤】

选中红色部分文字，右击，在弹出的快捷菜单中选择"超链接"命令，在弹出的对话框的"地址"栏中输入"http://tjj.beijing.gov.cn/"，添加所需要的超链接。

将光标定位在"统计局队政府网站"后，单击"引用"→"脚注"→"插入脚注"按钮，在该页下方添加脚注"http://tjj.beijing.gov.cn/"。

（7）在封面页与正文之间插入目录，目录要求包含标题第 1~3 级及对应页码。目录单独占用一页。

【操作步骤】

将光标定位在第二页"本报告"前，选择"引用"→"目录"→"自定义目录"命令，在弹出的"目录"对话框中选中"显示页码"复选框，"显示级别"设置为"3"，如图 2-2-17 所示，单击"确定"按钮。

将光标定位在第二页"本报告"前，选择"布局"→"页面设置"→"分隔符"→"分节符"→"下一页"选项。

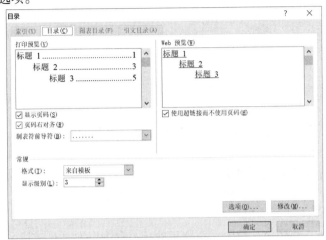

图 2-2-17 "目录"对话框

（8）除封面页与目录页外，在正文页上添加页码，要求正文页码从第 1 页开始，其中奇数页码居右显示，偶数页码居左显示。

【操作步骤】

在正文第一页页面底端双击，选中"页眉和页脚工具-设计"→"选项"→"奇偶页不同"复选框，取消选中"首页不同"复选框。选择"页眉和页脚"→"页码"→"页面底端"→"普通数字 3"选项（页码居右显示），插入页码，更改页码格式，起始页码更改为 1。（若此时目录页也有页码，在"导航"中取消"链接到前一条页眉"的选择）

到正文第二页页面底端，插入页码，选择"页面底端"→"普通数字 1"选项（页码居左显示）。

到正文第三页页面底端，插入页码，选择"页面底端"→"普通数字 3"选项（页码居右显示）。这时，所有正文页面的页码都设置好了。

（9）除封面页与目录页外，在正文页上添加页眉，其中奇数页页眉居右显示，内容为文档标题"北京市政府信息公开工作年度报告"，偶数页页眉居左显示，内容为"2012 年度"。

【操作步骤】

在正文的第一页双击页眉的位置，选中"页眉和页脚工具-设计"→"选项"→"奇偶页不同"复选框。选择"页眉和页脚工具-设计"→"页眉和页脚"→"页眉"→"编辑页眉"命令，输入标题内容"北京市政府信息公开工作年度报告"。单击"页眉和页脚工具-设计"→"位置"→"插入'对齐方式'选项卡"按钮，在弹出的"对齐制表位"对话框选中"左对齐"单选按钮，单击"确定"按钮返回。

在正文的第二页双击页眉的位置，选中"页眉和页脚工具-设计"→"奇偶页不同"复选框，选择"页眉和页脚工具-设计"→"页眉和页脚"→"页眉"→"编辑页眉"命令，输入标题内容"2012 年度"。单击"页眉和页脚工具-设计"→"位置"→"插入'对齐方式'选项卡"按钮，在弹出的"对齐制表位"对话框选中"右对齐"单选按钮，如图 2-2-18 所示。接下来，选择"开始"→"段落"→"文本左对齐"。

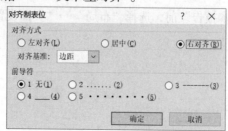

图 2-2-18　设置页眉对齐方式

在正文的第三页双击页眉的位置，重复正文第一页的操作。这时，所有页面页眉设置完成。

（10）将完成排版的文档先以 Word 格式及文件名"北京市政府统计工作年报.docx"进行保存，再另行生成一份同名的 PDF 文档进行保存。上传文件。

【操作步骤】

选择"文件"→"另存为"命令，在弹出的"另存为"对话框中以文件名"北京市政府统计工作年报.docx"保存；选择"文件"→"另存为"命令，在弹出的对话框中选择"保存类型"为"PDF"，文件格式改为 PDF 格式保存；上传这两个文件。

四、实验内容

1. 制作请柬

吴明是某房地产公司的行政助理，主要负责开展公司的各项活动，并起草各种文件。为丰富公司的文化活动，公司将定于 2021 年 11 月 26 日下午 15:00 时在会所会议室进行以爱岗敬业"激情飞扬在十月，创先争优展风采"为主题的演讲比赛。比赛需邀请评委，评委人员保存在名为"评委.xlsx"的文档中，公司联系电话为"021-6666××××"。

根据上述内容制作请柬，具体要求如下：

（1）制作一份请柬，以"董事长：李某某"名义发出邀请，请柬中需要包含标题、收件人名称、演讲比赛地点和邀请人。

（2）对请柬进行排版，具体要求为：纸张大小设置为 B5，纸张方向设置为横向，页边距设置为适中。改变字体、调整字号；标题部分（"请柬"）与正文部分（以"尊敬的×××"开头）采用不同的字体和字号，以美观且符合中国人阅读习惯为准。

（3）在请柬的左下角位置插入一幅图片（图片自选），调整其大小及位置，不影响文字排列、不遮挡文字内容。

（4）进行页面设置，加大文档的上边距；为文档添加页脚，要求页脚内容包含本公司的联系电话。

（5）运用邮件合并功能制作内容相同、收件人不同（收件人为"评委.xlsx"中的每个人，但"江汉民"除外）的多份请柬。根据"评委.xlsx"文档中"性别"列的内容，在收件人姓名后加上"先生"或"女士"的尊称。

提示："邮件"→"开始邮件合并"→"选择收件人"→"使用现有列表"；"插入合并域"；"规则"；"编辑收件人列表"；"完成并合并"。

（6）先将合并主文档以"请柬 1.docx"为文件名进行保存，再进行效果预览后生成可以单独编辑的单个文档，以"请柬 2.docx"保存。

2. 制作手册

北京某大学组织专家对《学生成绩管理系统》的需求方案进行评审，为使参会人员对会议流程和内容有一个清晰的了解，需要会议会务组提前制作一份有关评审会的手册。请根据文档"需求评审会.docx"和相关素材完成编排任务。具体要求如下：

（1）将素材文件"需求评审会.docx"另存为"评审会会议秩序册.docx"，并保存于 D:\盘下，以下操作均基于"评审会会议秩序册.docx"。

（2）设置页面的纸张大小为 16 开，页边距上下为 2.8 厘米、左右为 3 厘米，并指定文档每页为 36 行。

（3）会议秩序册由封面、目录、正文三大块内容组成。其中，正文又分为四个部分，每部分的标题均已经以中文大写数字一、二、三、四……进行编排。要求将封面、目录以及正文中包含的四个部分分别独立设置为 Word 文档的一节。页码编排要求为：封面无页码；目录采用罗马数字编排；正文从第一部分内容开始连续编码，起始页码为 1（如采用格式-1-），页码设置在页脚右侧位置。

（4）按照素材中"封面.jpg"所示的样例，将封面上的文字"北京计算机大学《学生成绩管理系统》需求评审会"设置为二号、华文中宋；将文字"会议秩序册"放置在一个文本框中，设置为竖排文字、华文中宋、小一；将其余文字设置为四号、仿宋，并调整到页面合适的位置。

（5）将正文中的标题"一、报到、会务组"设置为一级标题，单倍行距、悬挂缩进 2 字符。段前段后为自动，并以自动编号格式"一、二、三、……"替代原来的手动编号。其他三个标题"二、会议须知""三、会议安排""四、专家及会议代表名单"格式，均参照第一个标题设置。

（6）将第一部分（"一、报到、会务组"）和第二部分（"二、会议须知"）中的正文内容设置为宋体五号，行距为固定值 16 磅，左、右各缩进 2 字符，首行缩进 2 字符，对齐方式设置为左对齐。

（7）参照素材图片"表 1.jpg"中的样例完成会议安排表的制作，并插入到第三部分相应位置中，格式要求：合并单元格、序号自动排序并居中、表格标题行采用黑体。表格中的内容可从素材文档"秩序册文本素材.docx"中取得。

（8）参照素材图片"表 2.jpg"中的样例完成专家及会议代表名单的制作，并插入到第四部分相应位置中。格式要求：合并单元格、序号自动排序并居中、适当调整行高（其中样例中彩色填充的行要求大于 1 厘米）、为单元格填充颜色、所有列内容水平居中、表格标题行采用黑体。表格中的内容可从素材文档"秩序册文本素材.docx"中获取。

（9）根据素材中的要求自动生成文档的目录，插入到目录页中相应位置，并将目录内容设置为四号字。

实 验 3　Excel 的基本操作

一、实验目的

（1）熟悉单元格、行、列、工作表的基本操作。

（2）熟悉公式和常用函数的应用。

（3）掌握条件格式的方法。

（4）熟悉数据排序和自动筛选操作。

（5）掌握图表的创建和编辑。

（6）掌握分类汇总、数据透视表的创建。

二、实验环境

（1）中文 Windows10 操作系统。

（2）中文 Excel 2016 应用软件。

三、实验范例

1. 操作题1

小林是一位中学教师，在教务处负责初一年级学生的成绩管理。第一学期期末考试刚刚结束，小林将初一年级三个班的成绩均录入文件名为"学生成绩单.xlsx"的 Excel 工作簿文档中。请根据下列要求帮助小林老师对该成绩单进行整理和分析。

（1）对工作表"第一学期期末成绩.xlsx"中的数据表进行格式化操作：将第一列"学号"列设为文本，将所有"成绩"列设为保留两位小数的数值；适当加大行高列宽，改变字体、字号，设置对齐方式，增加适当的边框和底纹使工作表更加美观。

【操作步骤】

打开实验素材"学生成绩单.xlsx"，光标定位在第一列列标题"A"上时单击，选中第一列；右击弹出快捷菜单，选择"设置单元格格式"命令。在弹出的对话框的"数字"选项卡中的"分类"列表中选择"文本"选项，如图 2-3-1 所示，单击"确定"按钮。

在列标题上选中"D"列，不要松开鼠标，直接拖动到"L"列，让 D～L 列全部选中；右击弹出快捷菜单，选择"设置单元格格式"命令，弹出对话框，在"数字"选项卡中选择"数值"，小数位数设置为保留两位小数，单击"确定"按钮。右击列标题弹出快捷菜单，选择"列宽"，将列宽设置为"10"，适当加大列宽。

选中 A1:L19 单元格区域，右击弹出快捷菜单，选择"设置单元格格式"命令，在弹出的对话框的"字体"选项卡中可以改变字体、字号和颜色，如图 2-3-2 所示。

图 2-3-1　"设置单元格格式"对话框

图 2-3-2　设置字体、字号等

注意："A1：L19"表示选中从 A1 到 L19 的所有连续的单元格；"A1，L19"表示选中 A1 和 L19 这两个单元格。

选择"边框"选项卡，可以设置线条样式，添加外边框和内部边框，如图 2-3-3 所示。

选择"对齐"选项卡，可以根据需要和个人喜好设置文本的对齐方式为水平对齐方式或垂直对齐方式，以及合并单元格，如图 2-3-4 所示。

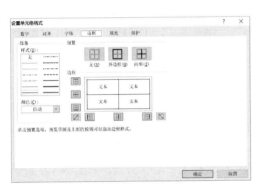

图 2-3-3　设置边框

图 2-3-4　设置对齐方式

（2）利用"条件格式"功能进行下列设置：将语文、数学、英语三科中不低于 110 分的成绩所在的单元格以一种颜色填充，其他四科中高于 95 分的成绩以另一种颜色标出，所有颜色深浅以不遮挡数据为宜。

【操作步骤】

选中 D2:F19 单元格区域，选择"开始"→"样式"→"条件格式"→"突出显示单元格规则"→"其他规则"命令，在弹出的对话框中选择"单元格值""大于或等于""110"，如图 2-3-5 所示，单击"格式"按钮将字体颜色设置为"红色"。

选中 G2:J19 单元格区域，选择"开始"→"样式"→"条件格式"→"突出显示单元格规则"→"其他规则"命令，在弹出的对话框中进行如下设置：选择"单元格值""大于""95"，单击"格

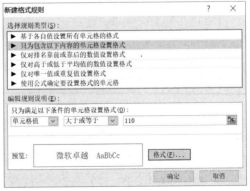

图 2-3-5　"新建格式规则"对话框

式"按钮,设置字体颜色为"黄色"。

(3)利用 SUM 和 AVERAGE 函数计算每一个学生的总分及平均成绩。

【操作步骤】

将光标定位到 K2 单元格,选择"公式"→"函数库"→"自动求和"→"求和"命令,单元格里会出现"=SUM(D2:J2)",按【Enter】键,可自动求出该学生的总分;将光标定位在 K2 单元格的右下角,当指针变成实心的"+"号时,按住鼠标左键不放,往下拖动到 K19 单元格,可以进行公式的复制操作,实现所有学生成绩的求和操作。

同样的方法,将光标定位到 L2 单元格,选择"公式"→"函数库"→"自动求和"→"平均值"命令,单元格里会出现"=AVERAGE(D2:K2)"。注意,此时自动求解单元格区域 D2:K2 的平均值。用鼠标重新选中 D2:J2 单元格区域,直到 L2 单元格里出现"=AVERAGE(D2:J2)"时再按【Enter】键,可自动求出该学生的平均分;将光标定位在 J2 单元格的右下角,当鼠标指针变成实心的"+"号时,按住鼠标左键不放,往下拖动到 J19 单元格,可以进行公式的复制操作,实现所有学生成绩的求平均值操作。

(4)学号第 3、4 位代表学生所在的班级,例如"120105"代表 12 级 1 班 5 号,请通过 MID 函数提取每个学生所在的班级并按下列对应关系填写在"班级"列中。

"学号"的 3、4 位	对应班级
01	1 班
02	2 班
03	3 班

【操作步骤】

将光标定位在 C2 单元格,单击"公式"→"函数库"→"fx 插入函数"按钮,在弹出的对话框中搜索函数"MID",可以看到 MID 函数需要设置的参数信息 MID(text,start_num,num_chars),如图 2-3-6 所示。

单击"确定"按钮,在弹出的对话框的三个文本框中依次输入:A2,3,2,如图 2-3-7 所示。

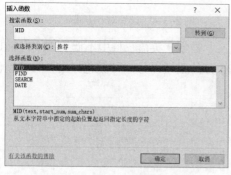

图 2-3-6 "插入函数"对话框

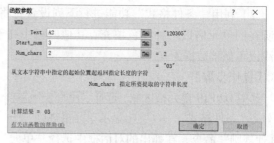

图 2-3-7 "函数参数"对话框

单击"确定"按钮完成输入,即完整输入"=MID(A2,3,2)",就可以得到学生班级为 03。为了得到"3 班",我们需要在末尾追加字符"班"以及进行取整。需要在 C2 单元格里修改公式为:=INT(MID(A2,3,2))&"班"。然后,将光标定位在 C2 单元格的右下角,当鼠标指针变成实心的"+"号,按住鼠标左键不放,往下拖动到 C19 单元格,可以进行公式的复制操作,实现所有学生的班级设置操作。

（5）复制工作表"第一学期期末成绩.xlsx"，将副本放置到原表之后，改变该副本表标签的颜色，并重新命名为"分类汇总"。

【操作步骤】

在窗口左下方的工作表标签"第一学期期末成绩"字样上右击，在弹出的快捷菜单中选择"移动或复制"命令，在弹出的对话框中选择"Sheet2"，选中"建立副本"复选框，如图 2-3-8 所示，单击"确定"按钮。

图 2-3-8　"移动或复制工作表"对话框

在原表后面会生成一个新的工作表"第一学期期末成绩(2)"。对工作表标签"第一学期期末成绩(2)"右击，在弹出的快捷菜单中选择"重命名"命令，将工作表重命名为"分类汇总"。右击工作表标签"分类汇总"，在弹出的快捷菜单中选择"工作表标签颜色"命令，在列表中任意选择一种不同的颜色，单击"确定"按钮。

（6）通过"分类汇总"功能求出每个班各科的平均成绩，并将每组结果分页显示。

【操作步骤】

将光标定位到工作表"分类汇总"中有内容的单元格里。注意分类汇总之前需要先排序。单击"数据"→"排序和筛选"→"排序"按钮，在弹出的对话框里选择"主要关键字"为"班级"，如图 2-3-9 所示，单击"确定"按钮。

单击"数据"→"分级显示"→"分类汇总"按钮，在弹出的对话框里设置分类汇总，"分类字段"选择"班级"，"汇总方式"选择"平均值"，"选定汇总项"是各门学科、总分、平均分的成绩，从语文到政治，选中"每组数据分页"复选框，如图 2-3-10 所示，单击"确定"按钮。分类汇总结果如图 2-3-11 所示。

图 2-3-9　"排序"对话框

图 2-3-10　"分类汇总"对话框

学号	姓名	班级	语文	数学	英语	生物	地理	历史	政治	总分	平均分
120104	杜学江	1班	102.00	116.00	113.00	78.00	88.00	86.00	73.00	656.00	93.71
120103	齐飞扬	1班	95.00	85.00	99.00	98.00	92.00	92.00	88.00	649.00	92.71
120105	苏解放	1班	88.00	98.00	101.00	89.00	73.00	95.00	91.00	635.00	90.71
120102	谢如康	1班	110.00	95.00	98.00	99.00	93.00	93.00	92.00	680.00	97.14
120101	曾令煊	1班	97.50	106.00	108.00	98.00	99.00	99.00	96.00	703.50	100.50
120106	张桂花	1班	90.00	111.00	116.00	72.00	95.00	93.00	95.00	672.00	96.00
		1班 平均值	97.08	101.83	105.83	89.00	90.00	93.00	89.17		
120203	陈万地	2班	93.00	99.00	92.00	86.00	86.00	73.00	90.00	621.00	88.71
120206	李北大	2班	100.50	103.00	104.00	88.00	89.00	78.00	90.00	652.50	93.21
120204	刘康锋	2班	95.50	92.00	96.00	84.00	95.00	91.00	92.00	645.50	92.21
120201	刘鹏举	2班	93.50	107.00	96.00	100.00	93.00	92.00	93.00	674.50	96.36
120202	孙玉敏	2班	86.00	107.00	89.00	88.00	92.00	88.00	89.00	639.00	91.29
120205	王清华	2班	103.50	105.00	105.00	93.00	93.00	90.00	86.00	675.50	96.50
		2班 平均值	95.33	102.17	97.00	89.83	91.33	85.33	90.33		
120305	包宏伟	3班	91.50	89.00	94.00	92.00	91.00	86.00		629.50	89.93
120301	符合	3班	99.00	98.00	101.00	95.00	91.00	95.00	78.00	657.00	93.86
120306	吉祥	3班	101.00	94.00	99.00	90.00	87.00	95.00	93.00	659.00	94.14
120302	李娜娜	3班	78.00	95.00	94.00	90.00	90.00	90.00		616.00	88.00
120304	倪冬声	3班	95.00	97.00	102.00	93.00	95.00	92.00	88.00	662.00	94.57
120303	闫朝霞	3班	84.00	100.00	97.00	87.00	78.00	89.00	93.00	628.00	89.71
		3班 平均值	91.42	95.50	97.83	89.83	88.67	91.67	87.00		
		总计平均值	94.61	99.83	100.22	89.56	90.00	90.00	88.83		

第一学期期末成绩 柱状分析图 分类汇总 Sheet2 Sheet3

图 2-3-11　分类汇总结果

（7）以分类汇总结果为基础，创建一个簇状柱形图，对每个班各科平均成绩进行比较，并将该图表放置在一个名为"柱状分析图"新工作表中。

【操作步骤】

在"分类汇总"工作表中，将光标定位到 C1 单元格中，按下鼠标左键不放并拖动鼠标选中 C1:J1 单元格区域（班级到政治），按住【Ctrl】键不放，依次选中单元格区域 C8:J8（一班的平均值）、C15:J15（二班的平均值）、C22:J22（三班的平均值）。注意：不能多选或少选单元格，选中单元格的顺序也不能错。

选择"插入"→"图表"→"柱形图"→"二维柱形图"→"簇状柱形图"命令，生成图表，如图 2-3-12 所示。

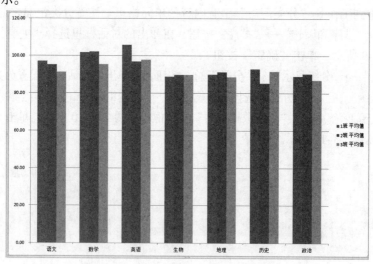

图 2-3-12　新生成的簇状柱形图

选中该图表，在空白处"图表区"右击弹出快捷菜单，选择"移动图表"命令，在弹出的对话框中选中"新工作表"单选按钮，在后面的文本框中输入名称"柱状分析图"，如图 2-3-13 所示，单击"确定"按钮。保存文件并提交。

图 2-3-13　"移动图表"对话框

2. 操作题 2

小赵是一名参加工作不久的大学生。他习惯使用 Excel 表格来记录每月的个人开支情况，在 2021 年底，小赵将每个月各类支出的明细数据录入了文件名为"开支明细表.xlsx"的工作簿文档中。请根据下列要求帮助小赵对明细表进行整理和分析。

（1）在工作表"小赵的美好生活.xlsx"的第一行中添加表标题"小赵 2021 年开支明细表"，并通过合并单元格，放置于整个表的上端、居中。

【操作步骤】

将鼠标指针定位到左侧行标签"1"上，单击，选中第一行，右击弹出快捷菜单，选择"插入"命令，插入一行新行，在 A1 单元格中输入"小赵 2021 年开支明细表"，选中 A1:N1 单元格区域，右击弹出快捷菜单，选择"设置单元格格式"命令，在弹出的对话框的"对齐"选项卡中设置"水平对齐"为"居中"，"垂直对齐"为"居中"，选中"合并单元格"复选框；在"字体"选项卡中调整字体大小为"20"，如图 2-3-14 所示。

图 2-3-14　"设置单元格格式"对话框

（2）将工作表应用一种主题，并增大字号，适当加大行高列宽，设置居中对齐方式，除表标题"小赵 2021 年开支明细表"外，为工作表分别增加恰当的边框和底纹以使工作表更加美观。

【操作步骤】

将光标定位在数据区，单击"页面布局"→"主题"→"主题"按钮，在列表中任选一种主题。

选中 A2:N15 单元格区域，在"开始"→"字体"组中将字体适当加大（设置字体大小为 12 左右）。

在左侧行标签处，拖动鼠标选中第 2 行到第 15 行，右击弹出快捷菜单，选择"行高"命令，设置行高为 18，适当加大行高。

在上方列标签处，选中第 A 列到第 N 列，右击弹出快捷菜单，选择"列宽"命令，设置列宽为 11，适当加大列宽。

选中 A2:N15 单元格区域，选择"开始"→"单元格"→"格式"→"设置单元格格式"命令，在弹出的对话框"对齐"选项卡中，设置"水平对齐"为"居中"，"垂直对齐"为"居中"。

选中 A1:N15 单元格区域，右击弹出快捷菜单，选择"设置单元格格式"命令，在"边框"选项卡中选择线条样式，添加外边框和内部边框，如图 2-3-15 所示；在"填充"选项卡中选择一种背景色，任选一种填充效果，进行美化。

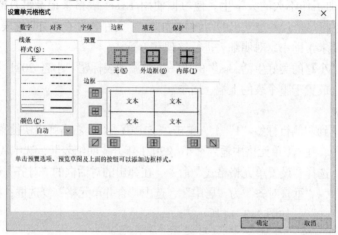

图 2-3-15 "边框"选项卡

（3）将每月各类支出及总支出对应的单元格数据类型都设为"货币"类型，无小数，有人民币货币符号。

【操作步骤】

选中 C3:N15 单元格区域，右击弹出快捷菜单，选择"设置单元格格式"命令，在"数字"选项卡中选择"分类"为"货币"，将小数位数修改为"0"，"货币符号"为"¥"，如图 2-3-16 所示，单击"确定"按钮。

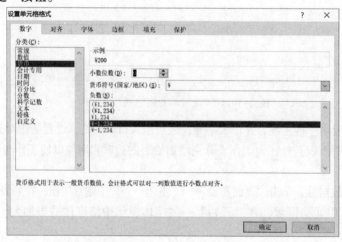

图 2-3-16 "数字"选项卡

（4）通过函数计算每个月的总支出、各个类别月均支出、每月平均总支出；并按每个月总支出升序对工作表进行排序。

【操作步骤】

光标定位在 N3 单元格，单击"公式"→"函数库"→"fx 插入函数"按钮，在弹出的对话框中选择"SUM"，单击"确定"按钮，在弹出的对话框中的 Number1 设置求和范围为"C3:M3"，如图 2-3-17 所示。

将光标定位在 N3 单元格的右下角，当鼠标指针变成实心的"+"号，按住鼠标左键不放，往下拖动到 N14 单元格，可以进行公式的复制操作，实现所有月份的求和操作。

同上述方法，将光标定位在 C15 单元格，单击"公式"→"函数库"→"fx 插入函数"按钮，在弹出的对话框中选择"AVERAGE"，单击"确定"按钮，设置求平均值范围为"C3:C14"，单击"确定"按钮。然后采用自动填充方式从 C15 复制公式到 M15。

选中 A2:N14 单元格区域，单击"数据"→"排序和筛选"→"排序"按钮，在弹出的对话框中设置"主要关键字"为"总支出"，"次序"为"升序"，如图 2-3-18 所示，单击"确定"按钮。

图 2-3-17　"函数参数"对话框

图 2-3-18　"排序"对话框

（5）利用"条件格式"功能，将每月单项开支金额中大于 1 000 元的数据所在单元格以不同的字体颜色与填充颜色突出显示；将月总支出额中大于月均总支出 110%的数据所在单元格以另一种颜色显示。所用颜色深浅以不遮挡数据为宜。

【操作步骤】

选择 C3:M14 单元格区域，选择"开始"→"样式"→"条件格式"→"突出显示单元格规则"→"大于"命令，在弹出的对话框的文本框内输入"1 000"，设置为"浅红填充色深红色文本"，如图 2-3-19 所示，单击"确定"按钮。

选中 N15 单元格，单击"公式"→"函数库"→"fx 插入函数"按钮，在弹出的对话框中选择"AVERAGE"，单击"确定"按钮，设置求平均值范围"N2:N14"，单击"确定"按钮。

选择 N3:N14 单元格区域，选择"开始"→"样式"→"条件格式"→"突出显示单元格规则"→"大于"命令，在弹出的对话框的文本框内输入"=$N$15*1.1"，设置为"黄填充色深黄色文本"，如图 2-3-20 所示，单击"确定"按钮。

图 2-3-19　条件格式设置对话框 1

图 2-3-20　条件格式设置对话框 2

设置完成后的效果如图 2-3-21 所示。

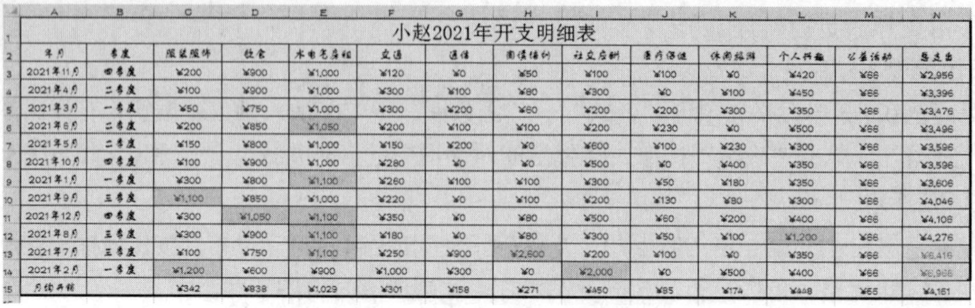

图 2-3-21　设置条件格式后的效果

（6）在"年月"与"服装服饰"列之间修改"季度"列，要求将数据"一季度""二季度""三季度""四季度"改为阿拉伯数字，并且根据月份由函数自动生成：1～3 月对应"1 季度"、4～6 月对应"2 季度"、7～9 月对应"3 季度"、10～12 月对应"4 季度"。

【操作步骤】

选择 B3 单元格，单击"公式"→"函数库"→"fx 插入函数"按钮，选择"IF"，参数设置如图 2-3-22 所示。B2 单元格最终输入公式为"=IF(MONTH(A3)<=3,"1 季度", IF(MONTH(A3)<=6, "2 季度",IF(MONTH(A3)<=9,"3 季度",IF(MONTH(A3)<=12, "4 季度"))))"，单击"确定"按钮。

图 2-3-22　IF 函数参数设置

复制公式：将光标定位在 B3 单元格的右下角，当鼠标指针变成实心的"+"号，按住鼠标左键不放，往下拖动到 B14 单元格，可以进行公式的复制操作，实现所有月份的设置操作。

（7）复制工作表"小赵的美好生活"，将副本放置到原表右侧；改变该副本表标签的颜色，并重命名为"按季度汇总"，删除"月均开销"对应行。

【操作步骤】

右击下方工作表标签"小赵的美好生活"，在弹出的快捷菜单中选择"移动或复制"命令。在弹出的对话框中选择"移至最后"选项，选中"建立副本"复选框，如图 2-3-23 所示，单击"确定"按钮。

在原表后面会生成一个新的工作表"小赵的美好生活(2)"，右击工作表标签"小赵的美好生活(2)"，在弹出的快捷菜单中选择"重命名"命令，将工作表重命名为"按季度汇总"。右击工作表标签"按季度汇总"，在弹出的快捷菜单中选择"工作表标签颜色"，任意选择一种不同的颜色。

在左侧行标签 15 行上单击，选中第 15 行，右击弹出快捷菜单，选择"删除"命令。

（8）通过分类汇总功能，按季度升序求出每个季度各类开支的月均支出金额。

【操作步骤】

将光标定位到工作表"按季度汇总"中有内容的单元格里。注意分类汇总之前需要先排序。

单击“数据”→“排序和筛选”→“排序”按钮，在弹出的对话框中选择主要关键字为“季度”，如图 2-3-24 所示，单击“确定”按钮。

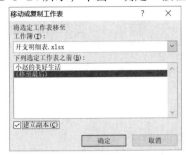

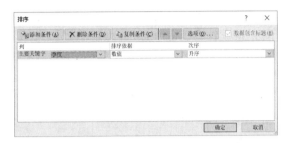

图 2-3-23　“移动或复制工作表”对话框

图 2-3-24　设置季度升序排序

选中 A2 单元格，单击“表格工具-设计”→“工具”→“转换为区域”按钮，在弹出的确认对话框中单击“是”按钮，将原来的表转为普通区域，才能进行下一步数据汇总。

单击“数据”→“分级显示”→“分类汇总”按钮，在弹出的对话框中选择分类汇总，分类字段选择“季度”，汇总方式选择“平均值”，选定的汇总项是选中除“年月”“季度”和“总支出”外的全部选项，单击“确定”按钮。

分类汇总结果如图 2-3-25 所示。

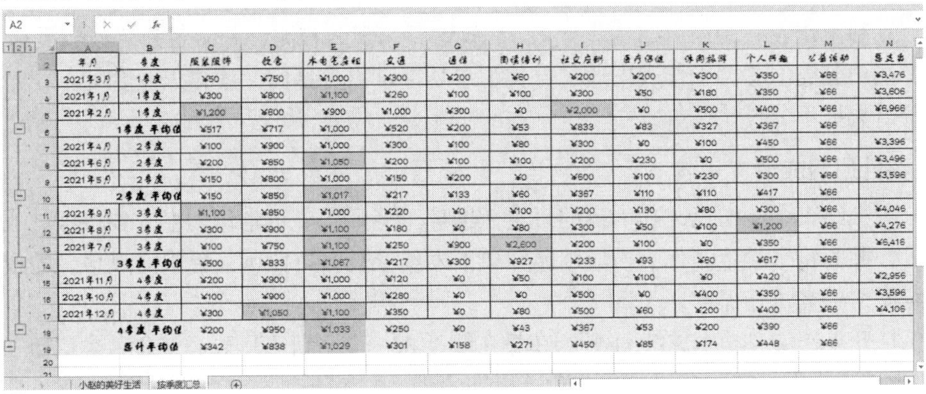

年月	季度	服装服饰	饮食	水电气房租	交通	通信	阅读培训	社交应酬	医疗保健	休闲旅游	个人兴趣	公益活动	总支出
2021年3月	1季度	¥50	¥750	¥1,000	¥300	¥200	¥80	¥200	¥200	¥300	¥350	¥66	¥3,476
2021年1月	1季度	¥300	¥800	¥1,100	¥260	¥100	¥100	¥300	¥50	¥180	¥350	¥66	¥3,606
2021年2月	1季度	¥1,200	¥800	¥900	¥1,000	¥300	¥0	¥2,000	¥0	¥500	¥400	¥66	¥6,966
	1季度 平均值	¥517	¥717	¥1,000	¥520	¥200	¥53	¥833	¥83	¥327	¥367	¥66	
2021年4月	2季度	¥100	¥900	¥1,000	¥300	¥100	¥80	¥300	¥0	¥100	¥450	¥66	¥3,396
2021年6月	2季度	¥200	¥850	¥1,050	¥200	¥100	¥100	¥200	¥230	¥0	¥500	¥66	¥3,496
2021年5月	2季度	¥150	¥800	¥1,000	¥150	¥200	¥0	¥600	¥100	¥230	¥300	¥66	¥3,596
	2季度 平均值	¥150	¥850	¥1,017	¥217	¥133	¥60	¥367	¥110	¥110	¥417	¥66	
2021年9月	3季度	¥1,100	¥850	¥1,000	¥220	¥0	¥100	¥200	¥130	¥80	¥300	¥66	¥4,046
2021年8月	3季度	¥300	¥900	¥1,100	¥180	¥0	¥80	¥300	¥50	¥100	¥1,200	¥66	¥4,276
2021年7月	3季度	¥100	¥750	¥1,100	¥250	¥900	¥2,600	¥200	¥100	¥0	¥350	¥66	¥6,416
	3季度 平均值	¥500	¥833	¥1,067	¥217	¥300	¥927	¥233	¥93	¥60	¥617	¥66	
2021年11月	4季度	¥200	¥900	¥1,000	¥120	¥0	¥50	¥100	¥100	¥0	¥420	¥66	¥2,956
2021年10月	4季度	¥100	¥900	¥1,000	¥280	¥0	¥0	¥500	¥0	¥400	¥350	¥66	¥3,596
2021年12月	4季度	¥300	¥1,050	¥1,100	¥350	¥0	¥80	¥500	¥60	¥200	¥400	¥66	¥4,106
	4季度 平均值	¥200	¥950	¥1,033	¥250	¥0	¥43	¥367	¥53	¥200	¥390	¥66	
	总计平均值	¥342	¥838	¥1,029	¥301	¥158	¥271	¥450	¥85	¥174	¥448	¥66	

图 2-3-25　分类汇总结果

单击左侧所有的“-”，可以只显示每个季度的平均值，如图 2-3-26 所示。保存文件，提交。

小赵2021年开支明细表

年月	季度	服装服饰	饮食	水电气房租	交通	通信	阅读培训	社交应酬	医疗保健	休闲旅游	个人兴趣	公益活动	总支出
	1季度 平均值	¥517	¥717	¥1,000	¥520	¥200	¥53	¥833	¥83	¥327	¥367	¥66	
	2季度 平均值	¥150	¥850	¥1,017	¥217	¥133	¥60	¥367	¥110	¥110	¥417	¥66	
	3季度 平均值	¥500	¥833	¥1,067	¥217	¥300	¥927	¥233	¥93	¥60	¥617	¥66	
	4季度 平均值	¥200	¥950	¥1,033	¥250	¥0	¥43	¥367	¥53	¥200	¥390	¥66	
	总计平均值	¥342	¥838	¥1,029	¥301	¥158	¥271	¥450	¥85	¥174	¥448	¥66	

图 2-3-26　显示每个季度的平均值

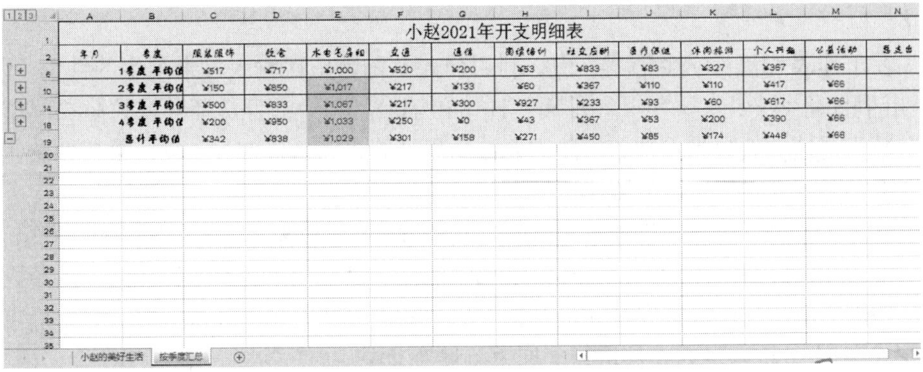

四、实验内容

1. 制作员工工资表

小李是东方公司的会计，利用自己所学的办公软件进行记账管理。为节省时间，同时又确保记账的准确性，她使用 Excel 编制了 2014 年 3 月员工工资表"Excel.xlsx"。

请根据下列要求帮助小李对该工作表进行整理和分析（提示：本题中若出现排序问题则采用升序方式）：

（1）通过合并单元格，将表名"东方公司 2014 年 3 月员工工资表"放于整个表的上端、居中，并调整字体、字号。

（2）在"序号"列中分别填入 1～15，将其数据格式设置为数值、保留 0 位小数、居中。

（3）将"基础工资"（含）往右各列设置为会计专用格式、保留 2 位小数、无货币符号。

（4）调整表格各列宽度、对齐方式，使其显示更加美观。并设置纸张大小为 A4、横向，整个工作表需调整在 1 个打印页内。

（5）利用 IF 函数计算"应交个人所得税"列。（提示：应交个人所得税=应纳税所得额*对应税率－对应速算扣除数）

（6）利用公式计算"实发工资"列，公式为：

实发工资=应付工资合计－扣除社保－应交个人所得税。

（7）复制工作表"2014 年 3 月"，将副本放置到原表的右侧，并命名为"分类汇总"。

（8）在"分类汇总"工作表中通过分类汇总功能求出各部门"应付工资合计""实发工资"的和，每组数据不分页。

2. 统计班级成绩

期末考试结束了，初三（14）班的班主任助理王老师需要对本班学生的各科考试成绩进行统计分析，并为每个学生制作一份成绩通知单下发给家长。按照下列要求完成该班的成绩统计工作并按原文件名进行保存。

（1）打开工作簿"学生成绩.xlsx"，在最左侧插入一个空白工作表，重命名为"初三学生档案"，并将该工作表标签颜色设为"紫色（标准色）"。

（2）将以制表符分隔的文本文件"学生档案.txt"自 A1 单元格开始导入工作表"初三学生档案"中（注意不得改变原始数据的排列顺序）。将第一列数据从左到右依次分成"学号"和"姓名"两列显示。最后创建一个名为"档案"、包含数据区域 A1:G56、包含标题的表，同时删除外部链接。

（3）在工作表"初三学生档案"中，利用公式及函数依次输入每个学生的性别（"男"或"女"）、出生日期（××××年××月××日）和年龄。其中：身份证号倒数第二位用于判别性别，奇数为男性，偶数为女性；年龄需要按周岁计算，满一年才计 1 岁。最后调整工作表的行高与列宽、对齐方式等，以便阅读。

（4）参考工作表"初三学生档案"，在工作表"语文"中输入与学号对应的"姓名"；按照平时、期中、期末成绩各占 30%、30%、40%比列计算每个学生的"学期成绩"并填入相应单元格中；按成绩由高到低的顺序统计每个学生的"学期成绩"排名并按"第 n 名"的形式填入"班级名次"列中。按照下列条件填写"期末总评"：

语文、数学的学期成绩	其他科目的学期成绩	期末总评
>=102	>=90	优秀
>=84	>=75	良好
>=72	>=60	及格
<72	<60	不合格

（5）将工作表"语文"的格式全部应用到其他科目工作表中，包括行高（各行行高均为 22 默认单位）和列宽（各列列宽均为 14 默认单位）。并按上述（4）中的要求依次输入或统计其他科目的"姓名""学习成绩""班级名次"和"期末总评"。

（6）分别将各科的"学期成绩"引入工作表"期末总成绩"的相应列中，在工作表"期末总成绩"中依次引入姓名、计算各科的平均分、每个学生的总分，并按成绩由高到低的顺序统计每个学生的总分排名，以 1、2、3……形式标识名次，最后将所有成绩的数字格式设置为数值、保留两位小数。

（7）在工作表"期末总成绩"中分别用红色（标准色）和加粗格式标出各科第一名成绩。同时将前 10 名的总分成绩用浅蓝色填充。

实 验 4　PowerPoint 的基本操作

一、实验目的

（1）熟悉创建新演示文稿、在幻灯片上插入各种对象。
（2）掌握幻灯片的插入、移动、复制、删除等基本操作。
（3）熟悉幻灯片美化技术。
（4）掌握幻灯片放映时的切换方式和设置动画。
（5）掌握对象的动作设置，设置超链接。

二、实验环境

（1）中文 Windows 10 操作系统。
（2）中文 PowerPoint 2016 应用软件。

三、实验范例

1. 操作题1

校摄影社团在今年的摄影比赛结束后，希望可以借助 PowerPoint 将优秀作品在社团活动中进行展示，这些优秀的摄影作品保存在实验 4 素材范例 1 素材文件夹中，并以 Photo(1).jpg 到 Photo(12).jpg 命名。请按照如下需求，在 PowerPoint 中完成制作工作。

（1）利用 PowerPoint 应用程序创建一个相册，并包含 Photo(1).jpg 到 Photo(12).jpg 共 12 幅摄影作品。在每张幻灯片中包含 4 张图片，并将每幅图片设置为"居中矩形阴影"相框形状。设置相册主题为"\\实验 4 素材\范例 1 素材\"文件夹中的"相册主题.pptx"样式。

【操作步骤】

打开 PowerPoint 2016，选择"插入"→"图像"→"相册"→"新建相册"命令，在弹出的对话框中单击"文件/磁盘"按钮，如图 2-4-1 所示。

在弹出的对话框中定位到路径"\\实验 4 素材\范例 1 素材\"，将素材中的 12 张图片全部选中，如图 2-4-2 所示，单击"插入"按钮。

返回图 2-4-1 所示对话框，选择"图片版式"为"4 张图片"，选择"相框形状"为"居中矩形阴影"，单击"主题"右边的"浏览"按钮，选中"实验 4 素材\范例 1 素材\相册主题.pptx"，单击"选择"按钮返回，如图 2-4-3 所示，单击"创建"按钮。

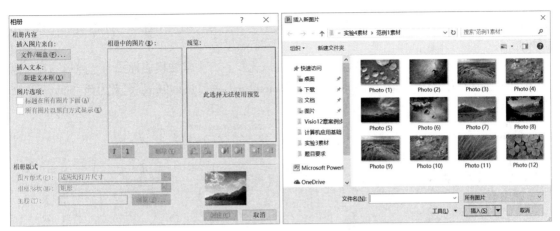

图 2-4-1　"相册"对话框　　　　　　　　　图 2-4-2　"插入新图片"对话框

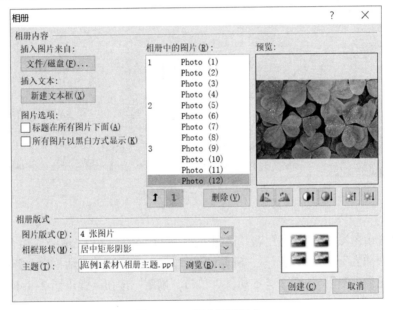

图 2-4-3　设置相册版式

（2）为相册中每张幻灯片设置不同的切换效果。

【操作步骤】

选中第 2 张幻灯片，在"切换"选项卡中任意选择一种切换效果（如"推进"）。选中第 3 张幻灯片，任意选择一种切换效果（如"擦除"）。选中第 4 张幻灯片，任意选择一种切换效果（如"分割"）。还可以在"效果选项"中设置不同的效果。

（3）在标题幻灯片后插入一张新的幻灯片，将该幻灯片设置为"标题和内容"版式。在该幻灯片的标题位置输入"摄影社团优秀作品赏析"；并在该幻灯片的正文位置输入三行文字，分别为"湖光山色""冰消雪融"和"田园风光"。

【操作步骤】

单击左侧幻灯片视图中的第 1 张幻灯片，选择"开始"→"幻灯片"→"新建幻灯片"→"标题和内容"命令，如图 2-4-4 所示。在该幻灯片的标题位置输入"摄影社团优秀作品赏析"；

在该幻灯片的正文位置处单击，依次输入三行文字，分别为"湖光山色""冰消雪融"和"田园风光"。

（4）将"湖光山色""冰消雪融"和"田园风光"三行文字转换成样式为"蛇形图片重点列表"的 SmartArt 对象，并将 Photo(1).jpg、Photo(6).jpg 和 Photo(9).jpg 定义为该 SmartArt 对象的显示图片。

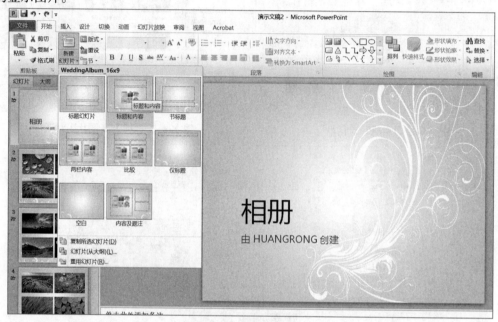

图 2-4-4　新建幻灯片

【操作步骤】

选中"湖光山色""冰消雪融"和"田园风光"三行文字，按【Ctrl+X】组合键，剪切这三行文字，单击"插入"→"插图"→"SmartArt"按钮，在弹出的对话框中选择第 3 行第 2 列的"蛇形图片重点列表"，如图 2-4-5 所示，单击"确定"按钮，弹出图 2-4-6 所示窗格。

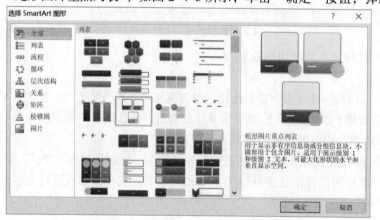

图 2-4-5　"选择 SmartArt 图形"对话框

图 2-4-6　输入文字窗格

在光标闪烁处，按【Ctrl+V】组合键，在文本处输入三行文字，选中多余的文本框并按【Delete】键将其删除。效果如图 2-4-7 所示。

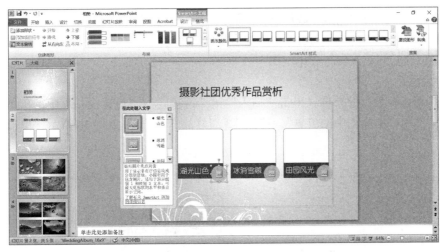

图 2-4-7　插入"蛇形图片重点列表"效果

单击"湖光春色"文字旁的图片按钮，弹出图 2-4-8 所示对话框，插入"范例 1 素材"文件夹中的 Photo(1).jpg。单击"冰雪消融"文字旁的图片按钮，插入 Photo(6).jpg。单击"田园风光"文字旁的图片按钮，插入 Photo(9).jpg。

（5）为 SmartArt 对象添加自左至右的"擦除"进入动画效果，并要求在幻灯片放映时该 SmartArt 对象元素可以逐个显示。

【操作步骤】

选中 SmartArt 对象，选择"动画"→"动画"→"擦除"选项，单击"效果选项"按钮，方向选择"自左侧"，序列选择"逐个"，如图 2-4-9 所示。

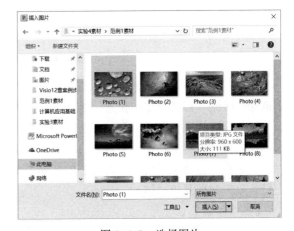

图 2-4-8　选择图片

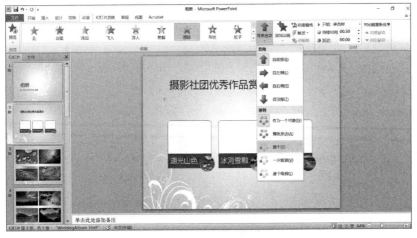

图 2-4-9　设置动画效果

（6）在 SmartArt 对象元素中添加幻灯片跳转链接，使得单击"湖光山色"标注形状可以跳转到第 3 张幻灯片，单击"冰消雪融"标注形状可以跳转到第 4 张幻灯片，单击"田园风光"标注形状可以跳转到第 5 张幻灯片。

【操作步骤】

选中"湖光春色"的外框，单击"插入"→"链接"→"超链接"按钮，在弹出的对话框中选择链接到"本文档中的位置"，选择"3.幻灯片 3"，如图 2-4-10 所示，单击"确定"按钮。

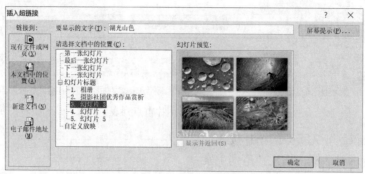

图 2-4-10 "插入超链接"对话框

选中"冰消雪融"的外框，单击"插入"→"链接"→"超链接"按钮，在弹出的对话框中选择链接到"本文档中的位置"，选择"4.幻灯片 4"，单击"确定"按钮。

选中"田园风光"的外框，单击"插入"→"链接"→"超链接"按钮，在弹出的对话框中选择链接到"本文档中的位置"，选择"5.幻灯片 5"，单击"确定"按钮。

（7）将"范例1素材"文件夹中的"music01.wav"声音文件作为该相册的背景音乐，并在幻灯片放映时即开始播放。

【操作步骤】

选择第 1 张幻灯片，单击"插入"→"媒体"→"音频"→"PC 上的音频"按钮，在弹出的对话框中找到范例1素材文件夹中的"music01.wav"文件，如图 2-4-11 所示，单击"插入"按钮。

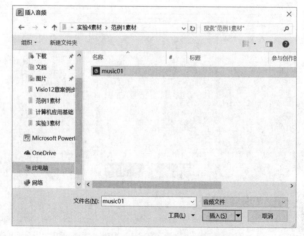

图 2-4-11 "插入音频"对话框

选择新出现的"音频工具"–"播放"选项卡，在"音频选项"组中将"开始"设置为"自动"，选中"循环播放，直到停止"和"播完返回开头"复选框，完成该操作，如图 2-4-12 所示。

图 2-4-12　设置音频播放方式

（8）将幻灯片第 1 页中"由 ***创建"修改为每个人自己的学号姓名。将该相册文件保存在 D:\盘文件夹下，命名为"fl1.pptx"。

【操作步骤】

将光标定位到"由 ****创建"，删除"***"，并输入自己的学号和姓名。

选择"文件"→"另存为"命令弹出对话框，将该相册文件保存在文件夹 D:\下，命名为"fl1.pptx"，单击"保存"按钮。

2. 操作题 2

请根据提供的素材文件"fl2 素材.docx"中的文字、图片设计制作演示文稿，并以文件名"fl2.pptx"保存，具体要求如下：

（1）将素材文件中每个矩形框中的文字及图片设计为 1 张幻灯片，要求幻灯片版式至少有三种；为演示文稿插入幻灯片编号，与矩形框前的序号一一对应。

【操作步骤】

首先打开"fl2 素材.docx"文档观察，可以看到有序号 1～9，所以幻灯片要有 9 张。打开 PowerPoint 软件。选择"开始"→"幻灯片"→"新建幻灯片"→"标题和内容"命令，完成新建一张幻灯片。多次单击"开始"→"幻灯片"→"新建幻灯片"按钮，新建不同的幻灯片版式，要求版式内容不低于三种，共需新建 9 张幻灯片。

将 Word 文档中的每一个序号的内容复制到 PowerPoint 的每一张幻灯片当中（为了方便观察，将 PPT 和 Word 同时观看，首先缩小 PPT 和 Word，在状态栏处右击弹出快捷菜单，选择纵向平铺窗口），一共 9 张，完成该操作后将 Word 文档关闭，将 PowerPoint 最大化。

单击"插入"→"文本"→"幻灯片编号"按钮，在弹出的对话框中选中"幻灯片编号"复选框，如图 2-4-13 所示，单击"全部应用"按钮。

（2）第1张幻灯片作为标题页，标题为"云计算简介"，并将其设为艺术字，有制作日期（格式：××××年××月××日），并指明制作者为自己的"学号姓名"。第9张幻灯片中的"敬请批评指正！"采用艺术字。

【操作步骤】

选择第1张幻灯片，将其版式设置为标题幻灯片，选中标题"云计算简介"，单击"插入"→"文本"→"艺术字"按钮，在打开的下拉列表中选择第1行第2列的艺术字效果，将标题设为艺术字；将光标定位到副标题中，单击"插入"→"文本"→"日期和时间"按钮，在弹出的对话框中选择年月日格式，选中"自动更新"复选框，如图 2-4-14 所示，单击"确定"按钮。

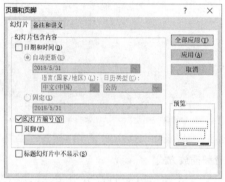
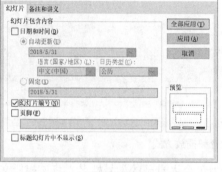

图 2-4-13 "页眉和页脚"对话框　　图 2-4-14 "日期和时间"对话框

日期后面另起一行，写上制作者：自己的学号姓名。

用同样的方法将第9张幻灯片中的文字"敬请批评指正"设置为任意的艺术字格式。

（3）为演示文稿选择一个合适的主题。

【操作步骤】

选择"设计"→"主题"中的任意一个幻灯片主题（如选择第三个"暗香扑面"），即可实现对所有幻灯片的同一主题设置。

（4）为第2张幻灯片中的每项内容插入超链接，单击时可转到相应幻灯片。

【操作步骤】

选择"一、云计算的概念"，单击"插入"→"链接"→"超链接"按钮，在弹出的对话框中选择链接到"本文档中的位置"，选择"3.幻灯片 3"，单击"确定"按钮。

选择"二、云计算的特征"，单击"插入"→"链接"→"超链接"按钮，在弹出的对话框中选择链接到"本文档中的位置"，选择"4.幻灯片 4"，单击"确定"按钮。

选择"三、云计算的服务形式"，单击"插入"→"链接"→"超链接"按钮，在弹出的对话框中选择链接到"本文档中的位置"，选择"6.幻灯片 6"，单击"确定"按钮。

（5）第5张幻灯片采用 SmartArt 图形中的组织结构图来表示，最上级内容为"云计算的五个主要特征"，其下级依次为具体的五个特征。

【操作步骤】

单击"插入"→"插图"→"SmartArt"按钮，选择对话框中"层次结构"的第 1 个组织结构图，如图 2-4-15 所示，单击"确定"按钮。

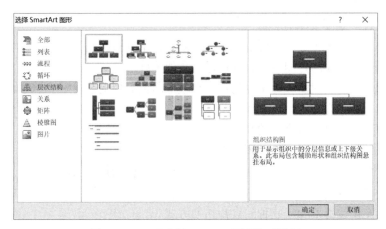

图 2-4-15　"选择 SmartArt 图形"对话框

在弹出的窗口中设置层次结构，不需要的方框结构可以删除。按住【Ctrl】键选中下方 5 个框调整至合适大小，效果如图 2-4-16 所示。

（6）为每张幻灯片中的对象添加动画效果，并设置 3 种以上幻灯片切换效果。

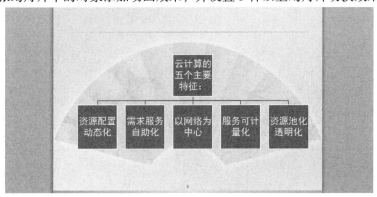

图 2-4-16　设置组织结构效果

【操作步骤】

单击第 1 张幻灯片中的艺术字"云计算简介"，选择"动画"选项卡里的任意一种动画，可以在右侧"效果选项"中设置动画效果。采用同样的方法，可以对所有幻灯片里的对象添加不同的动画效果。

单击第 1 张幻灯片，选择"切换"选项卡里的任意一种切换形式，可以在右侧"效果选项"中设置切换效果。采用同样的方法，可以对所有幻灯片添加不同的切换效果，但至少要 3 种以上。

（7）增大第 6、7、8 张幻灯片中图片显示比例，达到较好的效果。

【操作步骤】

选择第 6 张幻灯片，选中图片，当鼠标指针位于图片边缘时，按住鼠标左键不松开往外拉动，可适当拉大图片的大小，用同样方法可以对第 7、8 张幻灯片的图片大小进行调整。

选择"文件"→"另存为"命令，保存文件为"fl2.pptx"，上传。

四、实验内容

制作个人简介 PPT。以个人简介为主题，创建演示文稿（幻灯片），保存为 PPT 学号姓名.pptx，上传文件。主要要求有：

（1）幻灯片不少于 8 页，内容可以包括但不限于：基本情况、学习经历、学习计算机的途径、计算机应用能力、我的好朋友、我的偶像、我的爱好。

（2）使用幻灯片母版视图，为每张幻灯片在左上角位置加上艺术字"学号姓名个人简介"，艺术字样式任选，字号为 16 号。

（3）为整个演示文稿指定合适的主题。

（4）为每张幻灯片设置不同的动画效果。

（5）为幻灯片插入任意一首背景音乐，要求在任意一张幻灯片放映时均可开始播放该背景音乐，并循环播放，直到停止。

（6）为演示文稿设置不少于三种幻灯片切换方式。

实验 5 Visio 的基本操作

一、实验目的

（1）熟悉 Visio 2016 软件的界面及功能。

（2）掌握创建基本流程图的各项操作。

（3）掌握创建地图和平面布局图的各项操作。

二、实验环境

（1）中文 Windows 10 操作系统。

（2）中文 Visio 2016 应用软件。

三、实验范例

1. 操作题1

使用 Visio 2016，绘制"网上购物流程图"，样张如图 2-5-1 所示。

（1）新建"网上购物流程图"的绘图文档。

【操作步骤】

打开 Visio 2016，选择"新建"→"基本流程图"命令，如图 2-5-2 所示，单击"创建"按钮。选择"文件"→"另存为"命令，创建名为"网上购物流程图"的绘图文档。

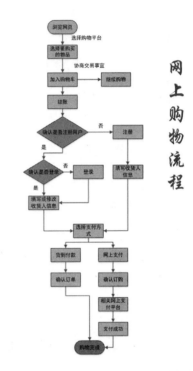

图 2-5-1 "网上购物流程图"样张

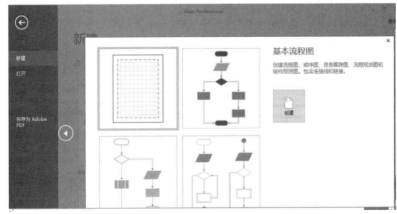

图 2-5-2 新建基本流程图

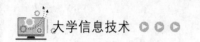

（2）新建开始流程"浏览网页"。

【操作步骤】

在"形状"窗格中选择 "基本流程图形状"选项，在"基本流程图形状"列表中单击"开始/结束"形状不松开，拖动到绘图文档的左上方位置，双击该形状，在文本框中输入文本"浏览网页"，如图 2-5-3 所示。

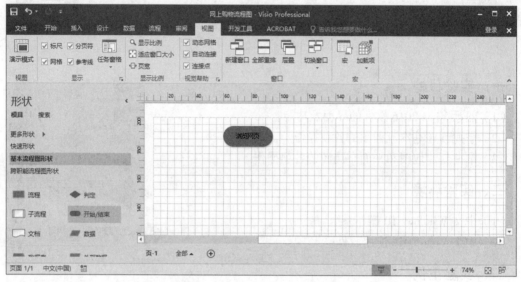

图 2-5-3　新建"浏览网页"开始流程

（3）新建多个流程和判定放置在绘图文档中。

【操作步骤】

按步骤（2）的方法，拖动多个流程和判定放置在绘图文档中，并输入相应的文字，如图 2-5-4 和图 2-5-5 所示。

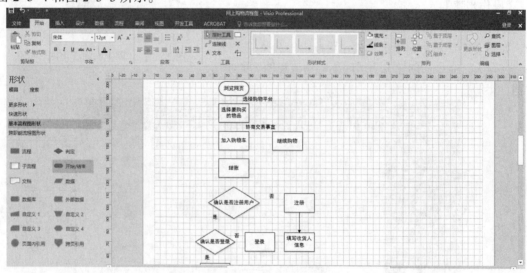

图 2-5-4　新建多个流程和判定（一）

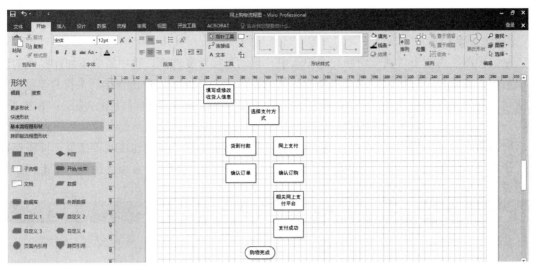

图 2-5-5　新建多个流程和判定（二）

（4）在形状之间输入说明文字，对流程进行描述或备注。

【操作步骤】

单击"开始"→"工具"→"A 文本"按钮，在绘图文档区需要输入说明文字的位置单击，插入一个文本框，在文本框内输入说明文字，对流程进行描述或备注，如图 2-5-4 和图 2-5-5 所示。

（5）将所有文本的字号设置为 12 pt，将所有流程图形状的高度设置为 11 mm。

【操作步骤】

在绘图文档区，按住【Ctrl+A】组合键将所有内容全部选中，在"开始"→"字体"组内将字体大小设置为"12 pt"；

选中一个流程图形状，单击 Visio 窗口底部的"高度"，弹出"大小和位置"窗口，将高度信息修改为"11 mm"，如图 2-5-6 所示。用同样的方法对所有其他流程图形状进行"11 mm"高度设置。

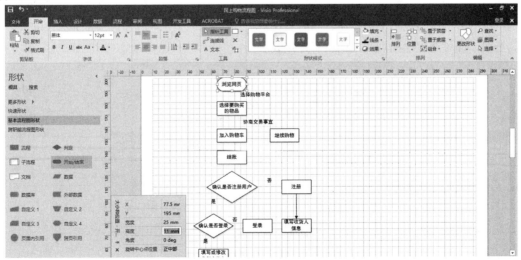

图 2-5-6　设置流程图形状的高度

（6）为形状之间添加连接线。

【操作步骤】

在"视图"选项卡"视觉帮助"组中选中"自动连接"复选框。选中需要添加连接线的流程图形状，在流程图形状的四周会出现浅蓝色的连接箭头符号▼，单击连接箭头符号不松开，拖动到下一个流程图形状上，为这两个形状之间添加一根连接线；（也可以用方法二：单击"开始"→"工具"→"连接线"按钮，在绘图文档区添加连接线的位置从起点拉动到终点）。

根据需要，选中连接线，右击，在弹出的快捷菜单中选择"直线连接线"命令，可将连接线转换为直线连接线；单击"直角连接线"选项，可将连接线转换为直角连接线；单击"曲线连接线"选项，可将连接线转换为曲线连接线。设置后如图 2-5-7 所示。

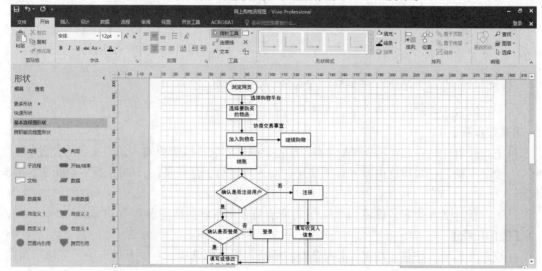

图 2-5-7　设置连接线后的效果

（7）设置线条的格式粗细为 1.5 pt，颜色为红色；设置形状的填充颜色。

【操作步骤】

选择"开始"→"编辑"→"选择"→"按类型选择"命令，在弹出的"按类型选择"对话框中选中"形状角色"单选按钮，同时只保留"连接线"选项，如图 2-5-8 所示，单击"确定"按钮，即可选中绘图页面上的所有连接线。

图 2-5-8　"按类型选择"对话框

在线条区域右击，在弹出的快捷菜单中选择"设置形状格式"命令，在绘图页面右侧弹出的"设置形状格式"窗格中选择"线条"，设置线条的宽度为 1.5 磅，颜色为红色，如图 2-5-9 所示。

选中除"购物完成"形状外的所有"流程"形状和"开始/结束"形状，在选择区域右击，在弹出的快捷菜单中选择"设置形状格式"命令，在弹出的窗格中设置其填充颜色为"浅绿"；采用同样的方法，设置"判断"形状的填充颜色为"浅蓝"；"购物完成"形状的填充颜色为"绿色"。

（8）在绘图区的右上方添加标题"网上购物流程"，垂直显示。

【操作步骤】

选择"插入"→"文本框"→"竖排文本框"命令，在绘图区的右上方输入标题文本"网上购物流程"，在"开始"→"字体"组中设置其字体为华文行楷，字号为 48，字体颜色为紫色，适当调整文本框的形状大小，使得文字垂直显示。

（9）设置绘图文档的背景，美化流程图。

图 2-5-9　设置线条

【操作步骤】

选择"设计"→"背景"→"背景"中第三行第二个选项，设置绘图文档的背景为"世界"，保存文档，提交文件。

2. 操作题 2

运用 Visio 2016 中的"地图和平面布局图"→"家具规划"模板绘制如图 2-5-10 所示的"室内家具布局图"。

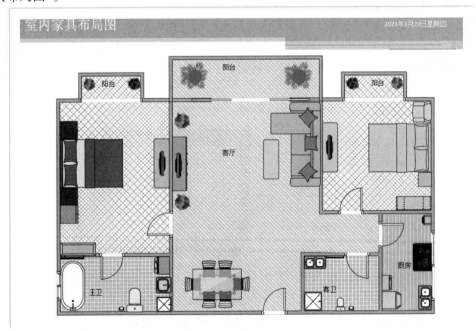

图 2-5-10　"室内家具布局图"样张

（1）新建"室内家具布局图"的绘图文档。调整"室内家具布局图"绘图文档的页面大小。

【操作步骤】

打开 Visio 2016，选择"新建"→"地图和平面布置图"→"家居规划"命令，如图 2-5-11 所示，单击"创建"按钮。

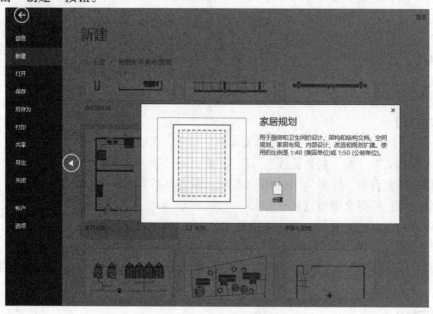

图 2-5-11　新建"家居规划"

选择"文件"→"另存为"命令，文件命名为"室内家具布局图"，单击"保存"按钮保存绘图文档。

单击"设计"→"页面设置"右下角的对话框启动器按钮，弹出"页面设置"对话框，在"页面尺寸"选项卡将其中的"预定义的大小"改为"A4""页面方向"设置为"横向"，如图 2-5-12 所示。单击"应用"和"确定"按钮。

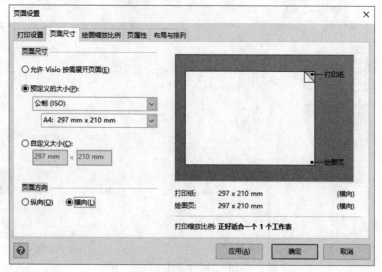

图 2-5-12　设置页面

（2）建造墙壁，大致规划好室内布局。

【操作步骤】

拖动"墙壁、外壳和结构"列表中的"墙壁"形状到绘图区，多次操作并调整好墙壁的长度与角度，将室内的布局大致规划好，效果如图 2-5-13 所示，墙壁尺寸如图 2-5-14 所示。

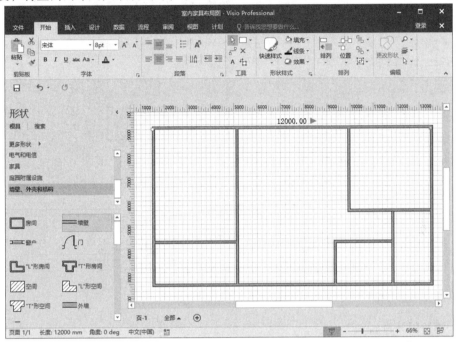

图 2-5-13　拖动"墙壁"形状后的效果

图 2-5-14　墙壁尺寸

（3）建造阳台。

【操作步骤】

拖动"墙壁、外壳和结构"列表中的"墙壁"形状到绘图区，多次操作并调整好墙壁的长度与角度，在房屋上方添加三个阳台，其中左右两阳台的尺寸相同，形状如图 2-5-15 所示，相关参数如图 2-5-16 所示。

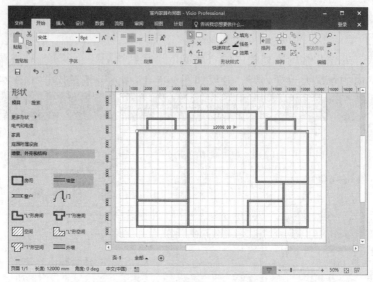

图 2-5-15　左右两阳台尺寸及形状

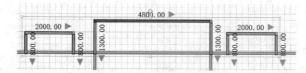

图 2-5-16　阳台参数

（4）建造门开口。

【操作步骤】

在"墙壁、外壳和结构"列表中将"开口"形状拖到绘图区小阳台与房间的结合处，将"双凹槽门"形状拖到绘图区大阳台与房间的结合处，将"滑窗"形状拖到绘图区下方的两个小房间处，位置和尺寸如图 2-5-17 和图 2-5-18 所示。

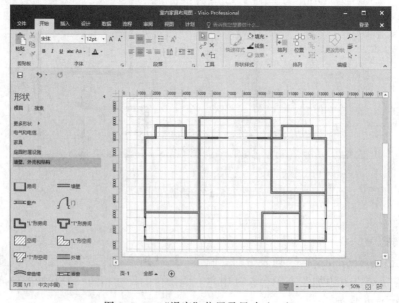

图 2-5-17　"滑窗"位置及尺寸（一）

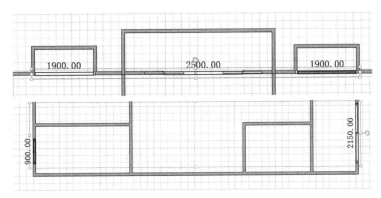

图 2-5-18　"滑窗"位置及尺寸（二）

（5）建造门。

【操作步骤】

在"墙壁、外壳和结构"列表中将"门"形状拖到绘图区，调整其大小、方向和位置，参数如图 2-5-19 和图 2-5-20 所示。

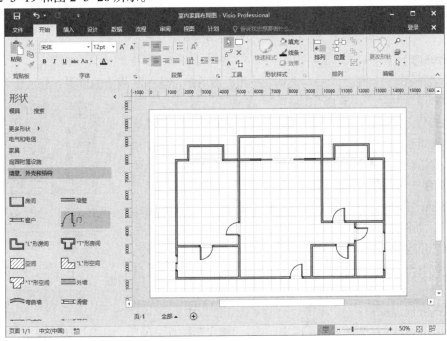

图 2-5-19　"门"形状参数（一）

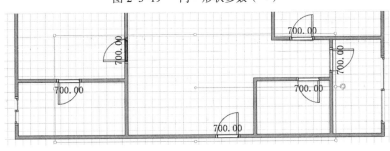

图 2-5-20　"门"形状参数（二）

（6）参照图 2-5-21 给房间命名，用不同颜色填充，并设置其透明度，线条颜色均为无，都置于底层。

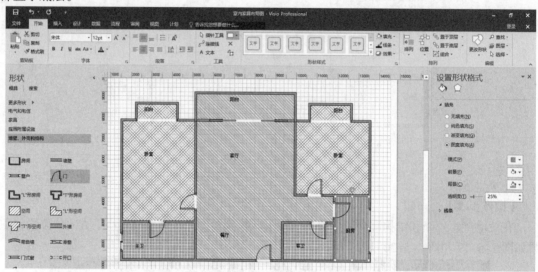

图 2-5-21 房间名称

【操作步骤】

单击"开始"→"工具"→"文本"按钮，然后单击绘图区相应的位置，分别命名"阳台""卧室""客厅""餐厅""厨房""主卫""客卫"。

卧室部分：选择"开始"→"工具"→"矩形"工具，沿卧室内壁绘制矩形，单击"开始"→"形状样式"→"填充"→"填充选项"按钮，在绘图区右侧的"设置形状格式"窗格中，选中"填充"项的"图案填充"单选按钮，设置"模式"为"04"，"前景"为"淡紫 着色 3 深色 25%"，"背景"为"白色"，"透明度"为"20%"，如图 2-5-22 所示。

选择"开始"→"形状样式"→"线条"→"无线条"命令，将线条颜色取消。选择"开始"→"排列"→"置于底层"→"置于底层"命令，将填充图案置于底层。

图 2-5-22 设置房间填充

其他部分同理操作；

① 小阳台和卧室设置要求。图案填充："模式"选择"04"，"前景"为"淡紫 着色 3 深色 25%"，"背景"为"白色"，"透明度"为"20%"；"线条"为"无线条"；"置于底层"。

② 大阳台、客厅和餐厅设置要求。图案填充："模式"选择"05"，"前景"为"白色"，"背景"为"橙色 着色 5"，"透明度"为"50%"；"线条"为"无线条"；"置于底层"。

③ 主卫和客卫设置要求。图案填充："模式"选择"03"，"前景"为"白色"，"背景"为"水绿色 着色 4"，"透明度"为"50%"；"线条"为"无线条"；"置于底层"。

④ 厨房设置要求。图案填充："模式"选择"07"，"前景"为"白色"，"背景"为"浅绿"，"透明度"为"25%"；"线条"为"无线条"；"置于底层"。

（7）安放植物，布置家具。

【操作步骤】

安放植物：拖动"家具"列表中的"棕榈科植物"形状到绘图区大阳台，单击"开始"→"形状样式"→"填充"按钮，选择填充颜色为"绿色"；同样操作，拖动"家具"列表中的"叶子""开花"形状到小阳台，调整其大小和位置。

布置卧室：将"家具"列表中的"大床""床头柜""矩形桌""双联梳妆台""躺椅"，"家电"列表中的"电视机"和"柜子"列表中的"落地橱"形状拖到卧室并调整其大小和位置，并填充不同的颜色，效果如图 2-5-23 所示。

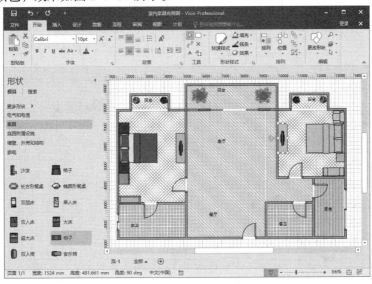

图 2-5-23　布置卧室

布置客厅和餐厅。将"沙发""矩形桌""电视机""叶子""长方形餐桌"形状拖到客厅和餐厅，调整其位置和大小，并填充不同的颜色，效果如图 2-5-24 所示。

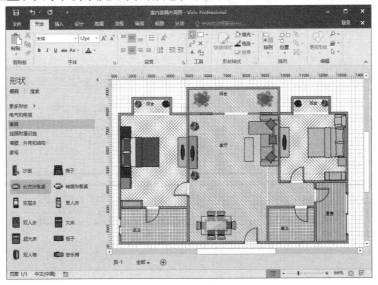

图 2-5-24　布置客厅和餐厅

接下来，根据个人喜好布置主卫、客卫和厨房，不进行统一要求。

（8）背景设置，添加标题。

【操作步骤】

选择"设计"→"背景"→"背景"→"实心"命令，"背景色"设为"白色"；选择"边框和标题"→"都市"选项。

单击绘图文档底部的"背景1"进入标题背景页面，双击标题，输入"室内家具布局图"；在"开始"→"字体"组中设置文字字体为"黑体"，字体颜色为"白色"；在"开始"→"形状样式"组中，设置边框的填充颜色为"浅绿"；单击"保存"按钮，如图 2-5-25 和图 2-5-26 所示。

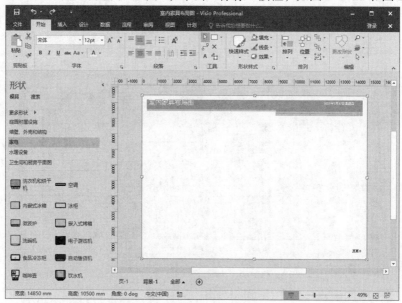

图 2-5-25　标题及背景效果（一）

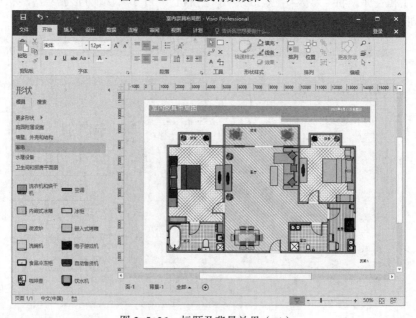

图 2-5-26　标题及背景效果（二）

四、实验内容

1. 参考样张，运用 Visio 2016 中的"流程图"模板中的"基本流程图"模具和"常规"模板中的"基本形状"模具绘制如图 2-5-27 所示的"网站建设流程图"。保存为 sy5_1。

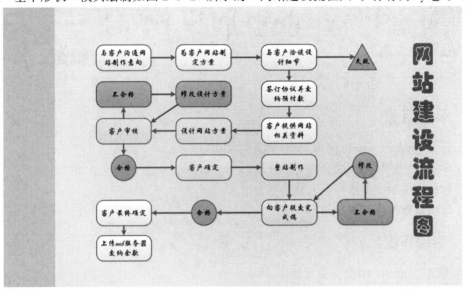

图 2-5-27　"网站建设流程图"样张

2. 参考样张，运用 Visio 2016 中的"地图和平面布局图"→"平面布置图"模板绘制如图 2-5-28 所示的"公园平面规划图"。保存为 sy5_2。

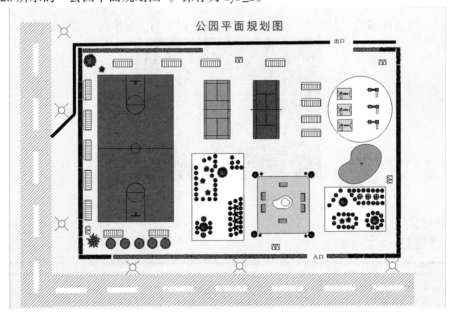

图 2-5-28　"公园平面规划图"样张

实验 6　Photoshop 的基本操作

一、实验目的

（1）熟悉 Adobe Photoshop CS5 软件的界面及功能。

（2）学会颜色的填充及混合模式的修改。

（3）熟练掌握渐变油漆桶等工具的基本用法。

（4）熟练掌握图层基本操作。

二、实验环境

（1）中文 Windows 10 操作系统。

（2）Adobe Photoshop CS5 中文版。

三、实验范例

1. 操作题1

通过红、绿、蓝三色光混合练习，理解 RGB 颜色模型的图像原理，效果如图 2-6-1 所示。

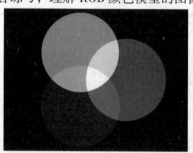

图 2-6-1　三色光混合练习

（1）新建文件。

【操作步骤】

打开 Photoshop 程序，选择"文件"→"新建"选项，弹出图 2-6-2 所示的"新建"对话框。在该对话框中，将"名称"设置为"RGB 混合"，"预设"中选择Web，大小选择"640×480"（也可根据实际大小需要进行修改），分辨率采用 72 像素/英寸。

图 2-6-2　"新建"对话框

（2）创建选区及图层。

【操作步骤】

从工具箱中选择"选框类型工具"，当按下鼠标左键并停留片刻后会显示相应的菜单项，如图 2-6-3 所示，选择"椭圆选框工具"，并确保椭圆选框工具选项栏中已选择"新选区"。羽化、消除锯齿、样式的设置如图 2-6-4 所示。

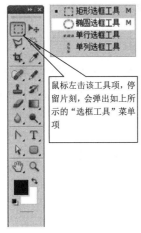

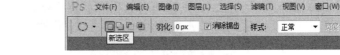

图 2-6-3　菜单项　　　　　　　　　　图 2-6-4　设置羽化、消除锯齿、样式

在图像窗口中，先按下鼠标左键，再按住【Shift】键，拖动鼠标作"正圆"选区。如果选区位置需要调整，则在鼠标左键未松开的前提下，按空格键不放，拖动鼠标来调整位置；位置确定时，可先松开空格键，此时位置固定，但仍可调整选区大小。当选区大小与位置均适合时，先松开鼠标左键，再松开【Shift】键。

说明：在这一步骤的操作过程中，要记住"鼠标先做原则"，即操作开始时先单击；操作结束时松开鼠标。

单击"图层"面板右下角的"创建新图层"按钮，如图 2-6-5 所示，创建名称为"图层 1"的透明图层，如图 2-6-6 所示；双击图层名称，或者单击"菜单弹出"按钮，选择"图层属性"选项，可以对图层名称进行修改。将图层名称改为"红"，并选中图 2-6-7 所示的图层"红"。

（3）选择并填充颜色。

【操作步骤】

单击图 2-6-3 所示工具箱中的"设置前景色"/"设置背景色"按钮（见图 2-6-8）。

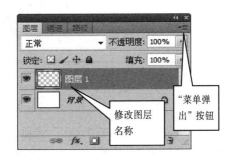

图 2-6-5　创建新图层　　　　　　　　图 2-6-6　修改图层名称

图 2-6-7　命名图层

图 2-6-8　"设置前景色" / "设置背景色" 按钮

在弹出的"拾色器"对话框中，设置 RGB 颜色值分别为"255,0,0"（即红色），单击"确定"按钮，如图 2-6-9 所示。如果设置的是前景色，可用快捷键【Alt+Delete/Backspace】填充选区；如果设置的是背景色，可用快捷键【Ctrl+Delete/Backspace】填充选区。

图 2-6-9　设置红色

红色填充后的"图像窗口"及"图层"面板效果如图 2-6-10 所示。

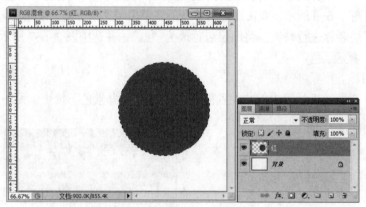

图 2-6-10　填充红色后的效果

可从"图层"菜单下的"取消选区"选项（快捷键【Ctrl+D】）来取消圆形选区，并根据上述步骤："创建选区"→"创建图层"→"选择颜色并填充"，创建绿和蓝两个图层。"图像窗口"及"图层"面板效果如图 2-6-11 所示。

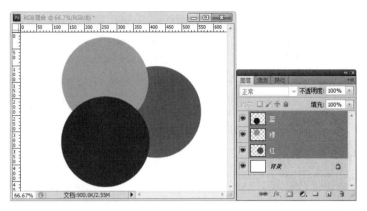

图 2-6-11　创建绿和蓝图层后的效果

（4）修改图层混合模式。

【操作步骤】

用黑色填充"背景"层，并将"红""绿""蓝"三个图层的混合模式改为"滤色"，最终效果如图 2-6-12 所示。

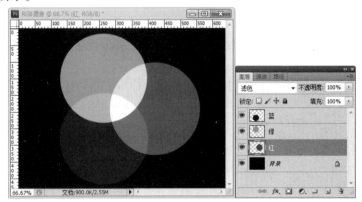

图 2-6-12　最终效果

通过光色加色法，可了解到 RGB 的原理，以及表示"红、绿、蓝、黄、黑、白"的不同颜色值。

（5）存储为 JPG 格式。

【操作步骤】

选择"文件"→"存储为"命令，将图像以 JPG 格式保存在"D:\"下，命名为"fl1.JPG"。关闭图像。提交文件。

2．操作题 2

使用基本工具——渐变工具，把花修改为"雾里看花"的效果。

【操作步骤】

（1）启动 Photoshop CS5 程序，选择"文件"→"打开"命令，打开素材图像"实验 6 素材\fl2_flower.jpg"。

（2）在工具箱上将前景色设置为白色，选择渐变工具，在选项栏上设置填充色渐变类型等参数，如图 2-6-13 所示。

图 2-6-13　设置渐变参数

（3）在图像窗口中的 A 点按下鼠标左键不放，拖动到 B 点后松开。如图 2-6-14 所示，创建径向渐变。结果产生如图 2-6-15 所示的效果。

图 2-6-14　A 点

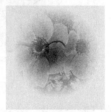

图 2-6-15　"雾里看花"效果

（4）选择"文件"→"存储为"命令，将图像以 JPG 格式保存在"D:\"下，命名为"fl2 _flower（渐变）.JPG"。关闭图像。提交文件。

3. 操作题 3

使用基本工具——修补工具，把本身有瑕疵的水果修补为优品水果的效果。

【操作步骤】

（1）启动 Photoshop CS5，选择"文件"→"打开"命令，然后打开素材图像"实验 6 素材\水果.JPG"。

（2）在工具箱上选择修补工具，在选项栏上选择"源"选项。通过在图像上拖移光标选择要修复的区域（当然也可以使用其他工具创建选区，使用缩放工具放大图像后在操作可使选区创建得更准确），如图 2-6-16 所示。

（3）将光标定位于选区内，按下鼠标左键将选区拖移到要取样的区域，如图 2-6-17 所示。松开鼠标按键，结果选区内图像得到修补。取消选区，如图 2-6-18 所示。

图 2-6-16　选择修补区域

图 2-6-17　选择取样区域

图 2-6-18　修补后

（4）选择"文件"→"存储为"命令，将图像以 JPG 格式保存在"D:\"下，命名为"水果（修改）.JPG"，关闭图像。提交文件。

4. 操作题 4

将夜景照片添加上月牙效果。

【操作步骤】

（1）启动 Photoshop CS5，选择"文件"→"打开"命令，然后打开素材图像"实验 6 素材\fl4_night.jpg"。

（2）选择椭圆选框工具（选项栏采用默认设置，特别是"羽化"值为 0），按【Shift】键拖移鼠标创建如图 2-6-19 所示的圆形选区。（注：按住【Shift】键可以绘制一个正圆。）

图 2-6-19　选择图形区域

（3）在"图层"面板下方单击"创建新图层　"按钮，在"背景"层上方添加一个新图层"图层 1"，如图 2-6-20 所示。

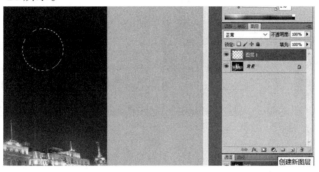

图 2-6-20　新建图层

（4）将前景色设置为白色。使用"油漆桶工具"在选区内单击填色，如图 2-6-21 所示。（注："油漆桶工具"和"渐变工具"在同一组。）

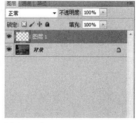

图 2-6-21　填色设置

（5）选择"选择"→"修改"→"羽化"命令，将选区羽化 4 个像素左右。

（6）选择"选择"→"修改"→"扩展"命令，将选区扩展 4 个像素左右。

（7）按键盘方向键将选区向右，向上、向右移动到如图 2-6-22 所示的位置（仅移动选区时，切记不要单击移动工具）。

（8）按【Delete】键删除图层 1 中选区内的像素。选择"选择"→"取消选择"命令。

（9）单击移动工具，拖移"小月亮"，调整其位置。最终效果如图 2-6-23 所示。

（10）选择"文件"→"存储为"命令，将图像以 JPG 格式保存在"D:\"下，命名为"fl4_moon.jpg"。关闭图像。提交文件。

图 2-6-22　移动位置

图 2-6-23　小月亮

5. 操作题 5

已有"天鹅 01.psd"和"天鹅 02.psd"和"山清水秀.jpg"3 个图片素材，在 Photoshop 中制作出"天鹅湖.jpg"，如图 2-6-24 所示。要求：将天鹅合成到桂林山水的湖面上，并在水中形成倒影。

（a）山清水秀.jpg

（b）天鹅 01.psd

（c）天鹅 02.psd

（d）天鹅湖.jpg

图 2-6-24　素材及最终效果

（1）启动 Photoshop 程序，打开文件"天鹅 01.psd"。在"图层"面板中，选择"天鹅"层，按住【Ctrl】键单击"天鹅"层的缩览图载入选区，按【Ctrl+C】组合键复制选区内的天鹅图像，如图 2-6-25 所示。

图 2-6-25　复制天鹅

（2）打开文件"山清水秀.jpg"。按【Ctrl+V】组合键将"天鹅"粘贴过来，得到图层 1。选择 "编辑"→"自由变换"命令适当缩小"天鹅"，调整大小后，单击菜单下方工具栏中的"√"符号确认修改，如图 2-6-26 所示。选择"图像"→"调整"→"色阶"命令适当增加"天鹅"的亮度。选择"编辑"→"变换"→"水平翻转"命令，将天鹅水平翻转。

图 2-6-26　粘贴天鹅

（3）在图层面板中，右击图层 1 文字所在位置，在弹出的快捷菜单中选择"复制图层"命令，在弹出的窗口中单击"确定"按钮得到图层 1 副本。选择"编辑"→"变换"→"垂直翻转"命令。单击移动工具，向下移动垂直翻转后的"天鹅"。单击"滤镜"→"模糊"→"高斯模糊"对图层 1 副本添加高斯模糊滤镜，在弹出的窗口中设置半径为 2.0 像素，如图 2-6-27 所示。在图层面板中，设置不透明度为"80%"或其他值，适当降低图层不透明度，如图 2-6-28 所示。这样得到图中右侧天鹅及倒影效果。

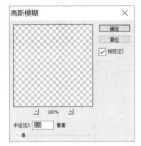

图 2-6-27　"高斯模糊"对话框

图 2-6-28　设置图层不透明度

（4）对素材文件"天鹅 02.psd"进行类似处理，得到图中左侧天鹅及倒影效果。

（5）在图中水面漩涡（天鹅右侧上方）处创建矩形选区，并适当羽化选区。

（6）选择背景层。选择"滤镜"→"扭曲"→"水波"命令，在弹出的对话框中单击"确定"按钮，在背景层选区内添加水波滤镜。

（7）选择"文件"→"存储为"命令，将图像以 JPG 格式保存在"D:\"下，命名为"天鹅湖.jpg"。关闭图像。提交文件。

四、实验内容

（1）利用素材图像"荷花素材 01.jpg""荷花素材 02.jpg""花瓶.jpg"制作如图 2-6-29 所示的效果。

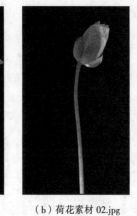

（a）荷花素材 01.jpg （b）荷花素材 02.jpg （c）花瓶.jpg （d）最终效果

图 2-6-29 素材及效果

（2）使用 Photoshop 的蒙版操作，对图 2-6-30 和图 2-6-31 所示的素材进行合成，合成后的效果如图 2-6-32 所示。

图 2-6-30 素材 1   图 2-6-31 素材 2   图 2-6-32 效果图

实验 7　　Animate 的基本操作

一、实验目的

（1）掌握逐帧动画的制作方法。
（2）掌握形状渐变动画的制作方法。
（3）掌握传统补间动画的制作方法。
（4）了解影片剪辑的制作方法。

二、实验环境

（1）中文 Windows 10 操作系统。
（2）中文 Adobe Animate CC 2018 应用软件。

三、实验范例

1. 操作题1

利用 Animate 绘图工具绘制树叶。

【操作步骤】

（1）新建图形元件。

启动 Animate，选择"文件"→"新建"命令，在弹出的窗口中选择"常规"选项卡中的"ActionScript 3.0 项目"，如图 2-7-1 所示。单击"确定"按钮，建立一个 Animate 文档。

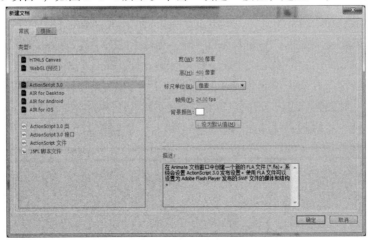

图 2-7-1　"新建文档"窗口

选择"插入"→"新建元件"命令（或者按【Ctrl+F8】组合键），弹出"创建新元件"对话框，在"名称"文本框中输入元件名称"树叶"，"类型"选择"图形"，单击"确定"按钮，如图 2-7-2 所示。

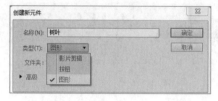

图 2-7-2 "创建新元件"对话框

这时工作区变为"树叶"元件的编辑状态，如图 2-7-3 所示，窗口布局可以依个人喜好拖动重新布置（如窗口下方的时间轴，右侧的工具栏等，都可以拖移位置）。

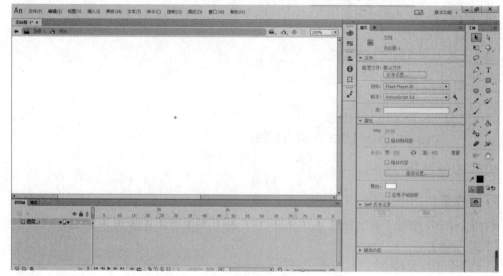

图 2-7-3 "树叶"元件的编辑状态

（2）绘制树叶图形。

在"树叶"图形元件编辑场景中，单击工具箱中的"线条工具"，将"笔触颜色"设置为深绿色，在舞台中央画一条直线；单击工具箱中的"选择工具"，单击直线的中间位置不松开，往左往右拉动将它拉成曲线；再使用"线条工具"绘制一条直线，用这条直线连接曲线的两端点，用"选择工具"将这条直线也拉成曲线，如图 2-7-4 所示，绘制出树叶的轮廓。

接下来绘制叶脉图案。单击工具箱中的"线条工具"，在树叶轮廓的两端点间绘制直线，然后拉成曲线。再进一步绘制主叶脉旁边的细小叶脉，可以全用直线，也可以略加弯曲，这样，一片简单的树叶就画好了，如图 2-7-5 所示。

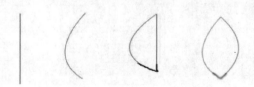

图 2-7-4 绘制树叶轮廓

图 2-7-5 绘制树叶

（3）编辑和修改树叶。

如果在画树叶的时候出现一些失误，例如，画出的叶脉不是所希望的样子，可以选择"编辑"→"撤销"命令多次撤销前面的操作，也可以选择在画好的图案上进行编辑和修改。使用"选择工具"单击想要编辑的直线，直线变成网点状，说明它已经被选取，可以对它进行各种编辑修改操作。还可以用鼠标箭头拉出内容选取框，选择多个图案（如多条叶脉），进行统一的编辑操作。

（4）给树叶上色。

在工具箱中单击"颜料桶工具"，单击"填充颜色"按钮，会出现调色板，同时光标变成吸管状，如图 2-7-6，选择绿色（颜色值#339900）。

在画好的叶子上单击，就会在鼠标指针当前位置所在的封闭空间内填色。依次单击树叶上的各个封闭空间，将整个树叶填充为绿色，如图 2-7-7 所示。至此，一个树叶图形就绘制好了。

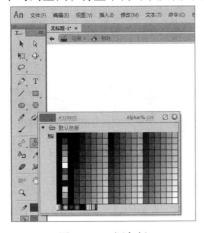

图 2-7-6　调色板

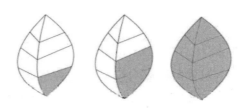

图 2-7-7　完成树叶绘制

选择"窗口"→"库"命令，打开"库"面板，发现"库"面板中出现一个"树叶"图形元件，如图 2-7-8 所示。

（5）绘制多个树叶和树枝。

单击舞台的"场景 1"，回到舞台。单击"插入"→"新建元件"按钮，新建一个名字为"三片树叶"的图形元件。将"库"面板中的"树叶"图形元件拖动到舞台中央。现在我们要利用这孤零零的一片树叶组合成树枝。

（6）复制和变形树叶。

选择"选择工具"单击舞台上的树叶图形，选择"编辑"→"复制"命令，再选择"编辑"→"粘贴"命令，这样就复制得到一个同样的树叶。

在工具箱中选择"任意变形工具"，工具箱的下边就会出现相应的选项，如图 2-7-9 所示。选择"任意变形工具"后，单击舞台上的树叶，这时树叶被一个方框包围着，中间有一个小圆圈，这就是变形点，对树叶进行缩放旋转时，就以它为中心，如图 2-7-10 所示。

变形点是可以移动的。在变形点上按住鼠标左键进行拖动，将变形点拖到叶柄处，使树叶能够绕叶柄旋转。再把鼠标指针移到方框的右上角，鼠标变成状圆弧状，表示可以进行旋转了。向下拖动鼠标，叶子绕控制点旋转，到合适位置松开鼠标，效果如图 2-7-11 所示。

  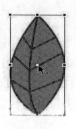 

图 2-7-8 树叶元件　　图 2-7-9 任意变形工具　　图 2-7-10 选中后的树叶　　图 2-7-11 调整后的树叶

将复制好的树叶移动至其他位置，再单击"任意变形工具"进行旋转变形，可以通过拖动缩放手柄改变树叶的大小，如图 2-7-12 所示。

（7）创建"三片树叶"图形元件。

重复步骤（6），再复制一张树叶，使用"任意变形工具"将三片树叶调整成如图 2-7-13 所示形状。

 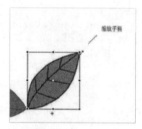

图 2-7-12 复制第二片树叶

图 2-7-13 三片树叶

三片树叶图形创建好以后，将它们全部选中，然后选择"修改"→"转换为元件"命令，将它们转换为元件。

（8）绘制树枝。

单击时间轴左上角的"场景 1"按钮，返回到主场景"场景 1"。

单击工具箱中的"画笔工具" ，设置填充颜色为褐色，选择"画笔形状"为圆形，大小自定，选择"后面绘画"模式，如图 2-7-14 所示。移动鼠标指针到场景 1 中，绘制出树枝形状，如图 2-7-15 所示。

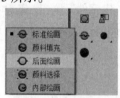

图 2-7-14 画笔形状

图 2-7-15 绘制树叶

（9）组合树叶和树枝。

选择"窗口"→"库"命令（或者使用【Ctrl+L】组合键），打开"库"面板，可以看到，"库"面板中出现两个图形元件，这两个图形元件就是我们前面绘制的"树叶"图形元件和"三片树叶"图形元件，如图 2-7-16 所示。

单击"三片树叶"和"树叶"图形元件，将其拖放到场景的树枝图形上，用"任意变形工具"进行调整。元件"库"里的元件可以重复使用。自由选择多个元件，进行大小形状的调整，以表现出纷繁复杂的效果来，完成效果如图 2-7-17 所示。

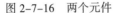

图 2-7-16　两个元件

图 2-7-17　完成效果

（10）选择"文件"→"另存为"命令，将动画文件保存为"fl1.fla"。

2. 操作题 2

利用 Animate 绘图工具将学校校训绘制为文字形变动画：画面大小为 400 像素×200 像素，浅黄色背景，将红色的"勤奋求是"文字静止 1 秒后变化为蓝色的"创新奉献"，中间变化为 1 秒，文字均为华文行楷，60 点。

【操作步骤】

（1）启动 Animate，选择"文件"→"新建"命令，在弹出的窗口中选择"常规"里的"ActionScript 3.0 项目"，单击"确定"按钮，建立一个 Animate 文档。选择"修改"→"文档"命令将文档大小设置为 400 像素×200 像素，舞台颜色设置为浅黄色(#FFFF99)，如图 2-7-18 所示，将舞台大小设置为"显示帧"，如图 2-7-19 所示。

图 2-7-18　"文档设置"对话框

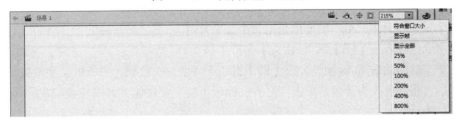

图 2-7-19　设置舞台大小

（2）单击工具箱中的"文本工具（T）"，先在属性面板上将字体设置为"华文行楷"、文字大小设置为"60 磅"、文字颜色设置为"红色"，然后在舞台中央输入文字"勤奋求是"，如图 2-7-20 所示。

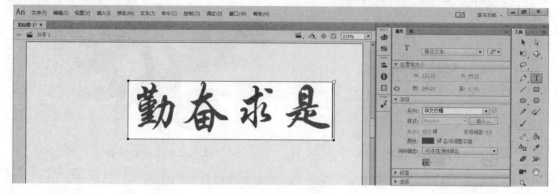

图 2-7-20　输入文字

（3）单击工具箱的"选择工具"后单击文字，使文字处于被选中状态（文字的四周有条蓝色的边框）。选择"窗口"→"对齐"命令，显示"对齐"的浮动面板，在弹出的窗口中，选中"与舞台对齐"复选框，单击"对齐"选项卡下的两个按钮（"水平中齐"和"垂直中齐"），如图 2-7-21 所示，使文字处于舞台的中央。

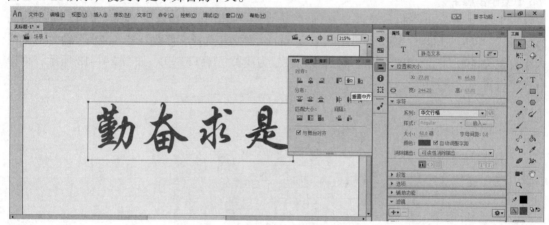

图 2-7-21　设置对齐方式

（4）形状补间动画的对象必须是矢量图形，文字为非矢量图形，必须先转换。选择"修改"→"分离"命令两次（或按【Ctrl+B】组合键），文字已被转化为矢量图形，其特征是对象上布满细小白点（提示：文字要进行形状补间动画，必须先将文字打散（分离）。第一次分离是把文字分成四个独立的个体，第二次分离是把每个文字打散）。右击时间轴的第 24 帧，选择"插入关键帧"命令（或者按【F6】键），让文字保持 1 秒。

（5）单击时间轴的第 48 帧处，按【F7】键，插入空白关键帧（原有的文字消失了），输入"创新奉献"，将颜色改为蓝色。单击"对齐"面板上的三个按钮，如图 2-7-22 所示，使文字在舞台上居中。

如步骤（4），将文字转换。

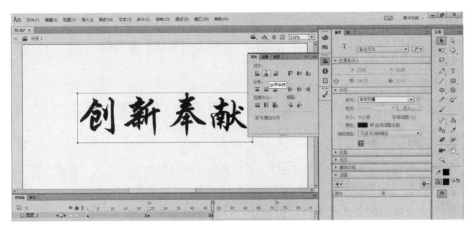

图 2-7-22　设置文字居中

（6）在第 25 帧到第 48 帧之间设置补间。右击第 25 帧到第 48 帧中的任意一帧，选择"创建补间形状"命令，如图 2-7-23 所示，可以看到时间轴上从第 25 帧到第 48 帧上出现浅绿色背景的箭头，完成了形状补间动画。

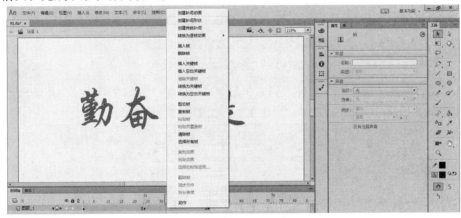

图 2-7-23　创建补间形状

（7）右击时间轴的第 72 帧，选择"插入关键帧"命令（或按【F6】键），让文字保持 1 s。

（8）选择"文件"→"另存为"命令将动画文件保存为 fl2.fla，按【Ctrl+Enter】组合键，可以测试影片效果。

（9）导出视频。

选择"文件"→"导出"→"导出视频"命令，则会弹出"导出视频"对话框，如图 2-7-24 所示，设置完成后，单击"导出"按钮。双击"fl2.mov"文件，观看动画放映效果。

图 2-7-24　"导出视频"对话框

3. 操作题3

制作动画：奔跑的骏马。辽阔的草原上，有一匹矫健的骏马在奔跑。

【操作步骤】

（1）创建影片文档。

启动 Animate，选择"文件"→"新建"命令，在弹出的窗口中选择"常规"里的"ActionScript 3.0项目"，单击"确定"按钮，建立一个 Animate 文档。

（2）创建背景图层。

在时间轴上选择第1帧，选择"文件"→"导入到舞台"命令，导入"草原.jpg"图片到舞台中，单击"修改"→"变形"→"缩放"按钮，将图片调整至舞台大小。在时间轴第40帧处右击，选择"插入帧"命令（或者按快捷键【F5】），加过渡帧使帧内容延续。

（3）新建元件"奔跑的骏马"。

选择"插入"→"新建元件"命令，在弹出的对话框中输入名称"奔跑的骏马"，类型选择"影片剪辑"，如图2-7-25所示，单击"确定"按钮。

图 2-7-25 "创建新元件"对话框

选择"文件"→"导入"→"导入到库"命令，从实验7素材里导入"奔跑的骏马"系列图像文件（horse1.bmp……horse9.bmp），共9个，如图2-7-26所示。

图 2-7-26 "导入到库"对话框

单击第一帧，将舞台大小调整为"显示帧"，如图2-7-27所示，将库里的"horse1.bmp"文件拖动到舞台上，选择"窗口"→"对齐"命令，显示"对齐"的浮动面板，在弹出的窗口中，选中"与舞台对齐"复选框，单击"对齐"面板上的两个按钮（"水平中齐"和"垂直中齐"），如图2-7-28所示，使骏马处于舞台的中央。

提示：如果窗口中没有"库"浮动面板，则选择"窗口"→"库"命令，来显示"库"的浮动面板。

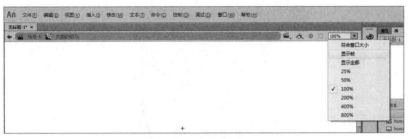

图 2-7-27　设置舞台大小

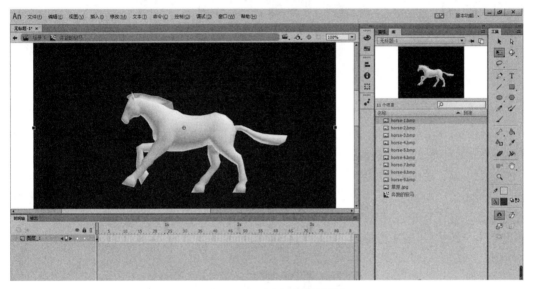

图 2-7-28　图片居中效果

调整舞台大小与图片相匹配。选择"修改"→"文档"命令，打开如图 2-7-29 所示的"文档设置"对话框，单击"匹配内容"按钮，使舞台大小与舞台上的内容相匹配，单击"确定"按钮。

图 2-7-29　"文档设置"对话框

在时间轴第 3 帧的位置上右击，在弹出的快捷菜单中选择"插入空白关键帧"命令，如图 2-7-30 所示（或直接按【F7】键），再将第 2 幅图片"horse2.bmp"拖动到舞台上，显示"对齐"的浮动面板，在弹出的窗口中选中"与舞台对齐"复选框，单击"对齐"面板上的两个按钮（"水平中齐"和"垂直中齐"）。

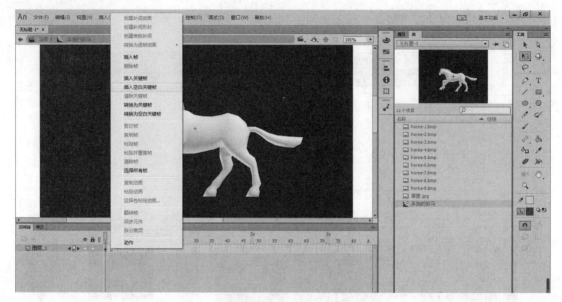

图 2-7-30　插入空白关键帧

　　用类似的方法分别插入第 5～17 个空白关键帧，并将库中的第 3～9 幅图片拖动到相对应的舞台上，利用"对齐"浮动面板使图片处于舞台的中央。

　　单击第 1 帧，单击工具栏中的"选择工具"，选定 horse1，选择"修改"→"分离"命令；单击工具栏中的"魔棒工具"，如图 2-7-31 所示，在骏马的任意黑色背景位置单击，选中所有的黑色背景，按【Delete】键，删除黑色背景（若还有其他小面积的黑色背景，重复使用"魔术棒"单击，按【Delete】键删除）；若还有残余黑色线条，如图 2-7-32 所示，可以使用"橡皮擦工具"擦除。

图 2-7-31　魔棒工具

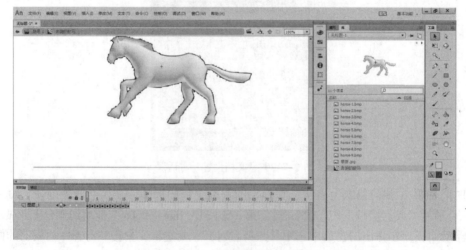

图 2-7-32　删除黑色背景效果

对其他帧的图片文件，采用同样的操作，删除黑色背景。

调试动画。单击第 1 帧，按【Enter】键，即可看到骏马奔跑的动图。（提示：测试中如果觉得动画频率过快或过慢，则可以在时间轴的下方重新设置"帧速率"的数字来改变帧频率。）

（4）制作草原上"奔跑的骏马"。

回到"场景 1"，在时间轴上单击"新建图层"按钮，新建图层"图层 2"，在图层 2 中选择第 1 帧，打开"库"选项卡，将元件"奔跑的骏马"拖动到草原的右侧，选择"修改"→"变形"→"缩放"命令，调整图片到合适大小，如图 2-7-33 所示。在图层 2 时间轴第 40 帧处右击，选择"插入关键帧"命令，单击"选择工具"，将第 40 帧的骏马拖移到草原的左侧，并适当调整大小，如图 2-7-34（为防止拖动了图层 1 的草原图片，可单击时间轴上图层 1 右边的"锁定图标"）。

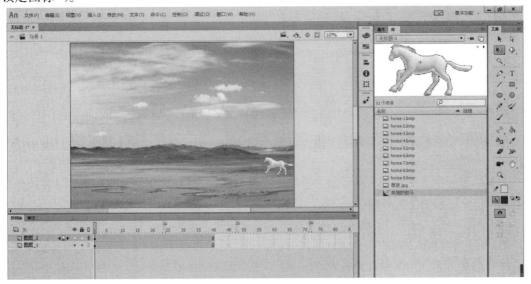

图 2-7-33　插入元件后调整

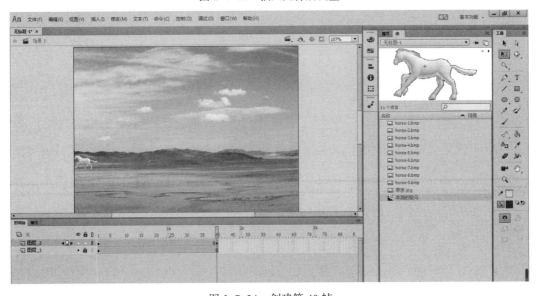

图 2-7-34　创建第 40 帧

在图层 2 中选择第 1 帧，右击，在弹出的快捷菜单中选择"创建传统补间"命令，实现骏马从草原右侧奔跑到左侧的动画。

在时间轴上单击"新建图层"按钮，新建图层"图层3"，选中该图层的第 1 帧，选择"文件"→"导入到舞台"命令，导入"音效.mp3"文件。选中"图层 3"，打开"属性"面板，将"声音"的"同步"设为"数据流"，如图 2-7-35所示。选择"文件"→"另存为"命令，将制作好的动画保存为"fl3.fla"文件。

（5）选择"文件"→"导出"→"导出视频"命令，在弹出的"导出视频"对话框中，单击"浏览"按钮，选择视频导出目录，输入导出动画文件名为"fl3.mov"，单击"保存"按钮，再单击"导出"按钮，完成视频导出。测试影片，观察动画放映效果。

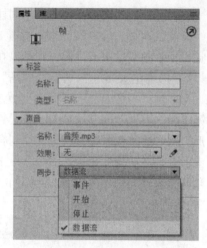

图 2-7-35 "属性"面板

四、实验内容

（1）利用"实验素材 7\实验 1\小猪"文件夹中的素材图片制作一个小猪摇头的 GIF 动画，导出为"小猪.gif"。提交文件。

（2）制作一个形状补间变形动画。将学生本人的姓名 20 帧后变化为本人的学号并静止 20帧的动画，文字均为华文行楷、96 号、蓝色，保存文件为"sy2.fla"。提交文件。

（3）制作一个大小为 50 像素×50 像素的红色五角星，透明度为 10%，2 s 内从舞台的左上角加速并逆时针旋转 2 圈到右下角，放大一倍，不透明；然后又在 1 s 内从右下角移动到左下角，从红色变为蓝色。保存文件名为"sy3.fla"，提交文件。

实验 8　网页编辑和布局

一、实验目的

（1）熟悉 Adobe Dreamweaver CS5 软件的界面及功能。
（2）熟悉网页的组成元素。
（3）掌握超链接的设置方法。
（4）掌握网页表单的制作方法。

二、实验环境

（1）中文 Windows 10 操作系统。
（2）中文 Adobe Dreamweaver CS5 应用软件。

三、实验范例

1. 操作题1

完成网页制作"校园风光"。

【操作步骤】

（1）选择"文件"→"新建"命令，在弹出的对话框中选择"空白页"，页面类型选择"空白页"，布局选择"<无>"，如图 2-8-1 所示，单击"创建"按钮。选择"文件"→"另存为"命令，保存文件为"fl1.html"。

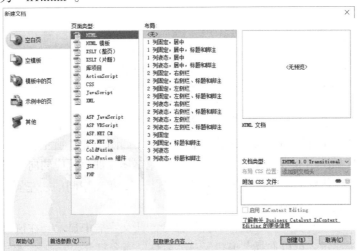

图 2-8-1　"新建文档"对话框

（2）单击窗口第二排的第三个按钮"设计"，显示"设计"视图，如图 2-8-2 所示，显示在浏览器中所见到的网页样张。在第二排中间位置的"标题"后面文本框中输入网页标题"校园风光"。

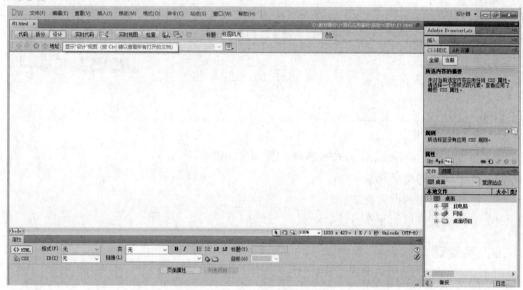

图 2-8-2　显示"设计"视图

（3）选择"修改"→"页面属性"命令，在弹出的"页面属性"对话框中，选择"外观"分类，如图 2-8-3 所示，可以依照个人喜好设置页面背景颜色或背景图像，单击"确定"按钮。

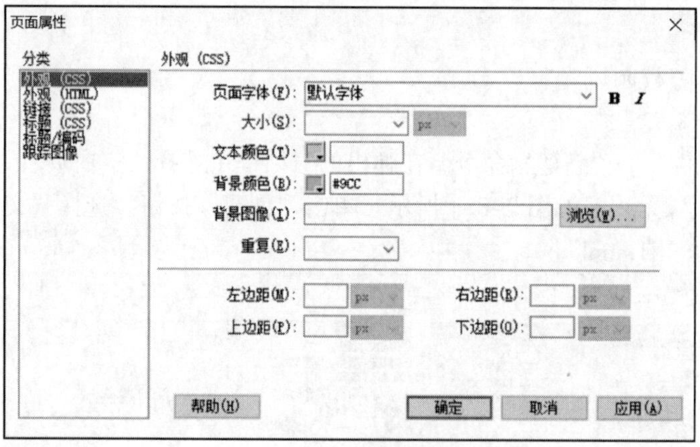

图 2-8-3　设置外观

（4）将插入点置于空白页面，在第一行输入文字"美丽的大学"，选中输入的文字，右击弹出快捷菜单，选择"字体"→"编辑字体列表"命令，如图 2-8-4 所示。

弹出的对话框如图 2-8-5 所示，多次单击"可用字体"部分对应的向下箭头，可以看到多种中文字体，可选择任意一种字体，如选中"华文彩云"，单击中间的往左箭头按钮，加入新选择的字体，单击"确定"按钮。

选择"格式"→"对齐"→"居中对齐"命令，让文字居中显示。在窗口下方的属性窗口中（如果该窗口未显示，可以选择"窗口"→"属性"命令打开），选择"格式"为"标题 1"，如图 2-8-6 所示。

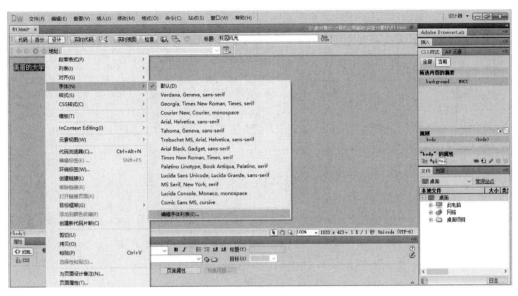

图 2-8-4　选择"编辑字体列表"

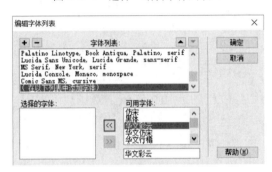

图 2-8-5　"编辑字体列表"对话框

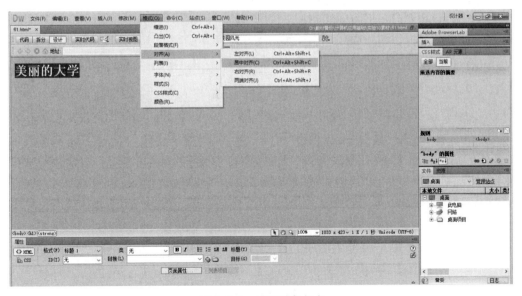

图 2-8-6　设置对齐方式

（5）在文字"美丽的大学"后单击，按【Enter】换行。选择"插入"→"表格"命令，在"表格"对话框中设置表格参数为 4 行 2 列，设置表格宽度为 80%，如图 2-8-7 所示，单击"确定"按钮。在下方的属性面板中将对齐设为"居中对齐"，如图 2-8-8 所示。

图 2-8-7 "表格"对话框

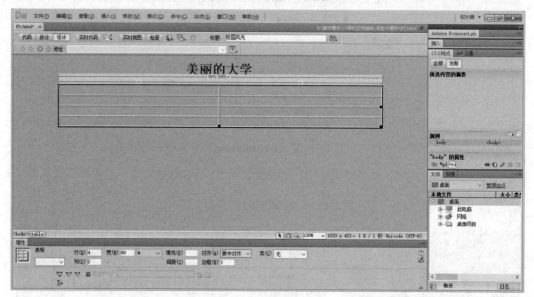

图 2-8-8 插入表格

（6）将插入点置于表格第 1 行第 1 列单元格，输入文字"芳树有红樱"，将插入点置于表格第 1 行第 2 列单元格，选择"插入"→"图像"命令，选择"实验 8 素材\pic1.jpg"，插入图像，弹出如图 2-8-9 所示窗口，在替换文本中输入"芳树有红樱"（替换文本的作用是：当浏览网页的时候若图片文件 pic1.jpg 丢失，可以在网页对应位置显示文本"芳树有红樱"），单击"确定"按钮。

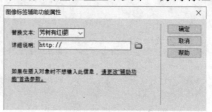

图 2-8-9 输入"芳树有红樱"

选中图片，在下方的属性选项卡中设置"宽"为 700、"高"为 200，如图 2-8-10 所示。

图 2-8-10　设置宽及高

（7）同上一步骤，依次插入"茵茵草地""pic2.jpg""夏日荷花""pic3.jpg""教学楼一角""pic4.jpg"，并设置图片相同的高和宽。调整表格单元格宽度至合适大小。

（8）将插入点置于表格后面，按【Enter】键换行。选择"插入"→"HTML"→"水平线"命令，在表格下方插入一条水平线。右击水平线，弹出窗口如图 2-8-11 所示，选中左侧"浏览器特定的"选项，在右侧的"颜色"框中选中蓝色，单击"确定"按钮。（此时会发现设计窗口中的水平线并没有修改为蓝色，这是正常现象，蓝色只会在浏览器中预览时呈现。）

在下方属性选项卡中设置水平线的高度为"5"。

（9）将插入点定位在水平线的下方。输入文字"欢迎访问学校网站:"，选择"插入"→"超级链接"命令，在弹出的对话框中设置文本为"上海工程技术大学"，链接为"http://www.sues.edu.cn"，目标为"_blank"，如图 2-8-12 所示，单击"确定"按钮。

图 2-8-11　设置蓝色水平线

图 2-8-12　"超级链接"对话框

换行，输入文字"请联系我:"，选择"插入"→"电子邮件链接"命令，在弹出的对话框中设置文本为"电子邮箱"，电子邮件为"mailto:sues@sues.edu.cn"，如图 2-8-13 所示。

换行，选择"插入"→"日期"命令，在弹出的对话框中设置：星期格式为"星期四"，日期格式为"1974 年 3 月 7 日"，时间格式为"10:18 PM"，选中"存储时自动更新"，如图 2-8-14 所示。

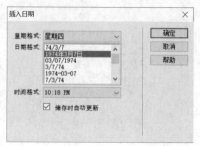

图 2-8-13 "电子邮件链接"对话框   图 2-8-14 "插入日期"对话框

效果如图 2-8-15 所示。

图 2-8-15 效果图

选择"文件"→"保存"命令，保存文件。单击第二排的"在浏览器中预览/调试"按钮，选择一个合适的浏览器浏览，查看网页效果。提交文件。

2. 操作题 2

完成网页表单制作"调查表"。

【操作步骤】

（1）选择"文件"→"新建"命令，在弹出的对话框中选择"空白页"、页面类型"空白页"、布局"<无>"，单击"创建"按钮。选择"文件"→"另存为"命令，保存文件为"fl2.html"。

选择"窗口"→"插入"命令，会在右侧出现"插入"选项卡，如图 2-8-16 所示。

"插入"选项卡可放在任意位置。鼠标左键按住图 2-8-16 右上方的"插入"选项卡位置不松开，可直接拖移到"文件"选项卡下方后松开左键，在网页编辑区上方即会出现"插入"工具栏，如图 2-8-17 所示。

在窗口上的"标题"文本框中输入标题"调查表"，在文档顶部输入文字"调查表"，选择"格式"→"对齐"→"居中对齐"命令，使文字居中显示。

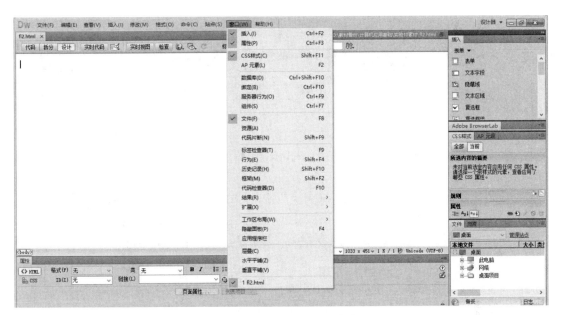

图 2-8-16　选择"插入"命令

（2）单击"插入"工具栏上的"表单"选项卡，单击第一个按钮"表单"，在光标所在行插入了红色虚线框表单域，如图 2-8-17 所示中的红色虚线框。

图 2-8-17　"插入"工具栏

在红色虚线框内输入文字"姓名:"，单击第二个按钮"文本字段"，单击弹出窗口的"确定"按钮，插入文本字段框，单击文本字段边框，在"属性"面板中设置字符宽度和最多字符数均为 20，如图 2-8-18 所示。

输入文字"密码:"，单击"文本字段"按钮，单击弹出窗口的"确定"按钮，插入文本字段框，在"属性"面板中设置字符数 16，选择"类型"为"密码"，如图 2-8-19 所示。

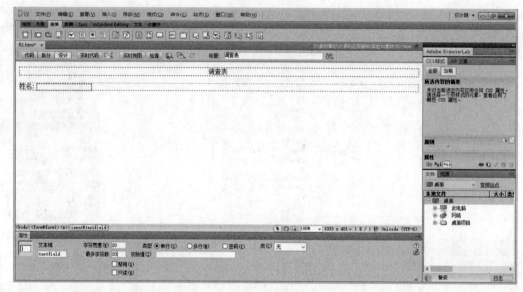

图 2-8-18　设置姓名

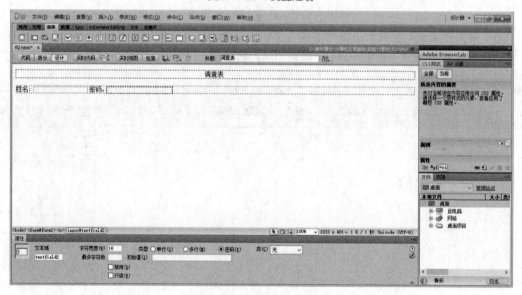

图 2-8-19　设置"密码"

（3）"密码"文本框后按【Enter】键换行，在下一行输入文字"性别:"，单击"单选按钮"按钮，在对话框中将 ID 设置为"xb"，在"标签"中输入"男"，如图 2-8-20 所示，单击"确定"按钮。

选取刚刚插入的单选按钮，在"属性"面板上设置"初始状态"为"已勾选"，如图 2-8-21 所示。

同样，单击"单选按钮"按钮，将 ID 设置为"xb"，在对话框"标签"中输入"女"，单击"确定"按钮。

图 2-8-20　设置"性别:"

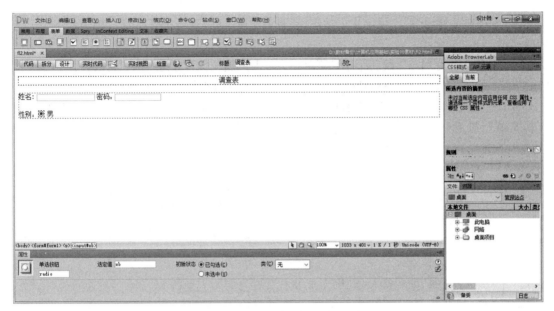

图 2-8-21 设置"初始状态"为"已勾选"

（4）在下一行输入文字"兴趣爱好:"，单击"复选框"按钮，在对话框"标签"中输入"上网"，如图 2-8-22 所示，单击"确定"按钮，用同样操作添加"阅读""运动"和"音乐"复选框。

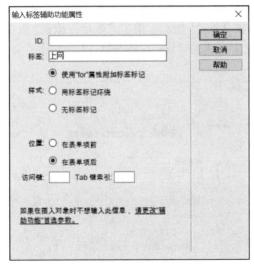

图 2-8-22 设置"兴趣爱好:"

（5）在下一行输入文字"所在学院:"，单击第 9 个按钮"选择（列表/菜单）"，在弹出的"输入标签辅助功能属性"对话框中单击"取消"按钮。

选取插入的"选择（列表/菜单）"，在"属性"面板中选择"列表"类型。设置列表高度为 9。在"属性"面板单击"列表值"按钮，在"列表值"对话框中单击"添加"按钮，在"项目标签"中输入"机械工程学院"，然后连续单击窗口左上方的"+"按钮，在"项目标签"中陆续输入其他学院:"电子电气工程学院""航空运输学院""城市轨道交通学院""汽车工程学院""材料工程学院""化学化工学院""服装学院""数理与统计学院",单击"确定"按钮,如图 2-8-23 所示。

(6)添加"教育网站"跳转菜单,菜单项为"上海热线教育频道"和"新浪教育",分别转"http://edu.online.sh.cn"和"http://edu.sina.com.cn",最终效果如图 2-8-24 所示。

(7)在下一行上输入文字"教育网站:",单击第 10 个按钮"跳转菜单",在弹出的"插入跳转菜单"对话框的文本框中输入"上海热线教育",在"选择时,转到 URL"框内输入"http://edu.online.sh.cn",如图 2-8-24 所示。

图 2-8-23 "列表值"对话框

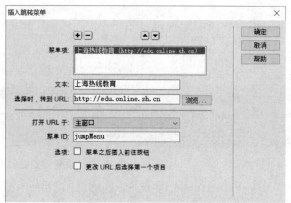

图 2-8-24 "插入跳转菜单"对话框

单击左上方"+"添加按钮,在相应的框内输入"新浪教育"以及对应的网址"http://edu.sina.com.cn",如图 2-8-25 所示,单击"确定"按钮。

(8)在下一行上输入文字"我的建议:",单击第 12 个按钮"文件域",在弹出的窗口中单击"确定"按钮。

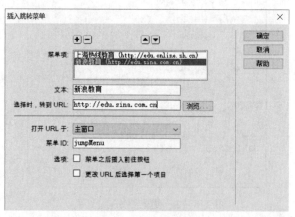

图 2-8-25 输入"新浪教育"

(9)将光标定位在下一行,单击第 13 个"按钮"按钮,单击"确定"按钮,此按钮为提交表单按钮。继续单击"按钮"按钮,单击"确定"按钮,选取此按钮,在"属性"面板的"值"框中输入"清除",设置"动作"为"重设表单",如图 2-8-26 所示。

(10)选择"文件"→"保存"命令,保存文件。单击文档上方的"在浏览器中预览/调试"按钮(或者按【F12】快捷键),选择一个合适的浏览器浏览,查看网页效果。提交文件。

图 2-8-26　设置按钮

四、实验内容

1. 创建一个音乐网站的网页

（1）新建网页文件"music.html"，将网页标题设为"文档音乐网站"，保存在"D:\"文件夹中。

（2）在网上搜寻一首自己喜欢的音乐文件以及对应的歌手照片文件，以及对该音乐的背景介绍，如歌词、词曲作者等。

（3）将搜索到的信息利用网页布局或表格安排到网页"music.html"中，使得布局合理、美观。

（4）在文末添加"返回顶部"文字，浏览网页时单击"返回顶部"文字，可跳转到文档顶部。

（5）在文末添加"与我联系"文字，单击"与我联系"文字弹出发送电子邮件到"music@126.com"的窗口。

2. 网页综合实验

自己选题设计网页，主题要求积极向上、有新意，例如"我的爱好""我的朋友""我的学校"等。

可将前几个实验处理的内容（如 Word、Excel、PPT、Visio、PS、动画灵活应用于网站设计中）。

网页的数量规定为不少于 5 页，网站的大小不大于 100 MB。

结构合理，能灵活地组织各网页元素，超链接正确。

能很好地运用 Dreamweaver 中的各种网页技术。

实验内容及步骤如下：

（1）确定网站主题。

我的站点的主题是：×××。

（2）规划内容和搜集资料。

确定站点的主题、风格、网站要提供的服务和网页要表达的主要内容，搜集各种有关的资料。

（3）建立网站架构图。

在计算机中创建本地站点的根文件夹和存放各种资料的子文件夹，配置好所有主题的参数和站点测试路径。

（4）网页设计。

充分利用收集到的数据资料，合理运用 Dreamweaver 提供的技术，完美地设计出能表达网站中心思想的 Web 页面。

（5）网页测试。

测试所有的超链接与导航系统按钮是否真实可行、是否有拼写错误、代码的完整性、浏览器的兼容性等。提交文件。

3. 创新拓展

结合自己的专业，综合运用这门课所学的计算机知识和软件，开发一个自创的计算机作品。作品选题范围不限，鼓励作品的创新性，也鼓励计算机技术在其他各专业中应用的选题，所提交作品应能充分展示学生的计算机应用能力。也可以任选以下主题：软件应用与开发类，微课与教学辅助类，数字媒体设计类，（数字媒体设计类）动漫游戏组，（数字媒体设计类）微电影组，（数字媒体设计类）中华民族文化元素组，软件服务外包类，计算机音乐创作类。

作品要求：

（1）1～3 个学生自由组成一个团队，根据项目的主要技术选择作品类别。类别选择时请仔细阅读各类别的评分标准。

（2）鼓励在作品中使用国产软件。

（3）作品是学生在课程学习或自主学习的成果总结，应该由队员独立完成。若引用开源代码和第三方工具，必须在设计说明书中详细说明开源工具来源、工具所完成的功能和队伍开发实现的功能。

关于"中国大学生计算机设计大赛"的详细介绍和具体评分细则可以参看"上海市大学生计算机应用能力大赛"网站通知。优秀的作品将有机会被推荐参加上海市大学生计算机应用能力大赛。推荐参赛的作品必须为原创作品，作品提交内容包括作品情况表、原创承诺书、设计说明书、作品展示视频、系统安装包/可执行文件/可播放文件、源程序代码（源文件）等。

参 考 文 献

[1] 黄容，陈强，赵毅. 计算机应用基础[M]. 北京：中国铁道出版社有限公司，2020.

[2] 黄容，赵毅. 计算机应用基础实验指导[M]. 北京：中国铁道出版社有限公司，2018.

[3] 汪燮华，张世正. 计算机应用基础教材[M]. 上海：华东师范大学出版社，2014.

[4] 汪燮华，张世正. 计算机应用基础实验指导[M]. 上海：华东师范大学出版社，2014.

[5] 陈娟. 计算机应用基础实践教程[M]. 北京：电子工业出版社，2017.

[6] Adobe 公司. Adobe Photoshop CS5 中文版经典教程[M]. 北京：人民邮电出版社，2013.

[7] Adobe 公司. Adobe Dreamweaver CS5 中文版经典教程[M]. 北京：人民邮电出版社，2013.

[8] 邱相彬. Animate 交互动画课件设计与制作[M]. 北京：电子工业出版社，2021.

[9] 何欣，郝建华. Adobe Dreamweaver CS5 网页设计与制作技能基础教程[M]. 北京：科学出版社，2018.

[10] 崔中伟，夏丽华. Visio 2016 图形设计标准教程[M]. 北京：清华大学出版社，2017.